THiNKr
新思

新 一 代 人 的 思 想

VITUS B. DRÖSCHER

动物们
的
神奇感官

Magie der Sinne
im Tierreich

德浩谢尔动物与人书系

〔德〕费陀斯·德浩谢尔——

著 赵芊里——

译

赵芊里 主编

中信出版集团|北京

图书在版编目（CIP）数据

动物们的神奇感官 /（德）费陀斯·德浩谢尔著；
赵芊里译. -- 北京：中信出版社，2022.10
ISBN 978-7-5217-4511-5

Ⅰ.①动… Ⅱ.①费… ②赵… Ⅲ.①动物－感觉器
官－普及读物 Ⅳ.① Q954.53-49

中国版本图书馆 CIP 数据核字（2022）第 114535 号

动物们的神奇感官
著者：[德] 费陀斯·德浩谢尔
译者：赵芊里
出版发行：中信出版集团股份有限公司
　　　　（北京市朝阳区惠新东街甲 4 号富盛大厦 2 座　邮编　100029）
承印者：北京诚信伟业印刷有限公司

开本：880mm×1230mm 1/32　　印张：13.5　　　字数：312 千字
版次：2022 年 10 月第 1 版　　　印次：2022 年 10 月第 1 次印刷
京权图字：01-2022-1605　　　　　书号：ISBN 978-7-5217-4511-5
　　　　　　　　　　　　定价：79.00 元

目 录

　　　　　　　　　　　　　　　　　　　　　　　　动物们的神奇感官

推荐序

　　我曾经是一个昆虫生态学家，受过系统的生物学训练。转行社会学后，我也经常思考人类行为乃至疾病的生物和社会基础，并且关注着医学、动物行为学、社会生物学以及和人类进化与人类行为有关的各种研究和进展。大多数社会科学家都会努力和艰难地在两种极端观念之间找平衡。

　　第一种可以简称为遗传决定论。这类观念在传统社会十分盛行。在任何传统社会，显赫的地位一般都会被论证为来自高贵的血统。在当代社会，虽然各种遗传决定论的观点在社会上广泛存在，但从总体上来说，遗传决定论的观点不会像在传统社会一样占据主宰地位，并且因为种族主义思想的式微，它们常常被视为政治不正确。与遗传决定论观念相对的是文化决定论，或者说白板理论。白板理论的核心思想是人生来相似，因此也生来平等，不同个体和群体在行为上的差别都来自社会结构或文化上的差别。白板理论有其宗教基础，但是作为一个世俗理论它起源于17世纪。白板理论是自由主义思想，同时也是马克思主义和其他左派社会主义思想的基础。白板理论对于追求解放的社会下层具有很大的吸引力，因此具有一定的革命意义。但是，至少从个体层面来看，人与人之间在遗传上的差别还是非常明显的。当然，除了一些严重的遗传疾病外，绝大多数遗传差异体现的只是不同个体在有限程度上的各自特色而已，但这差别却构成了人类基因和基因表达的多样性的基础，大大增进了人类作为一个物种在地球上的总体生存能力。可是，如果我们在教育、医疗乃至体育训练方式等方面完全忽视不同个体或群体在遗传特性上的差别，这仍然会带来一些误区。更明确地说，白板理论本是一个追求平等的革命理论，但因为它漠视了个体之间与群体之间在遗传上的各种差别，反而会将某些个体和群体，尤其是一些在社会上处于边缘地位的个体和群体置于不利的位置。

我们很难通过动物行为学知识来准确地确定大多数人类个体行为的生物学基础。个体行为的生物学基础很复杂。从个体行为或疾病和基因关系的角度来讲，很少有某一种行为或疾病是由单一基因决定的。此外，虽然某些基因与人类的某些行为或疾病有着很强的对应关系，但是这些基因在人体内不见得会表达，并且有些基因的表达与否与个体的社会行为有着不同程度的关联。但是，动物行为学知识仍然可以为我们提供一些统计意义上的规律。比如，吸烟肯定是社会行为，但是具有某些遗传因子的人更容易对尼古丁形成依赖；战争也肯定是社会行为，但是男性更容易接受甚至崇拜战争暴力。动物行为学知识还能反过来加深我们对文化的力量的理解。比如，人类的饮食行为和性行为明显来源于动物的取食和交配行为，但是任何动物都不会像人类一样发展出复杂的甚至可以说是千奇百怪的饮食文化和性文化。总之，动物行为学知识有助于我们深入了解人类行为的生物学基础，以及文化行为和本能行为之间的复杂关系。

与其他动物相似，在面对生存、繁殖等基本问题时，人类发展出了一套应对策略，其中大量的应对策略与其他动物的应对"策略"有着不同程度的相似。正因此，动物行为学知识可以为我们提供类比的素材，能为我们考察人类社会的各种规律提供启发。比如，在环境压力下，动物有两种生存策略：R策略和K策略[*]。R策略动物对环境的改变十分敏感，它的基本生存策略是：大量繁殖子代，但是对子代的投入却很少。因此，R策略动物产出的子代往往体积微小，它们不会保护产出的子代。R策略动物在环境适宜时会大量增多，但是在环境不适宜时，它的种群规模和密度就会大幅缩减。K策略动物则能更好地适应环境变化。它们产出的子代不多，但是个体都比较大，它们会保护甚至抚育子代。K策略动物的另一个特点是它的种群密度比较稳定，或者说会稳定在某一环境对该种群的承载量上下。简单来说，R策略动物都是机会主义动物——见好就长、有缝就钻、不好就收；K策略动物则是一类追求稳定、有能力控制环境，并且对将来有所"预期"的动物。

我想通过一个具体例子来简要介绍一下R策略和K策略行为在人类社会中的体现：假冒伪劣产品和各种行骗行为在改革开放初期很长一段时间内充斥着中国市场。对于这一现象，学者们一

---

[*] 这里的 R（Rate 的首字母）实际含义是谋求尽可能高的出生率，因此，生物学意义上的"R策略"可以简要意译为"多生不养护策略"。K 是德语词 Kapazitätsgrenze（相当于英语中的 capacity limit）的首字母，其实际含义是"（考虑环境对种群的承受力，）将出生率和种群规模及密度控制在环境可承受（即资源可支持）的范围内"；因此，生物学意义上的"K策略"可以简要意译为"少生多养护策略"。为了适应讨论类似的社会现象的需要，社会学家们在使用表示这两种策略的术语时，可能会在其生物学意义的基础上对其含义有所拓展或改变，这是读者应该注意并仔细辨析的。——主编注

般会认为这是中国的传统美德在"文革"中遭受了严重破坏所致。其实,改革开放初期"下海"的人本钱都很小,但他们所面对的却是十分不健全的法律体系、天真的消费者、无处不在的商机以及多变且难以预期的政治和商业环境。在这些条件下,各种追求短期赢利效果的机会主义行为(R策略)就成了优势行为。但是,一旦法律发展得比较健全,政治和商业环境的可预期性提高,消费者变得精明,公司和企业的规模增大和控制环境能力增强,这些公司和企业的管理层就会产生长远预期。在这种时候,追求稳定环境的K策略就成了具有优势的市场行为。这就是为什么通过假冒伪劣产品和各种行骗手段致富的行为在改革开放初期十分普遍,但是在今天,各类公司和企业越来越倾向于通过新的技术、高质量的产品、优良的服务、各种提高商业影响的手段甚至各种垄断行为来稳固和扩大利润。能从改革开放初期一直延续至今并且还能不断发展的中国公司有一个共同点,那就是它们都经过了一个从早期的不讲质量只图发展的R策略公司到讲质量图长期回报的K策略公司的转变。中国公司或企业的R—K转型的成功与否及其成功背后的原因,是一个特别值得研究的课题,却很少有人对此做系统研究。

以上的例子还告诉我们,一个动物物种的性质(即它是R策略动物还是K策略动物)是由遗传所决定的,基本上不会改变。但是公司或企业采取的R策略和K策略却是人为的策略,因此能有较快的转变。更广义地说,动物行为的形成和改变主要是由具有较大随机性的基因突变和环境选择共同决定的,因此动物行为具有很强的稳定性。与之对比,人类行为的形成和改变则主要由"用进废退、获得性状遗传"这一正反馈性质的拉马克机制决定。*

通过以上的例子，我还想说明，虽然动物行为学能为我们理解人类社会中各种复杂现象提供大量的启发，但是类似现象背后的机制却可能是完全不同的：决定生物行为的绝大多数机制都是具有稳定性的负反馈机制，而决定人类行为的大多数机制却具有极不稳定的正反馈性。通过对动物行为机制和人类行为机制的相似和区别的考察，我们不但能更深刻地理解生物演化**和人类文化发展之间的复杂关系，还能更深刻地了解人类文化的不稳定性。具体说就是，任何文化都必须有制度、资源和权力才能维持和发展。这一常识不但对文化决定论来说是一个有力的批判，也可以使我们多一份谨慎和谦卑。

最后，通过对动物行为学的了解，以及对动物行为和人类行为之异同的比较，我们还能加深对社会科学的特点和难点的理解。比如，功能解释在动物行为学中往往是可行的（例如，动物需要取食就必须有"嘴巴"），但是功能解释在社会科学中往往行不通。大量的社会"存在"，其背后既可能是统治者的意愿，也可能是社会功能上的需要，更可能是两者皆有。再比如，我们对于某一动物行为机制的了解并不会在任何意义上改变该机制本身的作用和作用方式。

---

* 近几十年生物学的研究发现，基因突变与环境会有有限的互动，或者说基因突变也有着一定程度的拉马克特性。

** 这里的"演化"在赵老师写的《推荐序》原文中用的是"进化"，经赵老师同意后改为"演化"。之所以将"进化"改为"演化"，原因之一是本书系统一将 Evolution 译为"演化"，但更重要的原因是为了避免"进化"一词所具有的误导作用。Evolution 的完整含义不仅包括正向的演化即进化，也包括反向的演化即退化，还包括（在环境不变的情况下）长期的停滞（既不进化也不退化）。将 Evolution 译为"进化"，只是表达了其上述三方面含义中的一个方面，更严重的问题是：它会使未深入学习过演化论的人误以为任何生物的演变都只有一个方向，误以为生物（乃至社会）都是从简单到复杂、从低级到高级单向变化的。——主编注但是，一旦我们了解了某一人类行为背后的规律，该规律的作用和作用方式很可能会发生重大变化。关于诸如此类的区别，笔者在几年前发表的《社会科学研究的困境：从与自然科学的区别谈起》一文中有过系统讨论。此处不再赘述。

我常常对自己的学生说，要做一个优秀的社会学家，除了具备文本、田野、量化技术等基本功，具备捕捉和解释差异性社会现象的能力外，还必须学会在动态的叙事中同时玩好"七张牌"，并熟悉与社会学最为相关的三个基础性学科。这"七张牌"分别是：政治权力、军事权力、经济权力、意识形态权力的特性，以及环境、人口、技术对社会的影响。三个基础性学科则是：微观社会学、社会心理学、动物行为学（特别是社会动物的行为学）。从这个意义上来说，一个合格的社会科学家必须具备一定的动物行为学知识，并且对动物行为和人类行为之间的联系和差异有着基本常识和一定程度的思考。

前段时间，我翻看了尤瓦尔·赫拉利所著的《人类简史》。这是一本世界级畅销书，受到了奥巴马和比尔·盖茨这个级别的名人的推荐。但我发觉整本书在生物学、动物行为学、古人类学、考古学、历史学、社会学、现代科技的知识方面有一些似是而非、不够严谨之处。如果读者对以上学科有着广泛的认识，便可以看出书中的问题。从这个意义上来说，我非常希望我的同事赵芊里主持翻译的这套动物行为学丛书能在社会上产生影响，甚至能成为大学生的通识读物。我希望我们的读者能把这套书中的一些观点和分析方法转变成自己的常识，同时又能够以审视的态度来把握其中有待进一步发展和修正的观点，来品悟价值观如何影响了学者们在研究动物行为时的问题意识和结论，来体察当代动物行为学的亮点和可能的误区。

是为序。

赵鼎新

美国芝加哥大学社会学系、中国浙江大学社会学系

2019-9-26

前　言
大自然的实验室

　　我们的时代正在见证一项意义重大的科学进展：生物学家们正在发现会被工程师们看作乌托邦的自然的"技术发明"。因此，对大自然已经在其中做了 36 亿年卓越实验的这个巨型实验室，我们很有必要进行一番探索。

　　在作者开始写这本书的 1963 年，来自世界各地的 2 000 多名生物学家和工程师在美国俄亥俄州的代顿市召开大会，交流了他们共同探索自然界的最早一批成果。在他们的报告中，有一个特定领域的成果可谓独领风骚，这个特定领域就是对动物和人类感官的研究，以及人为复制出这些超出我们现有理解的感官之功能的技术。

　　如果我们想要从技术上掌握磁电感官、（能感知冷热的）热敏眼睛、蝴蝶触须、听图现象、模式探测器、电子化本能以及人工智能的话，那么，截至本书成书时还很难说结果将是什么：或许是拥挤的车流中无须人工辅助的全自动驾驶汽车，或许是能在海洋中跟踪水下潜艇或识别罪犯的人造狗鼻子，或许是一个能理解语言并可以取代打字员的机器人，还或许是能预测地震的触觉设备，以及将会改变世界面貌的许多其他东西。

　　对神秘的感知领域，我们正在发现以前连做梦都没有想到的东西。我们第一次认识到：我们自以为"自然的"感觉竟然并不是那么自然，而是具有某种"魔法"的性质。例如，人脑将来自人眼的神经信号构造成一幅视觉图像的过程就是一种令人难以置信的"绝技"，而这种"绝技"在动物界是非常罕见的。蛙、蜜蜂和深海鱼类所看到的世界与我们人类所看到的世界大不相同，只有到了现在这个时代，我们才开始慢慢懂得：在不同情况下，这个世界是如何被构造出来的。

痛苦现象是在什么基础上产生的？感觉印象是如何因心理影响而发生改变的？自然是通过什么技术赋予某些奇特的动物以"超感知觉"的？迁徙的鸟是如何在世界各地为自己导航的？有没有"第三只眼"？所有这一切都是科学家们刚刚开始寻找答案的问题。

在本书中，对科学家们在动物的感知这一未知领域进行的伟大智力探险的推进情况，我希望提供一个总体性的，至少是概要性的看法。现在，科学已被看作通识教育的一个不可缺少的组成部分；在每个人所接受的通识教育中，都应该包含动物感知心理学方面的知识。这些知识构成了正在迅猛发展的相关技术的基础之一，而且，它对我们关于事物性质的观念、对最基本的哲学和我们的生活态度，都会产生决定性的影响。

第一章

视　觉

第一节　看的问题

实验让我们了解了一个自相矛盾的事实：只有凭借自己的想象力，人才能"正确地"看到东西。从眼视光学的角度来看，人眼的成像技术并不好。

如果让一个习用高标准的验光师去检查我们的眼球这部"相机"投射到视网膜上的图像，那么，他只会感到恶心。视网膜上的图像的边缘部分比用来给孩子们玩的廉价双筒望远镜看到的东西更模糊，在那个部分，直线看起来是弯曲的，轮廓线消融在彩虹色的晕圈下。然而，对眼镜、相机、望远镜和显微镜要求那么高的人们却完全没有注意到自己的眼视光学装置（眼睛）的缺点，这是因为，我们的神经系统完美地修正了这些错误，以至于让我们产生了关于周围事物的在技术上堪称完美的图像。

这一令人震惊的结论是由奥地利因斯布鲁克大学实验心理学研究所的安东·哈约斯（Anton Hajos）博士做出的，后来，一系列令人振奋的实验为这一结论提供了更进一步的证据。为了做实验，哈约斯博士和他的学生们连续数日甚至数周戴着会使图像看起来严重扭曲的棱镜眼镜。下面是他的实验报告中的一个片段 [1]：

在实验过程中，被测试者只能面对一个被棱镜重塑过了的世界，其中，直线看起来是弯曲的，角的形状是被扭曲了的，原本鲜明的轮廓看起来像是被镶上了一道彩边。那些被看的物体并不在被测试者认为他看到的地方，而且，一旦他移动自己的头部，那么，那些物体就会出现幽灵般的动作；当他冒险往前走几步时，那些重物看起来就像是在跳来跳去。

但是，这种"棱镜受害者"的怪诞世界无须很长时间就会变得正常。渐渐地，那些扭曲、彩边和"幻影"就会减少；在过了大约6天后，被测试者就恢复了他对周围景物的正常、稳定而且视觉上几乎完美的图像感。神经系统通过对传入图像的处理矫正了被棱镜眼镜扭曲的图像。

事情并没有到此完结。当被测试者摘掉棱镜眼镜时，在他眼里，世界再次变得就像反映在哈哈镜中的景物一样；只是，现在，直线朝着与原先相反的方向弯曲了，物体的轮廓被与原先相反的色调模糊了。

因斯布鲁克大学伊沃·科勒（Ivo Kohler）教授[2]进行的另一项实验取得了更为惊人的成果。那些处于看到彩边阶段的被测试者被带到了一个仅由钠蒸气灯照明的房间。纯钠灯所发出的是单纯黄色光，不含任何其他颜色的成分，在这样一个房间里，人们通常看到的所有物体都处在黄色阴影的笼罩下。但是，那些在正常照明条件下看到彩边的棱镜眼镜佩戴者或仍然在受棱镜眼镜影响的人则不是这样。这两组人在进入钠灯照明的房间后，他们看到的景象是：所有的物体都沐浴在"绚丽多彩的光芒"中。但在那个房间中，这种

动物们的神奇感官

彩光实际上根本就不存在。

哈约斯博士说："现代心理物理学拒绝这种观点：眼睛或视觉是一个产生图像的光学系统。"因此，我们可以这么认为，我们的神经系统最终设法将其收到的关于环境的有缺陷的、被扭曲的信息综合成了与它似乎并未直接把握的现实相一致的图像——这可真是一个奇迹。目前的研究要达到的目标之一就是更深入地洞悉这个奇迹。

因为，要么在生命的某个阶段（或许是在婴儿第一次尝试着摸索期间）我们的脑就获得了直线的概念，要么我们天生就具有直线感。但实际情况到底如何，我们就不得而知了。

后一种情况并不像它初看起来那样是不可能的。例如，鸡就具有纯粹本能的识别谷物形状的能力。即使在生命的第一天，并且从来不曾有"经验丰富的母鸡"向它们展示什么是可食用的，它们仍然会去啄小谷粒形状的东西。同样，整个动物界，从蚂蚁到大象，都具有识别形状与色彩模式（其中有些相当复杂）的先天能力。这种能力显然是某种动物的成员和它们的配偶、捕食对象以及天敌动物所特有的。关于这一点，稍后，我将进行更详细的阐述。

这些探索涉及我在这本书中不能详述的一种知觉哲学的根本。我只是为进一步的思考提供相关的科学基础。不过，我想立即提出来的一点是：关于上述主要假设中的任何一种，科学界到本书成书时尚未形成支持它的任何生理学结论。看来，实际情况更像是这样的：具有真理因素的理论并不只有一种，要解决这个问题，作为没有办法的办法——智慧就在于综合。

第二节　关于眼球的实验

其实，人类的视觉与相机并没有什么共同之处。美国加利福尼亚理工学院（简称"加州理工学院"）德里克·H. 芬德（Derek H. Fender）教授[3]关于眼睛运动机制的研究结果可为此提供更多的证据。

大多数人几乎都没有意识到：出现在我们视野中的景物中，其实只有很小的一部分——一个看起来不比我们伸出手臂时的拇指指甲大的部分——能被眼睛注意到。因为，感光细胞（眼球中的视杆细胞和视锥细胞）并不是均匀地分布在视网膜上的——视锥细胞以足够的密度（每平方毫米1.5万个）集中在视网膜中央凹的一个小点上。对于看到拇指指甲大小的那部分视野来说，中央凹上的这个小点已经足够大了。在此之外的周围区域中，就没有任何东西是看起来清晰的了。

在此，我想顺便提一下的是：装备了"相机"眼睛的动物，其视觉敏锐度也取决于其视网膜中央凹上的感光细胞的密度，在不同种类的动物中，这一密度的差异是很大的。狮子的感光细胞密度与人类的相当。根据诺曼·卡尔（Norman Carr）[4]提供的数据，狮子在1500米之外仍可以清楚地看到它的猎物。大象和犀牛视网膜中央凹处的感光细胞密度与人类视网膜边缘处的相当。这就是它们看身边景物都是模糊的原因，那种状态就相当于人类视野的边缘处所呈现的景象。当距离超过30米时，这些动物就几乎连轮廓相当大的物体都辨认不出来了。

与大象和犀牛的视力恰好形成对照的是，鹰有着众所周知的异常敏锐的眼睛。鹰的感光细胞非常密集：它的视力相当于一个人在

动物们的神奇感官

使用放大系数为 8 倍的双筒望远镜时的视力。除了鹰外，一些别的鸟也有着非凡的视力。美国动物学家洛鲁斯·米尔恩（Lorus Milne）和玛格丽·米尔恩（Margery Milne）[5] 报告说：猎人们在用鹰狩猎时通常会带上一只关在笼子里的伯劳鸟。这种小鸟是怕鹰的，鹰可以在人视力不能及的高空中飞行，在这种情况下，伯劳鸟总是把头转向鹰所在的方向，以便使那个天敌总是落在自己的视野之内。由此，猎人就可以知道他的猎鹰在哪里。

　　人眼中的视觉敏锐中心只有拇指指甲那么大，这意味着：一个人想要看清楚更大的图像，就要通过几乎无法察觉的快如闪电的眼球运动才能做到。这种眼球探察运动方式或许能为我们提供一些关于图像分析的最初见解。正是基于这一考虑，芬德教授做了下面的实验（见图 1）。

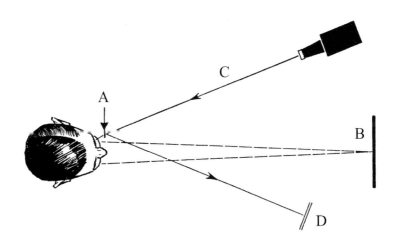

图 1　受试者左眼（A）上无缝贴合了一片隐形眼镜。当他用双眼扫描图像（B）时，那块镜片会使得光线（C）发生偏转，从而在感光纸（D）上形成一张将大幅度放大了的眼球运动记录下来的图表

就像戴隐形眼镜一样，芬德教授将玻璃镜片固定在受试者的眼角膜上，并将其一端有一块镜片的小杆子接在镜片的一侧。当芬德教授将光反射到镜片上时，光线会根据眼球的运动而偏转。光线的轨迹会被记录在相纸上，从而显示出眼球借助于三对肌肉进行的运动（即使是最细微的运动）轨迹，由此我们便可以搞清楚整个眼动过程。

奇怪的是，眼睛永远都不会处于完全静止状态，即使眼睛在盯着一个特定的点看时也是这样。眼睛会不由自主地进行震颤运动，其震颤幅度在当人保持正常阅读距离分别看"i"或"o"的宽度时所需的震颤幅度内变化（见图2）。

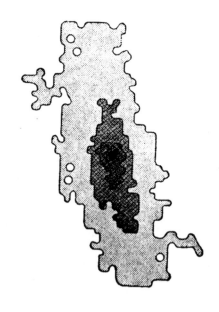

图2　当眼睛盯在一个点上时，图1中的感光纸上就会形成这一图案。这时，眼睛视线的活动范围实际上覆盖了一大块区域，而不是聚焦在中间的小黑圈上

动物们的神奇感官

对人来说，这种震颤有两个优点。第一个优点是它模糊了图像的画面。在视网膜上的一个个感光细胞之间实际上是存在着视觉盲区的，这种盲区本该使我们眼中的景物图像看起来是这个样子：每一幅图像都像是被黑线网格切割成了许多独立的小块。于是，我们看任何东西就像是坐在离电视屏幕太近的地方看电视，这时，我们所看到的东西除了电视节目中的图像以外，还有屏幕上原本就有的纵横交错的网格线。

通过用安装在隐形眼镜上的微型投影仪的投影来稳定图像，震颤的第二个优点得以显示。在这种情况下，我们视野中的每一点都必定会一直对着同一个感光细胞。实验中出现的最为奇特的效果是：几秒钟之后，图像暗淡下去并逐渐完全消失了。剩下来的是一块灰色而模糊的完全没有形状或色彩的视域。后来，这块视域也暗了下去——当我们失去了光感时，整个视域将变得完全漆黑一片。

怎么解释这种现象呢？就像一只非常僵硬地抓着一个物体的手会很快失去它对所接触的物体的物理印象一样，我们的感光细胞也会对持续不断的刺激变得习惯并停止向大脑发送信号。如果没有眼球的震颤，那么，我们就会像青蛙一样。青蛙的眼睛不会发生不由自主的震颤，其视野就像一块擦干净了的黑板。但是，任何活动的东西都会像剪影一样立即鲜明地突显在这块"黑板"上，这是青蛙识别猎物或天敌——即使它们已经躲藏起来——的极好方法。不过，对人类而言，这却会是一个难以想象的缺陷。

不过，上面这段话并未把这一现象完全叙述清楚。当受试者眼中的图像稳定下来时，他会失去自己的视觉而只看到一面漆黑的墙，这时一件异乎寻常的事情发生了：他原先看到的那个图像突然像幽灵一样重新出现了，不过只是部分出现。然后，那个图像再一次消失了；接着，图像的另一部分从黑暗中浮现出来。这部分图像又逐渐消失，从而为第三个图像片段腾出空间。眼中的图像就这样不断地变换着，正如加拿大蒙特利尔市麦吉尔大学的心理生理学家罗伊·普里查德（Roy Pritchard）博士[6]所发现的，这种变换是受某些法则支配的。

图像怎样分解成片段取决于其特征和内容。例如：如果这是一个女人的头部侧面，那么，有时显示的只是脸部，有时显示的是头发和头的后部，或者是喉咙与下巴。每一次显示的形状都是整体的一个有意义的组成部分。词的分解与显示也遵循着同样的原则，以啤酒（BEER）这个词为例，它会交替显示为 PEER、PEEP、BEE 或 BE（其中，B 有时会被拆分为 P 和反向的 C，因而有时会显示为 P）（见图 3）。

这一结果似乎证实了整体理论：人只能理解有意义的整体。但

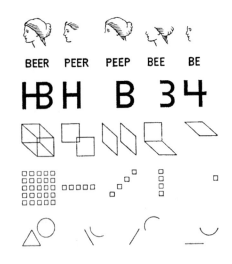

图 3　在上述实验过程中，人的眼中会形成这些幽灵般的图像。从 BEER 一词的完整图像（每行最左侧的图像）中，眼睛会无意识地挑选出一些有意义的部分。但正如最底下两行所显示的，它似乎也有一种抽象的几何布局"感"

　　　　　　　　　　　　　　　　　　动物们的神奇感官

相反的结论也能得到证明——如果向受试者的眼睛展示一种格子图案的方块，那么每一个方块都会组成对他显示为水平、垂直或倾斜的线段，也即一些"无意义"的细节或这种意义上的几何布置；显然，人也能理解这些零碎或片段性的东西。

第三节　人眼中的"微电脑"

我们在寻找掌握着人接收外部印象的秘密的神经联系，正如芬德教授在上述实验中所发现的那样，眼中的视网膜是这一链条中的第一个环节。现在，我们要问的第一个问题是：眼睛是如何做到对不同距离之外的东西都能够聚焦的？

有人可能会首先倾向于假设眼睛的工作原理就像一部带有自动测距仪的照相机：指向同一点的两个视轴之间的角度差就是距离的一种度量单位，它被传送到调节眼中晶状体焦距的肌肉上。这种解释对眼睛来说的确是适用的，尽管单眼人士的晶状体是在距离并未得到测量的情况下就做出自我调节的。如此敏锐的聚焦也可以独立进行。焦距总是在不断地拉长与缩短，晶状体总是在不停地伸缩，同时，也在向视差角度调整系统传送关于焦点的信息。这两个系统独立工作，但会互相交换信息。

在聚焦控制和虹膜的"光圈控制"之间，类似的信息交换也在进行着：瞳孔必须随着晶状体焦距的增加而放大，以保持图像的亮度不变。

是否只有一套互补合作的高效跟踪、扫描和伺服系统才能使眼睛为不同的高度、方向、距离、视差、虹膜光圈和图像分析而调整自身呢？还是说眼睛的调节要涉及比这些更多的东西？芬德教授让眼睛跟踪一种方向在有规律变化的运动，即描绘出一条曲线、一系列步子或一条斜坡路的光点的运动。这一实验表明：除了完全掌握上下节奏外，眼睛甚至还能提前约 6 毫秒就预料到运动方向。就像一门防空炮一样，它能跟踪性地"瞄准目标"。因此，人的眼睛中肯定存在着一台可供其自主使用的能预测运动方向的"微电脑"。

为了找到这台"微电脑"所在的地方，科学家进行了一些相关研究，这些研究偶然发现了一些非常奇怪的事实。这台"微电脑"不可能存在于人脑中，在眼与脑之间传播信息所需的时间太长了。在中等亮度下，落在视网膜上的光需要在 30 毫秒的反应时间之后才能对神经细胞产生刺激。神经电脉冲又需要 5 毫秒才能到达脑，而脑又需要 100 毫秒来消化所接收的信息。这样，人对任何事物的知觉就要在感觉到"事件"的 135 毫秒之后才会产生。眼的控制过程是不可能允许有这样的延搁的，举例来说，如果真的存在这样的时间延搁，那么，我们就永远都不可能清晰地看到一架飞机。

这就是这台"微电脑"显然就在眼睛内部的原因，确切地说，这台"微电脑"就在视网膜中除视杆细胞和视锥细胞以外的数以百万计的神经细胞中。当用显微镜来观察视网膜时，我们会注意到：它与脑的神经结构有着惊人的相似性。实际上，在演化史上，视网膜曾经是脑的一个组成部分，只是，在演化的过程中，它与脑分离开来了。从胎儿的发育过程中，我们仍然可以看到视网膜与脑的关联。在演化的过程中，视网膜的一部分神经细胞开始专门用来接收光的刺激，而其中数以百万计的其他神经细胞则仍然是正常的神经细胞，正是这些神经细胞承担了眼睛控制的复杂任务。

第四节　神经信号的路线

在每个人眼中，引起视觉的光信号会对约 1.3 亿个视觉神经细胞产生刺激。这些视觉神经细胞中的每一个，都会根据击中它的光的强度将其在全部光信号中所占的份额转换为一系列电脉冲。光线越亮，视觉神经细胞所发出的电脉冲就越快。这些信号首先通过神经纤维被传递到视网膜中的另外两种神经细胞中，而后又从那里（也只能从那里）被传递到脑。然而，从视网膜到脑的密集的神经束只有约 100 万条神经纤维。借助于视杆细胞与视锥细胞，大自然发明了一种"经济电路"，它使得 130 条导线中的 129 条都成了多余的（只用了 130 条可用导线中的 1 条），却不会对图像质量造成任何损失。

在眼睛后约 4 厘米的地方，来自右眼和左眼的两根视神经束在被称为视束交叉点的地方相交。在这里，左眼视束的右半部分在越过交叉点后通向大脑的右半球，右眼视束的左半部分则在越过交叉点后通向大脑的左半球。由于眼中晶状体所反映的只是视网膜上的一个倒置影像，因而从最终结果来看，大脑左半球只能接收最终源自物体右半部分的光线的电脉冲，而大脑右半球则只能接收物体左半部分的视觉印象（见图 4）。在战争中，曾有人因被子弹击中头部而视觉神经中枢之一被破坏（在极少数情况下，这种人仍能活下来），这种幸存者只能看到一个半月形的物体部分形象。

在视束交叉点后约 2.5 厘米的地方，神经纤维汇聚在初级视觉中枢，在此，每条视觉神经纤维似乎都有一个特定的入口点。美国麻省理工学院杰罗姆·Y. 莱特文（Jerome Y. Lettvin）教授 [7] 所做的一项激动人心的实验表明了这一点，他对一只青蛙动手术，切除了其眼

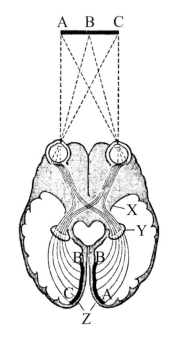

图4 大脑右半球视皮质（Z）只记录视域全景
（A-B-C）的左半边，而大脑左半球只记录其右
半边。这是因为，来自眼睛的视觉神经是经视束
交叉点（X）和初级视觉中枢（Y）到达大脑中的
视皮质（Z）的

睛和初级视觉中枢之间的所有神经束。与人类不同的是，青蛙有着
令人羡慕的再生能力；在几天之内，新的神经纤维就从眼睛开始向
初级视觉中枢方向生长了，并且每一条神经纤维都不偏不倚地恰好
连接到了原先的连接点。因此，图像中的每一个光点在脑中的适当
位置上都有着它的神经连接点——这一点显然是非常重要的。但目
前，对我们来说，那些生长着的神经纤维是如何找到其通往初级视
觉中枢的正确道路的——这一点还是一个谜。[8]

初级视觉中枢是一个中继站。新的神经纤维从这里通向大脑视
皮质。但是，将初级视觉中枢与视网膜中的中继设备看作只是按原
样传递所接收信号的放大器就完全错误了。事实证明：视网膜中有

动物们的神奇感官

1.3 亿个视觉神经细胞，但其中的神经纤维则只有 100 万条。光信息在进入上述两个中继站之后也是在其中得到转换的。

为了更好地理解这些过程，我来简要地说一下神经细胞的工作原理。

就像一条河中的三角洲一样，神经细胞的渐远渐细的轴突向外伸展，轴突末端如枝条般分出多个分叉，每个分叉末端又各有一个芽孢状的终端搭扣，轴突末端就靠着那些终端搭扣直接搭在下一个神经细胞体上或搭在它的树突上（见图 5）。两条神经之间的接触点

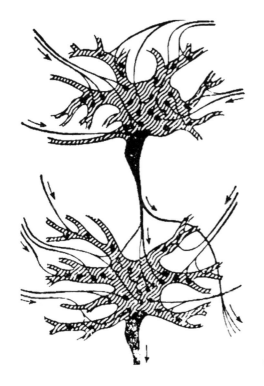

图 5　本图显示了神经细胞是怎样相互连接的。神经细胞的轴突（图中的黑色粗条）向外伸展，并以其终端搭扣（图中小黑点）与其后的神经细胞接触，接触点在细胞体中心位置或其树突处（图中阴影处）

叫作突触。当电脉冲击中神经末端时，就会有化学物质被释放出来，从而影响新的神经细胞。

严格来说，神经细胞释放的化学物质有两种，相应地，它们所产生的效果也各不相同。其中一种物质会使得新神经细胞兴奋起来，也即使得它更接近于能发出电脉冲的状态；另一种物质则会抑制新细胞的兴奋状态。所有的神经细胞要么处于兴奋状态，要么处于受抑制状态，单个的神经细胞内不同突触之间的混合是罕见的。每根神经末端都有这一种或另一种化学物质，它们只能分别起兴奋或抑制作用。

因此，在新神经细胞上，总是存在着一种发生在突触之间的兴奋与抑制的竞争。这种竞争可能会采取某种很有戏剧性的形式，因为，有时，那些在靠近一个神经细胞处收尾的 50 ~ 100 个神经分叉之间也存在着相互争斗的情况。这种争斗总会有一个明确的结局。尽管存在那些起抑制作用的突触所带来的阻力，那些起"兴奋剂"作用的突触还是能在超出一定刺激阈值的情况下使得新神经细胞兴奋起来；若出现这种情况，那么，一个神经细胞将通过其轴突对下一个神经细胞发出一个电脉冲，下一个神经细胞又会完整地重复这一过程，以此类推。如果未出现上述情况，那么，新神经细胞就会处于无动静状态。[9]

换句话说，神经细胞可引起或拒绝输入信号的传送。此外，在兴奋性增强状态下，神经细胞会产生更高的放电率，这意味着神经可以做"加减或乘除"运算，即增减或倍增倍减输入信号。另一方面，前面的神经细胞并不一定完全依赖其后面的单个神经细胞的选择或"算法"。通常，前面的神经细胞的轴突分叉也会到达并搭

　　　　　　　　　　　　　　　　　　　动物们的神奇感官

上其他神经细胞，并且，由于不同的相互连接方式，这些神经细胞的选择也会有很大的不同。

第五节　图像是怎样在脑中形成的？

这些过程同时发生在数以百万计的神经细胞中，而所有这些过程都是以某种对彼此具有兴奋或抑制作用的方式进行的。当我们在心中努力思忖这件事情时，我们会发现：这一问题——当我们看东西时，在我们的视觉神经系统中，每一秒钟在发生些什么事情——是非常捉摸不定和相当令人困惑的。

不过，美国的研究人员已经成功地对从视网膜到视皮质的单个信号的路线进行跟踪，并记录了其转化方式。这些实验真的很惊人！

当然，即使借助光学或电子显微镜，研究人员也不可能通过视觉手段发现单条神经纤维的路线。再说，仅从外观上来看，起兴奋作用的突触与起抑制作用的突触看起来并没有什么区别；此外，每过 0.1 秒钟，每个神经细胞都会处于不同的兴奋阶段，因此，静态观察几乎完全于事无补。因而，必须采用别的方法。

这个办法就是用对视网膜中相应感光细胞中的光的同时精确暴露，来记录单条神经纤维中的电。用极微小的光点击中视网膜上那个正确的点通常需要耗费几个小时。你可通过神经纤维的突然放电来判断光线击中了那个正确的点。当然，这种实验不是在人身上做的，而是在被麻醉了的猫身上做的。

这种记录技术可一言以蔽之：把充满导电液体的小玻璃管当作电极来用。这些小管子非常细，细到成千上万根并在一起也只有别针的针头那么粗。因而，肉眼是几乎无法察觉这种细管子的。只有在立体显微镜的控制下、借助于显微操作器，才能将这种细管子插入神经细胞中或使之紧贴着神经纤维。然后，神经电脉冲才会被传导到放大器中，并得以在一种电视屏幕（所谓的阴极射线示波器）上显示出来，或以波形图的形式被记录下来。

在视觉神经系统中，图形类信息的传递路线是这样的：来自许多视觉感受细胞的纤维通向第一个"分选站"——嵌在视网膜上的双极细胞，每个视觉感受细胞又与几个别的双极细胞相连。与此相似，那些双极细胞又与"二级（分选）站"——同样位于视网膜内的叫作神经节细胞的神经细胞——相连（见图6）。

为了观察前两站中所发生的情况，美国神经生理学家斯蒂

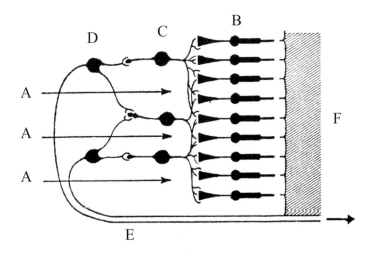

图6　视觉神经系统中的两个最初的分选站。光线（A）来自左边并使感光细胞（B）兴奋起来。神经细胞的电脉冲首先被双极细胞（C）收集并分选，其次又被神经节细胞（D）收集并分选。从这里起，视神经（E）不再被中断而是通过眼球的后壁（F）直达脑部

　　　　　　　　　　　　　　　　　　　动物们的神奇感官

芬·W. 库夫勒（Stephen W. Kuffler）教授[10]在马里兰州巴尔的摩市约翰斯·霍普金斯医院对神经节细胞进行了逐个叩击，得出了如下结果：在视网膜中最清晰的圆形部分内，每个神经节细胞都会受到所有视神经细胞的影响。在该范围内，任何光刺激都会使神经元兴奋起来。在这个小兴奋中心周围，还有一个稍大的环形区域。如果有光刺激这个外环部分，那么，它就会对同一个神经元产生抑制作用。落在中心兴奋区内的光点和落在会产生抑制作用的外环上的同样强度的光点，在功能上是大致互相抵消的。这个双圆形（中心区）叫作兴奋中心区（见图 7）。

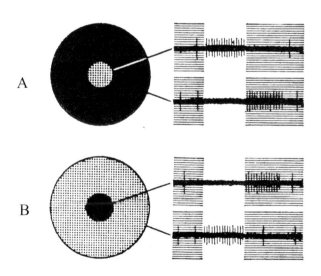

图 7　本图所显示的是信号在眼中是怎样被收集和分选的。视网膜上圆形区域内的所有感光细胞都会对单个神经节细胞产生影响。如果一个感光细胞处于中心点状区域内并暴露在光线下，那它就会刺激神经节细胞发出电脉冲。如果在中心点外的黑色外环区域内，那么，它就会抑制神经节细胞的"广播"活动，直到光灭才停止。视网膜上只有两种圆形区域，即兴奋中心区（A）和抑制中心区（B）

除了兴奋中心以外，视网膜上还含有第二种与此相反的神经节细胞，即抑制中心。每个击中圆心的光刺激都会降低神经细胞的放电速度，而每个击中圆心外围的环形区域的光刺激则都会提高这个速度。

我们在某一时刻所看到的视域中的整个图像被分成了数以百万计的这种反应区。视觉形象的构成不宜被比作马赛克，因为各个（光反应）区域都是彼此交叠的。这些所谓的感受区的大小在很大程度上取决于它们在视网膜中的位置。

这种图像分割的意义很难纯粹用具体术语来把握。我们只能想象：它可能有助于提高视网膜中央凹中的对比度以及视网膜边缘的昏暗光线的效果。然而，正如我们可以从电视技术中所知道的那样，所有这一切都与图像的光电传输几乎没什么关系。

初级视觉中枢的情况也与此非常相似。哈佛医学院神经心理学家戴维·H. 胡贝尔（David H. Hubel）教授 [11] 做了这方面的研究。他也是用被麻醉的猫来做研究的。在他的实验中，来自神经节细胞的许多纤维再次汇聚在每一个神经细胞上，每一个神经节细胞则与初级视觉中枢中的几个神经细胞相连。同样，视网膜上的每一个神经细胞都有环状的兴奋中心或抑制中心，而其周围则是一个起相反作用的环状区。不过，兴奋点与抑制点的排列方式略有不同。

但是，一旦来自初级视觉中枢的神经纤维到达大脑视皮质，事情就完全不同了。

首先，我或许应该对大脑的结构做个简要介绍。如果人脑内像核桃仁一样充满皱褶的大脑皮质被拉平，那么，它的面积就约为 2 平方米。在 2~5 毫米厚的大脑皮质中，有不少于 140 亿个神经细胞，其中发生着感知、情感、思想和创造力等奇迹。这些神经细胞就是智力、个性和品格的神经基础。

严格来说，在大脑皮质中，有分布在 7 个层次中的 7 种不同类型的神经细胞。在每一种功能的边界处（例如，在视觉和听觉区之间），每一层的厚度都有很大变化。

来自初级视觉中枢的数以百万计的神经纤维连接在视皮质第 4 层的神经细胞中。与所有其他各层的各种交流都是从这里以树枝状散开来的，几乎所有交流都是垂直于脑的表面上下运行的。从这些神经层尤其是第 3 层和第 5 层，神经轴突进入脑的更深区域，对于这些更深层次的脑区，我们迄今还一无所知。

胡贝尔教授对数百个神经细胞逐一进行了记录，他发现：这些神经细胞中的每一个都与视网膜中完全不同的感受区域相连接。在实验过程中，没有任何带有同心环的微小中心的踪迹，而是有一个约 1 平方毫米的视网膜区在影响着视皮质中的一个个神经细胞。这是令人惊异的，因为视网膜上的这么大的一个部分可容纳看起来像满月那么大的 30 个磁盘所能容纳的图像。在视网膜上的这一区域中，有 10~20 个兴奋点以及几乎同样数量的抑制点；兴奋点与抑制点之间有时相隔较远；在排列方式上，这两种类型的点是被笔直的边界线分开的。除此之外，还有所谓的狭缝区，其中的兴奋点像串珠一样直线排列在中间，其两边则被抑制点所包围（见图 8）。

如果一条 1 毫米宽的光带直接击中所有兴奋点，那么，视皮质上神经细胞的放电速度就会达到最高值。但如果这条光带的角度像螺旋桨一样只是改变了几度，那么，那些神经细胞的放电速度就会立即迅速下降，并在光带的角度达到 90° 时完全停止放电。这意味

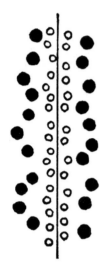

图 8　垂直与平直光线探测区。图中所示的人眼的这一部分视网膜其实只有约 1 毫米长。图中白色区域中的所有视觉神经对进入大脑视皮质的单个神经细胞具有兴奋作用,黑色区域中暴露在光线下的所有视觉神经则对同一脑细胞具有抑制作用。中间的垂直线表示的是最大兴奋状态所在的方向

着那些神经细胞是一种(只能感知)平直光线(的)探测器,只有当光线沿着特定的方向射入时,它们才会有反应。

　　大体上属于同一兴奋类型的其他神经细胞可谓数不胜数。但对它们来说,那条"狭缝"(光带)的方向可在 0° ~180° 之间的任何角度转动。因此,脑可以感知任何方向的平直光线。

　　这一事实表明人的直线感是天生的。回想本章开头所描述的扭曲图像的棱镜眼镜的实验,我们再一次面临着一个感知理论问题:当实验中的被试者逐渐开始将曲线看作直线时,他的神经系统中发生了什么?是那些接触点即神经突触改变了整个视觉神经系统吗?我们不知道。无论在什么情况下,先天就有的知识与后天习得的知识都是密切合作的。

　　除了上述视皮质中的神经类型外,还有别的负责感知黑色直线

动物们的神奇感官

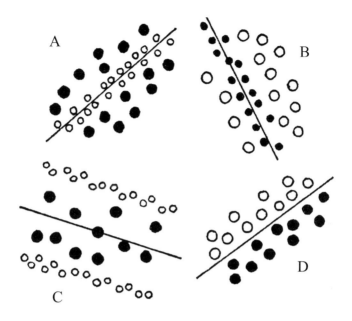

图 9　浅色直线探测区（A），黑色直线探测区（B），宽条黑线探测区（C），
边缘探测区（D）。进入各探测区的光线角度各不相同

的神经细胞，以及另一些负责感知边缘的神经细胞（这些细胞会在
平直边界线的左侧处于兴奋状态而在其右侧处于抑制状态，反之亦
然）（见图 9）。另一种神经细胞则不会对静态光线做出反应，而只
会对运动的光线做出反应，而每个神经细胞都只负责对某个特定的
运动方向上的光线做出反应。

　　景物在脑中成像前，视觉神经系统要将图像分解成大量明暗不
同的小边缘线，这表明了大脑视皮质中神经细胞的数量有多么巨大。
视网膜上的每个部分、每种类型的线（狭缝、条带、边缘）、每一种
线的每一种位置和运动方向，都有一组总是响应并传递着电脉冲的

神经细胞。即使眼睛所看到的不过是个对着白色背景旋转的螺旋桨，被它激发因而兴奋起来的脑细胞的数量之大也是难以想象的。

在做了这一陈述后，有人或许会误以为：我们头脑中的所有神经细胞都处于一种令人困惑的混乱状态。但胡贝尔教授却发现，那些神经细胞其实是井然有序的——他的这一发现才是更出人意料的。不过，那不是一种用显微镜可看到的秩序，而只是一种根据其中的电活动可辨别出来的秩序。

根据这些观察所得，我们的大脑视皮质是像蜂窝一样被分成无数的柱状片段的（见图10）。其中的每一个柱状体直径约为 0.5 毫米，

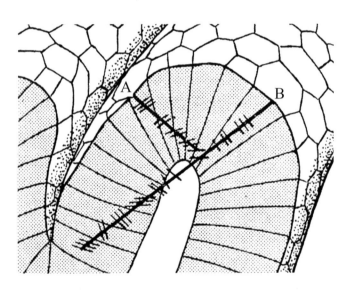

图10　视皮质上的"蜂窝"。每根神经柱只对来自视网膜上的一小部分图像的一个方向上的光线起反应。邻近的神经柱对其他方向的光线起反应。这是通过逐渐移动的两个微电极（A 和 B）得到确立的，当一条缓慢旋转的光带被移到并照射在视网膜上时，这两个微电极可监测神经的信号活动

　　　　　　　　　　　　　　　　　　　　　　　　动物们的神奇感官

由数以千计的神经细胞组成。所有这些神经细胞的共同之处是它们在视网膜中的状如狭缝、条带或边缘的刺激区的方向。来自视网膜某个部分的以 30° 角运行的所有图形轮廓都被记录在这一柱状体中。然而，相邻的柱状体只对分别以 15°、31°、33° 和 35° 角运行的线条和边缘做出反应；这些柱状体各自的相邻柱状体又只处理其他角度的图形轮廓。视网膜内的兴奋点与柱状体内它们所刺激的神经细胞的排列并没有对称性。

虽然这项研究工作的细节或许是令人着迷的，但它们却使得看的过程显得比以前看起来更加神秘。将黑白图片分解成无数个线条，空间关系混乱，同时编码的消息通过数百万个通道在闪现，沿正确方向生长的神经纤维找到它们的正确接触点，复杂多样却富于目的性的令人费解的神经回路，这些回路对学习过程的敏感性，伴随着眼球的颤动和探测运动对感官刺激的协调——所有这一切构成了造物的一项伟大的奇迹，只有在我们现在所生活的这个时代，凭借着科学的进步，我们才开始意识到这个奇迹的伟大。

第六节　电子蛙眼

在美国这个"未来已成为现实的"国家，所有关于由地下高频电缆来控制方向盘、变速器和制动器的遥控汽车的谈论都于 1963 年停了下来。不等实现它的机会到来，这一项会将未来汽车降级为一种微型手推车的计划就被废弃了。在我们这个技术日新月异的时代，它已经被一种更令人惊异的技术——电子蛙眼——所替代了。

美国科学家莱特文、马图拉纳（Maturana）、麦克卡罗奇（McCulloch）和匹茨（Pitts）[12—13]从十分普通的蛙眼中弄清楚了一个光学和数学原理，该原理有助于开发出一种能在大量车流中安全驾驶汽车的全自动电子驾驶仪。

这听起来像是天方夜谭，但它完全是可能的，正如大自然以青蛙为例所证明的那样。虽然对青蛙来说是非常切合实际的，但人们必须知道：这种完全不同的神经回路是怎样对光学设备接收到的图像做出反应、怎样形成与我们人所看到的事物图像几乎完全不同的印象的。

对人类来说，青蛙和许多其他动物眼里所呈现出来的图像世界是非常奇怪的。美国伊利诺伊大学的海因茨·冯·福斯特（Heinz von Foerster）教授[14]解释了人类看穿蛙眼中图像世界的最简单方式，即用电子方式像儿童玩模拟游戏一样创造出人造的神经细胞，这种人造神经细胞是对（胡贝尔教授关于视觉神经细胞的）前述自然结构的粗略简化（见图11）。只要这样就能形成惊人的电路组合。让我们用很简

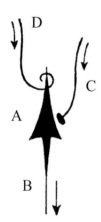

图11 "人造神经细胞"的示意电路图。只有在被兴奋中心（C）刺激时，细胞（A）才会通过轴突（B）发出电脉冲。如果一个来自抑制电路（D）的信号同时到达，则人造神经细胞对之无反应

动物们的神奇感官

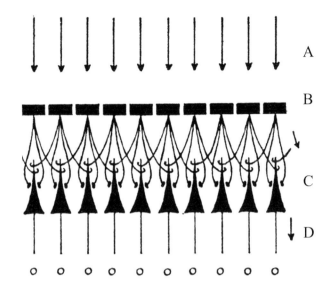

图12 如果光（A）均匀地落在所有光电管（B）上，那么，人造神经细胞的这种组合就会"看"不到任何东西。由于每一个人造神经细胞（C）都被激发和抑制各两次，那些神经细胞不会产生电脉冲（D）

单的方式来开始做这项实验：找一排光电管，让每个光电管都通过两个具有兴奋作用的导体连接到一个人造神经细胞上，并通过两个具有抑制作用的导体连接到两个相邻的人造神经细胞上。因为每一个人造神经细胞都会被激发和抑制各两次，所以如果所有光电管的曝光程度是一样的，那么，那些人造神经细胞就不会产生电脉冲；而眼睛-人造神经细胞的这一组合也不会"看到"任何东西（见图12）。

但若一个物体直接进入视野，那么，其轮廓立即就会被检测到，因为这时，视野边缘下方的神经细胞被激发了两次而只被抑制了一

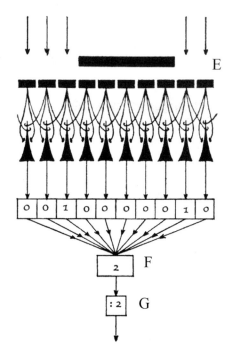

图 13 一旦物体（E）的阴影落在光电管上,边缘上的人造神经细胞就会发出一个电脉冲,因为这时,它们是被激发两次而只被抑制一次。一台电子设备（F）将结果相加,另一台电子设备（G）则将其除以2。计数机就以这种方式像闪电一样掌握了要计数的物体的数量

次,这意味着:它们传导了一个电脉冲。可做一下以下实验:我们可将光电管"视网膜"扩大并使之精密到任意程度;然后,我们把一小把豌豆撒在那个"视网膜"前方;而后,一台电子设备就会对所有接收到的信息做出合计并将其除以 2,且几乎立即就在此基础上对豌豆的数量做出报告（见图 13）。

因此,这个非常简单的计数机具有人类的神经系统所不具备的功能:它不像我们人所做的那样连续数东西的个数,它对"眼下"有多少个东西一目了然。就像我们看到某种电磁波一样,它将某个数量看作独立存在的概念。例如,如果我们视网膜上的感光细胞被

频率为每秒 3.85 亿千赫的光击中，那么，我们无须去计算光的频率就可以知道它是红光。因为神经回路已为我们做了计算并直接将计算结果告诉了我们的意识：红色！上述计数机也是以与此类似的方式立即将数量记录为"7 个"、"68 个"或"27 695 个"的。

因此，在此，我们不仅获得了一个人造计数机样本，而且，对一种完全基于某种非同寻常神经回路的超出我们想象的全新感官——"绝对数量感官"，也有了一个令人印象深刻的例子。

对这个相当简单的原则进行扩展（这种扩展或许可以通过增加第二个维度来进行），其前景是令人振奋的。人们或许也能做到让人造眼睛转动起来。这将使计数机成为一种能通过机械手段来跟踪轮廓并检测形状的装置。这样的装置能区分直线和曲线，并且能检测孔、角和其他特征明显的形状。相关的当代研究者还在以计数机为基础进行更进一步的研究，以期这种机器能阅读数字和文字、评估照片和 X 射线、在显微薄片中检测癌细胞。

但是，这一切与青蛙的眼睛有什么关系呢？关系大得很！因为青蛙这种两栖动物有着与人造机器眼同样识别模式的神经回路，此外，章鱼和昆虫也有着同样模式的神经回路。只是，我们得摆脱这种不切实际的想法——所有动物的眼睛都是被设计用来向其提供照片般逼真的图像的。

如前（第二节"关于眼球的实验"）所述，蛙眼所呈现的静物图像就像一块被擦干净了的黑板，只有移动的物体才会出现在这块黑板上，那就是青蛙所害怕或想要的东西。但即使对这些东西，蛙眼所见的也不是它们的自然形状。当莱特文教授以与胡贝尔教授研究猫同样的方法，用微电极来研究青蛙的视觉神经系统时，他得出了非常奇怪的研究结果。

光学图像经青蛙的神经系统分解出来的基本要素在性质上是远非普遍而别具特色的。蛙脑只接收以下四种东西的信息：直边、移动的凸形、对比的变化、快速变暗的过程。

这种信息甚至不包括每一个动作的方向（人眼则不然）。如果一只苍蝇正在朝一只青蛙飞去因而那只青蛙或许可以抓住那只苍蝇，那么，青蛙的脑就会将这种运动记录下来。但如果苍蝇正在朝背离青蛙的方向移动或在青蛙无法抓到的范围内飞行，那么，对青蛙来说，这种运动信息根本就没有意义。青蛙看不到任何与自身不直接相关的东西——这实在是一个将视觉限制在绝对必要范围内的极为实用的原则！

因此，我们可以想象：青蛙也看不到叶子在风中移动，因为没有对比。但如果是一只鹳在向它靠近，那么，青蛙对移动的凸起形状做出反应的神经细胞就会发出一系列电脉冲，其视域中的对比度也会发生改变；显然，仅这一点就足以使青蛙急忙跳回到池塘里。青蛙眼中的世界就是如此抽象，而人眼是不可能看到这样的景象的。

美国生物学家 M. B. 赫希尔（M. B. Herscher）和 T. P. 凯利（T. P. Kelley）[15] 认为：我们可以用类似的方法抽象出交通拥挤的街道图像，将其分解为表示我们必须避开的死路或人与事物的各种特征。我们还必须将交通信号纳入自动驾驶方案内，在旅程开始前，车主也须将驾驶程序输入电子设备。自动驾驶系统会把一路上所发生的任何其他活动都看作与交通不相干。

但在达到这一目标前，我们必须确保在自动驾驶技术的可靠性上人类明显胜于自然；否则，"电子青蛙"终有一天会被"鹳"吃掉。

第七节　只能看到光点分布模式的动物

1. 会发光的深海鱼

"到了水下 204 米深之后，我看到了远处的闪光。这就是深海动物中的自照明现象。深海中那些闪烁的光芒看起来就像是温暖、清澈的夏日夜空中最早出现的星星一样。我看到了一个其中有众多星座在不断形成、改变和消失的深蓝色的世界。"这是美国深海探险家威廉·毕比（William Beebe）[16] 在用潜水球（球形深海探测器）第一次下沉到 200 米以下深海处时所看到的情景。下面是对他的那份深海探险报告所做的一些摘录：

> 在 610 米深的地方，我多次仔细地数了视野中可见的"灯"的数量，从未发现那些浅黄色和浅蓝色的"灯"有少于 10 盏的时候。再往下 15 米处，我看到了另一个"烟花网络"，保守一点估计，那个"烟花网络"的尺寸约为 60 厘米 × 90 厘米。在黑暗的背景中，我能看得清一个个光点组成的网格，但我不敢贸然揣测其光源。它肯定是某种无脊椎的生命形式，它是那么娇美而易逝，如果我们将它网往渔网中，那么，它就会完全丧失自己在深海中如此娇美的生命形式。再往下潜 30 米，我的同伴巴顿（Barton）先生看到有两盏"灯"在忽明忽暗地闪烁着，那无疑是在鱼的控制之下的……
>
> 在 625~655 米深的地方，我们能看到的会发光的动物比较少，但后来，在 670 米深的地方，"灯光"就显得迷离闪烁了……翼足目动物以及一大群无法辨认的其他动物近在咫尺。

我集中注意力想要观察某种动物，正当它的轮廓开始清晰地呈现在我的视网膜上时，一个犹如绚丽彗星或明亮星座的鱼群从我乘坐的海底天堂般的潜水球顶上一掠而过，它吸引了我的注意力，我的眼睛不由自主地转向了这一突然出现的新的奇妙景观。

……墨黑一片的水体背景上，不时浮现火花和闪光，此外，那巨大的黑幕上还点缀着大小、形态和色彩各异，稳定发光的直径相当大的"灯"……"灯"光时疏时密，在"灯"光最稠密时，我眼前的水体似乎充满了生命，我的目光凝视着"灯火"之外的远方，我想到了那些不会发光的对我来说永不可见的动物，那些终生都需要依靠其他动物的闪耀的"灯"光来给自己指路的长着眼睛的动物，以及海洋深处那些最奇怪的海洋动物，那些从出生到死亡都一直是"盲者"的动物，它们感知食物、伴侣和天敌的唯一凭借之物就是自己皮肤上的灵敏器官或鳍上长长的卷须状触须。

据毕比介绍，发光深海鱼的轮廓和身体形状可在很近的地方、从鱼自身发出的微光中被辨别出来。但在几米之外，我们能看到的就只有星座状的东西了。正如夜行船上的船长只能通过灯光来辨别在公海上从他所在的船一边开过去的是大货船、小摩托艇、救生艇还是引航船那样，那些深海鱼也只能通过每一种鱼以特定的方式发出的"灯"光及其色彩样式来分辨敌友。不过，鱼类互相识别的方式要比人类识别船只类型的方式复杂得多。

例如，一些海龙（黑巨口鱼属，见图14）看起来像是轻型客船，

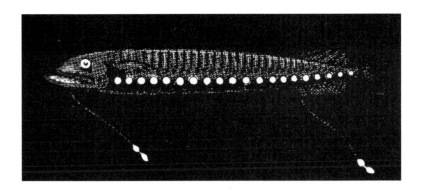

图 14　海龙

　　其中一种被毕比命名为"不可触摸的潜艇鱼"，它的身体两侧各有
一排 20 个淡蓝色的"舷窗"。这种鱼长着两条约 1 米长的触须，这
两条触须从"船头"和"船尾"处悬垂下来，每条触须尾端都拖挂
着一团会发光的饵料。虽然这种光看起来很平和，但它的拥有者却
是最贪婪的深海食肉动物之一。这种鱼的被从体腔内部照亮的尖牙
会抓住任何不小心靠近诱饵的动物。

　　这与银斧鱼属的深海斧头鱼（见图 15）恰好相反。这种鱼所发
出的磷光束会形成一种让人想起人类头骨上的牙齿的怪模样。但斧
头鱼却是以浮游生物为食的无害的鱼。不过，迄今尚未发现它们是
否可凭借凶猛的外观来吓跑敌害。

　　毕比命名的另一种鱼——五线星座鱼（见图 16）是深海中的贵
族。这种鱼"身体两侧有 5 条令人难以置信的美丽的光带，一条（沿
从头到尾方向）居中，其上方和下方各有两条弧形的光带。每条光带
都是由一系列大而淡黄色的'灯'光组成的，其中每一盏'灯'又
都被呈半圆形排列的很小的紫色磷光片包围着。……作为我所见过

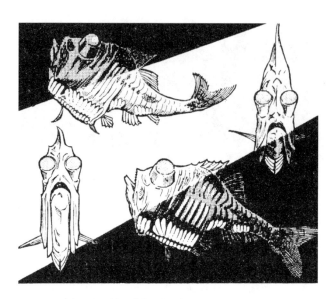

图 15　一束探照光下的深海斧头鱼。朝着黑暗处突出的部分是它们的
发光器官，这种发光器官会令人想起人类头骨上的牙齿

图 16　五线星座鱼

　　　　　　　　　　　　　　　动物们的神奇感官

的最可爱的东西之一，它将永远留在我此生的记忆中"。

深海鱼所"穿"的光"制服"种类极多。仅仅在灯笼鱼家族中，就有约 150 种灯笼鱼可根据其发光器官的数量和排列方式来加以区别。[17] 例如，其中两个属的灯笼鱼只是在尾鳍前的"灯光设备"上有所差异。如果某种灯笼鱼在这个部位有两个发光器官，那么，这种灯笼鱼就是（普通）灯笼鱼属的成员。但若那里的发光器官有 3~6 个，那么，这种灯笼鱼就是珍灯鱼属的成员。同一个属中不同鱼种之间的差别甚至更小，但鱼类却可以精准地识别它们。

就像雄鸟和雌鸟的羽毛互不相同一样，雄鱼和雌鱼的"光服饰"也互不相同。大西洋和地中海中常见的一种灯笼鱼是斑点灯笼鱼。这种灯笼鱼的身体两侧各有一排明亮的"舷窗"式熠熠生辉的"灯笼"。雌斑点灯笼鱼的腹部还有 3~5 个发光的斑块，雄斑点灯笼鱼的尾巴根部顶端则有 1~3 个发光点。

换言之，那些生活在永恒黑暗中的深海鱼的视力仅限于感知并解释抽象但特征鲜明的"灯"光组合模式。蛙的视觉神经系统优先从其周围的物象中抽象出食物或危险物的典型特征，但深海鱼类的视野就几乎完全是由抽象的闪光和色彩绚丽的"霓虹灯"组成的了。

然而，也有贪婪的食肉鱼会滥用其"灯"来吸引猎物。深海鮟鱇鱼后鳍第一根小刺已演变成一根长短可变的钓竿，这根钓竿的末端还挂着一个会发光的"气球"。这种诱饵看起来就像是一条会发光的海洋蠕虫，它被提在鱼的大张着的嘴前面，并在那里晃动着，而在那张嘴里，一副尖利如钢针的牙齿正在等待着猎物的光临（见图 17）。

长须鮟鱇鱼的"钓竿"长度是其体长的 4 倍。[18] 借助于对压力

图 17 一种用"灯笼"来钓其他鱼的深海鮟鱇鱼

非常敏感的侧线器官（鱼和水陆两栖动物的压力与震动感受器），长须鮟鱇鱼可以确定任何正在向其靠近的动物。在恰好的时刻，它会抽回"钓竿"，并以之猛击那个好奇的入侵者。对其他有着较短"钓竿"的动物来说，事情就更容易了：它们会将那些在其附近游泳的猎物直接吸入其张开的嘴里。

深海触须鱼所用的方法甚至更加奇怪。它们没有"钓竿"，但有"胡须"（触须），这种触须的末端也垂挂着可当诱饵用的会发光的器官。有一种触须鱼身长约 23 厘米，但其"胡须"则有 1 米长。触须鱼每根"胡须"中的神经会向其发送猎物靠近的信号。毕比曾在水族箱里对这种带"灯"的鱼做过实验，他说："即使是水在其'胡须'附近最细微的运动也会使这种鱼产生极大的兴奋感。它会变

动物们的神奇感官

得凶猛起来并做出猛咬的动作，并会一直尝试着找到水流扰动的源头，而后咬向那个作为扰动源头的东西。"

蝰鱼是一种生活在450~2 200米深处的深海鱼，它们不需要用压力波来定位猎物。这种鱼是专家级的幻术师，它们会用350个光点照亮自己的嘴的内部。当小鱼和（虾蟹等）甲壳类动物愉快地游进那个致命的璀璨之地时，蝰鱼所要做的就是不时地咀嚼一下那些口中美食了。

炫目的闪光再次起到了不同的作用。有些灯笼鱼家族的成员将其发展成了一种防御性武器。在面临危险时，这些鱼就会发出炫目的闪光，以使那些攻击者晕眩，因而，它们自己就可以有时间转身逃跑了。当毕比突然将自己手表上会发光的表盘放在灯笼鱼头部前方时，那条受了惊的鱼立即以发出一连串闪光的方式做出了反应。

毕比在潜水球中获得了如下经验：

> 我看到一个像一枚一角硬币那么大的色彩绚丽的灯点稳步地向我这边推进，在没有丝毫预警的情况下，它似乎爆炸了；因此，我猛地将头从窗户边往后退。当时所发生的事情是：那个生物体撞在了窗坡璃的表面上，这一撞击造成了不是一个，而是上百个灿烂的光点。这些光点并没有在玻璃表面上像被激发的磷光一样消失，而是仍旧强烈地持续亮着。后来，那个生物体扭动着身子转到了左边，在此过程中，它仍然发着光，在我还没能辨认出它所属的门*时，它就从我的眼前消失了。

---

* 门：动物分类中的界、门、纲、目、科、属、种7个分类等级中的第2个。——译者注

后来我才知道，这种动物是一种会发光的棘虾属深海虾。在被高度激发的一瞬间，它会从自己的军火库中释放出真正的火花雨，从而将敌"人"包围在一片令其困惑的炫目的光之海洋中。

闪光作为一种防御手段是有效的，但它却有一个难以回答的问题：防卫者自己如何才能避免被闪光弄得头晕目眩呢？大自然为这一问题所找到的解决方案是令人惊异的：深海斧头鱼、触须鱼等都有一个被置于眼睛旁的小反光镜，这个反光镜可使来自外部的光直接反射到这类动物自己的眼睛中。由此，它们的眼睛就变得习惯于大量随后而来的光了。

深海中的动物发光现象所起的作用远不止于此。1959 年，英国海洋生物学家 H. W. 利斯曼（H. W. Lissmann）提出了一个理论：深海鱼所发出的闪烁的灯光是一种通信手段。也许，除了光图案的色彩与富于特征性的布置外，就像我们所熟悉的灯塔一样，那些深海鱼发出的灯光还是同样富有特点的信号代码。也许，这种灯光甚至就是一种莫尔斯代码式的信息交流媒介，借助于它，那些生活在永恒夜色中的动物可召唤伙伴，向对手发出警告，还可能就其他事情与伙伴进行"交谈"。这是一个有待科学家们对之进行详细研究的有趣课题。

这种状况看来与发光虾的相应状况相似。[19] 日本生物学家寺尾（Terao）发现：发光虾的身体上分布着 150 多个可发光点，所有可发光点可以以闪电般的速度在开启与关闭之间转换。就像夜晚时分大城市中心闪动变换的霓虹灯一样，在 1~2 秒钟内，这种虾背上绿色和黄色的灯光图案就可从头到尾轻快地相继呈现出来。

在这方面，最令人称奇的海洋动物是发光鱿鱼。有些聪明得令人惊异的发光鱿鱼有着配备了透镜、凹面镜、光圈和快门等的高度发达的发光器官，它们经常以速泳队伍的形式集体捕猎。对于玻璃鱿鱼属的鱿鱼[20]，我们甚至可以毫不夸张地说：它们是天生就拥有探照灯的。玻璃鱿鱼可以用肌肉来控制自己身上的探照灯的位置和方向，可向前及向下即朝其鱼雷状的身体移动的方向投射探照灯光。它们用探照灯光来照亮路线，追捕猎物，并亮瞎敌"人"。

奇怪的是，这种动物有两种不同结构的探照灯：开放式和封闭式的发光器官。

那些拥有开放式发光器官的鱼大多是浅海中的居民，实际上不能自行发光；它们得借助于发光细菌才能发光。它们从海水中收集那些发光细菌，将这些细菌保存在它们皮肤下面的小囊里或是簇成球状的微管里。为了让这些细菌保持发光状态，它们给这些微生物提供一种富有吸引力的培养基。科学家们在普通鱿鱼中发现了5种不同的发光细菌[21]，所有这些发光细菌都已经严格地按其不同的种类在不同的发光器官中定居下来。显然，培养基的组分对细菌是留下还是离开起着决定作用。在那些发光部位总是有一根微管是开口的，这样，那些细菌就可以自由来去。

但是，如果鱿鱼处于危险之中，那么，那些细菌可能会发现自己正在被驱赶出来——无论自己是否愿意离开。在黑暗的深处，当试图躲避敌"人"时，鱿鱼仅靠喷出墨汁是没有用的。这就是在面对敌"人"时，舌状耳鱿鱼、小短尾鱿鱼和海特柔鱿鱼（异鱿乌贼属）*会采取下述保护措施的原因：通过挤压身上的"灯管"喷射出发光的云朵状细菌团，使得敌"人"在三五分钟内看不见东西，从而使之无所适从。

那些拥有封闭式发光器官的鱼大多是深海中的居民，对它们来说，事情就与前面所描述的完全不同了。它们没必要事先窃取外在的光源，因为它们拥有能产生会发光的液体的腺体。此外，就像剧院里的聚光灯一样，这些鱿鱼也能变幻出极多样的色彩。汉斯-埃克哈德·格鲁纳（Hans-Eckhard Gruner）博士写道："借助于不同的类似于色彩滤镜（皮肤色素）的设备和会闪闪发光的一面面镜子，各种色调都会出现在一个特定的动物身上。它可能会产生红色、蓝色、绿色或白色的光。当其活跃时，其发光器官会闪耀出像宝石那样的绚丽光芒。"[22]

这种鱿鱼所发出的光的形状和色彩变化无穷。"地狱吸血鬼鱿鱼"[23]（见图 18）的由膜连接而成的触手形成了一个伞形的陷阱，其身体末端有两个长在柄上的 3 厘米长的反光器。如果这种鱿鱼不想发出光，那么它就会将发光器缩回到口袋里，并盖上盖子。与萤火虫不同的是，鱿鱼们不能关掉自己的"灯泡"的开关，因而，它们只得使用黑帘子。这种黑帘子有时是其墨水袋的一端，或一种"百叶窗"。在实际使用时，这种遮光物被插在光源和透镜之间。

南大西洋深处最美丽的灯光是一种叫作"皇冠鱿鱼"（见图 19）的动物发出的。这种鱿鱼的发现者是德国著名的瓦尔迪维亚考察队队长卡尔·淳（Carl Chun）教授。他对这种鱿鱼的描述如下[24]：

---

* 　这种鱿鱼的拉丁文学名为 *Heteroteuthis*，在此，按字面意义直译为"异鱿乌贼属"，按部分音译、部分意译法可译为"海特柔鱿鱼"。——译者注

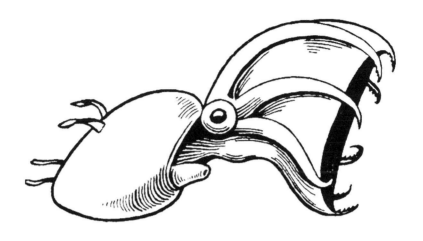

图 18　地狱吸血鬼鱿鱼

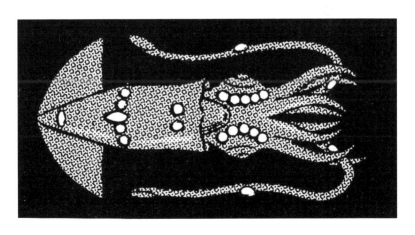

图 19　皇冠鱿鱼

皇冠鱿鱼有 24 个有着特定分组的发光器官。这种鱿鱼的 2 只大触手中的每一只上都有 2 个发光器官。两只眼睛下方边缘处分别有 5 个发光器官，其余的则以特定的排列方式分布在身体各处：在下方，有 2 只"前灯"长在排泄孔旁边；在躯干中部最外面有 5 个发光器官长在鳃底部，其余的在尾部。无论其他深海生物发出的光有多么辉煌，它们都无法跟皇冠鱿鱼发出的华丽之光相比。皇冠鱿鱼的身体看起来就像戴着一顶用色彩艳丽的宝石做成的皇冠，其眼部"灯"组最中间的那盏"灯"会发出深蓝色光芒，两边的"灯"则会发出珍珠母般的光芒。在腹部"灯"组中，腹部前方的"灯"会发出红宝石般的光芒，腹部后方的"灯"——除了最中间那盏外——会发出雪白的光芒，最中间那盏则会发出天蓝色的光芒。从整体上来看，皇冠鱿鱼用"灯"光构造出来的景象实在是太壮观了！

2. 会发光的单细胞生物

1959 年 9 月 27 日，在穿越爪哇岛和加里曼丹岛（婆罗洲）之间的爪哇海时，油轮船长 W. 拉瑟福德（W. Rutherford）[25—26] 遇到了不可思议的事情。他所报告的这件事听起来就像是一个典型的老水手的故事：

> 在 1959 年 9 月 27 日 23 点 50 分到 9 月 28 日 0 点 10 分之间……海上有轻浪，海水很暗也很清澈……有不寻常之物出现的最早迹象是海面上一会儿这里一会儿那里地出现了白色的浪花，这种现象让我以为风已经变得清新了，但我能感觉到实际情况并

非如此。后来，水面上出现了闪烁的光束，这使得正在观察海况的执勤官以为（附近有）渔船正在使用大功率手电筒。这些光束变得更亮了，它们看起来绝对互相平行，约有2米宽。船上的人可以辨别出：它们来自右前方，每隔约0.5秒闪烁一次。当时，我以为当它们通过时我能听到嗖嗖的声音，但最终确定这不过是我的想象……那些平行光束看起来就像是一个想要过马路的行人站立在路旁时看到的一道道横亘在他脚下的巨大斑马线。当这部分现象处于高潮时，眼前的景象看起来就像是巨大的海浪正朝船只猛冲过去，海面似乎也在沸腾着。但是，从我们的船以相当近的距离驶过的一艘渔船周围来看，情况还是大体正常的……闪光的特征发生了变化，那些光束像是从3千米以外的一艘船的船头右侧灯塔中射出来的，看起来就像一个以光束为其辐条的巨型车轮。当船头右侧光轮上的光束变弱时，船头左侧出现了同样模式的光束。不过，船头右侧的光轮是逆时针旋转的，而船头左侧的光轮则是顺时针旋转的……

　　接下来所发生的变化是：那些光束的照射方向似乎与船的航行路线完全一致，就像船后的大海……在"追"我们一样……

　　不久，所有的光束都逐渐暗淡了下去，我又能看得见海面了。就在那个时候，在大约2分钟内，我的眼前出现了这样的景象：在距离海面约2米的地方，出现了一个直径约为0.5米的在有节奏地闪烁的光环。这种闪光让我想起了一棵停满了萤火虫的树。

1960年，德国水文地理学研究所的前海洋化学家库尔特·卡勒

（Kurt Kalle）教授[27]审阅了船长们提供的 70 份类似的报告。其中 51 份与上述报告中所说的基本情况相符，其余 19 份简略地描述了一幅来自海洋深处的光球爆炸的景象。直径约为 1 米的小型发光球从海洋深处冒出来，而后在海洋表面无声地爆炸，形成了直径约为 100 米的耀眼的光盘，然后迅速暗淡下去。

　　该如何解释热带海洋中的这一奇幻景象呢？可以肯定的是，其中的光是由聚集在海洋中能发出磷光的数十亿个细小的单细胞发光生物产生的。

　　这种名叫"闪烁的夜光"的单细胞发光生物是一种桃子状并长着一根小鞭的直径在 0.5~2 毫米之间的腰鞭毛虫（见图 20）。在一

图 20　引起海洋磷光的"闪烁的夜光"

动物们的神奇感官

年中的某些时候，在某些天气条件下，一旦它受到压力波的额外刺激，它的透明体腔内就会有数百个微小光点在闪耀，并由此产生一次磷光闪烁。

导致磷光释放的压力波可以由船只或海豚产生，然后，在黑暗中，这些船只或海豚看起来就会像是其后拖着一条条光带，冲上海滩的海浪也会看起来就像是一堵火墙。当海潮汹涌或海面在经受暴雨的冲击时，在视力所能及的范围内，整个海洋都会闪闪发光。

但是，导致腰鞭毛虫释放磷光的压力波也可能来自海底地震。这一结论是由库尔特·卡勒得出的，其依据是：迄今为止，那些发光的巨大"车轮"都是在火山活跃的海域被观察到的。因此，拉瑟福德船长所描述的现象也可能是因磷光而变得可见的海底地震所产生的海啸波浪。

对这一现象，卡勒教授给出了以下详细解释。在深海上，从某一点发出的冲击波会产生光球迸射的景象。它们在海面水平方向的爆裂就像伸缩波的辐射状膨胀。然而，在大陆架上方，朝下反射的那部分冲击波又会再次被海底反射上来，从而在几乎没有任何能量损失的情况下再次到达水面。原生和次生的地震波互相重叠，由此产生干涉效应。这时，发冷光的生物体会在同一阶段（包括放大阶段）显示出发光区域所在的位置，而穿插在闪光之间的黑暗时段则意味着压力的消除。

库尔特·卡勒已能借助于干扰模型来巩固这一理论。但是，这一理论迄今尚未得到完全的证明（例如，借助充分的地震数据得到这样的证明）。

3. 会发光的昆虫

夜晚在牙买加岛的蓝山，观察者可以看到一种奇怪的自然现象。仿佛被幽灵的手点亮一样，"圣诞树"会突然此起彼伏地闪现在夜幕笼罩的荒凉景观中。[28]

如果一个人走近了细看，他会吃惊地发现：那些"圣诞树"实际上是开满了"火花"的棕榈树——树上聚集着成千上万只会发光的小甲虫。但与欧洲萤火虫不同的是，这种甲虫不会持续地发出微光。实际上，每只甲虫以每秒两次的频率发出闪光，由此造成了整棵树上的甲虫群虫乱闪的整体效果。因此，一个观察者会得到一个令他毛骨悚然的犹如鬼火群集的总体印象！

即使这一壮观的发光景象被暴雨所冲刷，或者，即使那些树被暴风雨所摇撼，那些昆虫[29]仍然会以不减的亮度继续闪亮下去；它们"情不自禁"地要这样做！因为这种闪着快乐之光的聚会场所实际上是一个婚姻大市场。在欧洲，雌萤火虫只需凭借独自一虫所发出的荧光就能吸引到雄萤火虫。在牙买加，在甲虫集体求偶之所，则是成千上万的准新娘和准新郎集体狂闪它们的亮光。它们所照亮的树在半径1千米范围内熠熠生辉，时刻吸引着越来越多的与自己同种的发光昆虫。如果有人晚上在那里的一棵棕榈树上挂一盏明亮的闪光灯，那么，肯定很快就会有第一批那种发光甲虫飞抵那棵树；在约1小时后，那棵树就会变成那些甲虫正忙着交配的一团"大火"！

美国南部有一种作为上述发光甲虫近亲的黑萤火虫，对它们来说，这种用"闪光灯"进行的求爱就要难得多了。在求爱飞行时，雄黑萤火虫会每隔5~7秒发出持续时间为0.06秒的闪光。[30]与此同时，雌黑萤火虫则默默无光地待在草地上。但是，一旦有发着闪光的雄黑萤火虫靠近到离"她"3~5 米的范围内，那么，"她"就会在雄虫每次闪光后隔恰好 2.1 秒时以自己的闪光做出回应。这时，那个追求者就会直奔雌黑萤火虫发出的光而去，在交换了 5 次（最多10 次）信号后，"他"就会达到自己的目的。

巴克（Buck）教授发现了这一现象，也成功地用闪光灯模仿了雌黑萤火虫的闪光，尽管他不得不以惊人的精确度——恰好是在雄黑萤火虫发出闪光后的 2.1 秒时——按下闪光灯按钮。如果他稍早或稍迟一点点按下按钮，那么，雄甲虫就不会注意到他，而自己飞走了。只有当他知道那个"密码"并在前述的间隔时间点严格准时地让闪光灯发出闪光，雄甲虫才会降落到他手上。这一令人印象深刻的实验证明：黑萤火虫两性间彼此识别的信号密码是高度特异的，只有这样，它们才能避免在黑暗中与别的种类的发光甲虫交配。

端鳍萤属的东南亚发光甲虫已演化出一种无与伦比的对霓虹灯的模仿能力。白天，这种昆虫待在缅甸的丛林中，但到了晚上，雄甲虫就会飞到河岸边的一种特殊的红树上去，出于目前未知的原因，它们习惯于选择这种树作为经常出没的地方。在那些红树上，就像它们的牙买加宗亲一样，它们开始每秒闪光两次。不过，与它们在牙买加的堂表兄弟不同的是，这些亚洲的萤火虫是整群同时发出闪光的，就像一个合唱队的合唱一样。要想知道那种情景是什么样子，我们只需想象一下：几乎每一片树叶上都有一只发光甲虫待在那里，每一棵树上都有成千上万只发光甲虫待在那里；而毫无例外的是，它们就像同时被人按下了按钮一样在完全相同的时刻发出闪光。更为奇特的是，如果河岸上有整排这样的树，那些甲虫又全部以完全相同的节奏发出闪光，并且，从这排树的一端到另一端，所有甲虫的闪光都完美同步，那将会是一种多么奇妙的热带夜景啊！

非常奇怪的是，那些树上只有雄甲虫而从不会有雌甲虫。在夜晚，雌甲虫们是待在丛林里的。因此，这里从来不会出现像牙买加那样的甲虫集体婚礼。那么，那些河沿上为何会出现这种精确同步的闪光盛会呢？那些雄甲虫又是在为谁表演这一辉煌的节目呢？迄今，我们还不得而知。

为了提高效果，避免夜间婚姻市场中的"灯"光出现错误，许多热带萤火虫也有着自己这种萤火虫所特有的闪光和色彩模式，就像那些深海鱼一样。

墨西哥叩头虫是世界上发出的光亮度最高的昆虫。在其胸部护甲顶部，它有着两盏椭圆形的小聚光灯。塔信博格（Taschenberg）博士写道："当地的女人们用它来增添自己魅力的方式是非常巧妙的。晚上，她们会将这种甲虫放在一个玫瑰花形的精致小薄纱袋中，并将几个这种装了叩头虫的薄纱袋固定在衣服上。不过，作为一种装饰品，当这些甲虫被编织在用蜂鸟羽毛制作、点缀着几颗钻石的头戴人造花冠上时，它们才会显出自己的最大程度的美。"[31]

另一种中美洲叩头虫在其"挡泥板"的前方有着两个明亮的白色"灯泡"，在其尾部则有一盏"红灯"；因为这种灯光配置很像福特汽车的车灯配置，所以，这种叩头虫被称为"福特小虫"。巴西竖毛甲虫幼虫的照明系统更加复杂。这种甲虫的前方有两盏橙红色的灯，会发出像点燃的香烟的"火光"。一旦受惊吓，幼竖毛甲虫就会点亮左右两排各11个绿色的可发光的"窗户"，这时，这种甲虫看起来就像是一辆正在黑暗中行驶的列车。

德国萤火虫的照明"灯"也是那些决意要交配的雄萤火虫的一

图 21　德国雌萤火虫将后臀抬起并发出荧光以吸引雄萤火虫

种着陆灯。在温暖的夏季的傍晚，这种在德国极为常见的萤火虫中的雌萤火虫会爬到高高的草丛叶片上，而后点亮它们腹部后方的发光器官。这样，它们的"灯"光就能被雄萤火虫在尽可能远的地方看到，从而使"他们"能找准求偶方向。那些雌萤火虫将它们身体的后半部分抬高到高过头顶的地方，这样，它们腹部的那些"发光点"就能直指天空了（见图 21）。[32]

　　大约在半小时后，雄萤火虫们在 1~2 米高的空中开始了缓慢的搜索飞行。一旦它们中的某只雄萤火虫发现侍在地面上的雌萤火虫的"爱情灯光"，它立即就会朝雌萤火虫飞过去，它会在那个目标物上方盘旋一会儿，以提高自己的位置，然后，就会像一块石头那样掉落下来。

　　德国著名理工科大学不伦瑞克工业大学设有动物学研究所。为了测试雄萤火虫瞄准目标的能力，该所所长弗里德里希·沙勒（Friedrich Schaller）教授[33] 对这些发光甲虫进行了常规的"打靶"测试。在每次测试中，沙勒都会事先将一只充当"靶子"的雌萤火虫放在一只高15厘米、直径为3厘米的顶部开口的玻璃罐底部。实验的结果超出了他的预料：在飞向玻璃罐的雄萤火虫中，不少于65%的雄虫直接命中了目标。其余的雄萤火虫在着陆时其降落点与目标之间的距离也从未超出过20厘米，并且在降落后它们就立即试图以步行方式到达雌萤火虫的所在之处。

如果一只雄萤火虫在降落时击中了一只雌萤火虫，那么，在交配前，它们会熄掉自己的"灯"。然后，它们就会在嗅觉与触觉刺激的引导下进行交配。但萤火虫在熄"灯"情况下本能释放的强度不如亮"灯"时强，因为经常会发生这种情况：当"新娘"和"新郎"在一起时，如果"她"已熄了"灯"，而这时"他"又突然看到附近有另一只还亮着"灯"的雌萤火虫，那么，"他"就会迅速放弃自己身边的这位"新娘"。

这种发光甲虫所看到的信号密码有多精准呢？为找到这一问题的答案，沙勒用仿制品进行了一些有趣的测试。在用另一种德国常见的萤火虫——大萤火虫——来做的测试中，发生的一切都在人们的预料之中：对雄萤火虫来说，吸引力最强的是一种在所有细节（亮度、颜色、大小、发光斑形状）上都与雌萤火虫发出的自然光类似的人造光。替代品与这一理想状态偏离程度越大，其对雄萤火虫的吸引力就越小。因而，这种萤火虫中的雄性会飞向别种萤火虫中的雌性的风险几乎是不存在的。

奇怪的是，雄法乌西斯萤火虫[*]的行为与别的雄萤火虫的行为差

---

* 这种萤火虫的拉丁文学名为"*Phausis*"，因汉语中迄今尚无其译名，这里暂按部分音译、部分意译法将其译为"法乌西斯萤火虫"。——译者注

　　　　　　　　　　　　　　　　　　动物们的神奇感官

异很大。它们喜欢蓝光，这种蓝光甚至不在同种雌萤火虫所发出的光的光谱中。在面临是选择一个会发蓝光的替代品，还是选择一个与自己同种的活的雌萤火虫这样的选择时，它们会选择那个替代品。

此外，雄法乌西斯萤火虫甚至特别不喜欢同种雌萤火虫的发光模式。它们喜欢有着更大、更亮的"灯"光和异常大量发光点的替代品。简而言之，只要雌法乌西斯萤火虫光源不是太亮也不是太大，这种"具有不忠倾向"的昆虫就都会朝替代品飞过去。过于追求更大、更亮的光源这种倾向和举动是会起反作用的，并会导致逃跑反应。沙勒教授曾经反复观察到这种情景：雄法乌西斯萤火虫降落在普通雌萤火虫身上，而后，用几小时的时间做着与之交配的徒劳的努力。当然，在另一方面，大自然又为法乌西斯萤火虫的这些缺点安排好了补偿方式。法乌西斯萤火虫的雄雌比为 5∶1，普通萤火虫的雄雌比则是 1∶1。

在这一发现的基础上，沙勒教授尝试性地提出了下述预测：如果今后有一只雌法乌西斯萤火虫的遗传因子发生突变，因而其"灯"光由黄色变成了蓝色，那么同种雄萤火虫就会立即变得偏爱"她"，而不怎么喜欢"她"的所有其他雌性竞争对手。过了几年之后，就会出现这样的结果——雌法乌西斯萤火虫就只剩下会发蓝光的了。正如演化论者们所说的：这种萤火虫有着这样一种发展倾向——应对未来各种可能性的预备性倾向。在这种情况下，这种倾向的基础"只是"这种萤火虫的神经系统处理视觉印象的方式。

照明工程师和电力经济学家可能会嫉妒那些发光生物所具有的"发光器"。这个巨大的谜就在于人类迄今未能造出来的"冷光"现象。一个人造普通灯泡只能将 3%~4% 的所供电能转变成光，荧光灯也只能将 10% 的电能转变为光。也就是说，人造电灯起作用的方式更像是火炉而不是发光器——那些小小的发光甲虫制造光的功效才是真正理想的：它们能 100% 地将所供能量转化为光。

在 1960 年以前，完全无摩擦或热量的光的产生方式被认为是理想但实际上不可能实现的，因此，发光昆虫的产光效率被评估为在 90% 左右。但是，1961 年，这一事实得到了证明：动物发出的光实际上是通过不产生热量的全冷光产生的，并且，所供的任何数量的能量都被 100% 地转化成了光。因此，现在，生物化学家们正在努力从自然界中获取完全无损耗的高效发光技术。

关于冷光的产生机制，我们迄今（本书写作年代）所知的信息大致如下：在彼此紧挨着的一些腺体中，发光甲虫会产生两种化学燃料——荧光素和荧光素酶。这两种物质的混合物本身并不发光，必须向其中加入其他物质，它们才会发光；就像任何燃烧或氧化过程所必需的一样，首先必须加入氧气。这就是为什么发光甲虫的发光器官中会密布着类似于气管的导管系统，这些导管的功能就是为发光腺提供良好的通风条件。冷光产生的另一个条件是有镁离子存在。

但对冷光的产生来说，最重要的是能量供给。可以说，发光甲虫发光所需的能量是由大量"小油罐车"沿着无数微小的毛细血管来提供的。那些"小油罐车"是一种能在血液中游动的能量分子，它们的化学名称叫作三磷酸腺苷（ATP）。

1961 年，在美国巴尔的摩，约翰斯·霍普金斯大学生物化学家威廉·D. 麦克尔罗伊（William D. McElroy）教授和霍华德·H. 塞利格（Howard H. Seliger）博士[35-37] 在对冷光发生方式机制的理解上取得了重要进展。他们成功地搞清楚了荧光素的化学结构式，并用合成法人工制造出了这种物质。

　　然而，对冷光产生所需的第二种物质即荧光素酶的分析则要困难得多。这是一种酵素或酶，是一种结构复杂的蛋白质大分子。根据初步的研究结果：它有约 1 000 个氨基酸单位。迄今，生物化学家们尚未能把这种大小的蛋白质分子的许多蛋白质链分解开来，并记录下来，再将它们重新放在一起。但终将有一天，生物化学家们肯定能做到这一点。等那一天到来时，人类就能够制造出冷光了。

　　现在，冷光发生的基本过程已经被搞清楚了：在被 ATP 能量分子强化后，作为催化剂的荧光素酶从荧光素分子中去掉了两个氢原子，并用一个氧原子取而代之（见图 22）。分析化学家们称这个过

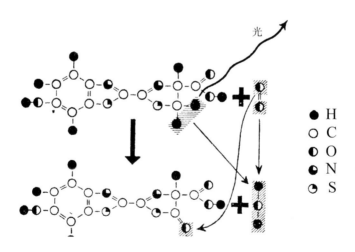

图22　萤火虫是怎样产生光的。在图中的上半部分，可看到一个由氢（H）、碳（C）、氧（O）、氮（N）和硫（S）原子组成的荧光素分子。如果这个荧光素分子受到荧光素酶的催化作用，并在有氧存在的情况（这两种情况都未出现在图中）下由 ATP 为之提供能量，那么就会有两个氢原子从荧光素分子中脱离出来，并以光量子辐射的形式释放出能量。除了光辐射外，这一过程还会产生一个脱氢荧光素分子和一个水分子（见图的下半部分）

程为"脱氢"。当氢（在发光腺的毛细血管中）被传送时，光就会从氢原子的电子表面辐射出来。在这个关节点上，那两位美国生物化学家确定了一个令人惊讶的事实：发光过程中辐射出来的光量子数量正好等于被氧化的荧光素分子数量。这意味着甲虫发光时的能量转换效率正好是100%。

目前，我们关于萤火虫的"灯开关"的想法仍然是假说性的。显然，点火是触发上述光产生过程的必要步骤。这种电脉冲可能是由萤火虫的脑向发光器官发出的一种神经电信号。如果将一个微电极插入该神经回路并给予人为的电刺激，那么，萤火虫的灯就会立刻亮起来。

乙酰胆碱是一种兴奋性神经递质，它总是在当有电脉冲到达神经导体末端时在那个末端产生。萤火虫发光过程的"点火"步骤显然是由乙酰胆碱来完成的。"点火"后的发光过程的细节非常复杂，仍然需要我们进行全面深入的研究。

第八节　复眼

有着多个眼面的昆虫和螃蟹的眼睛会像宝石一样闪闪发光，令我们感到惊奇和怪异。数千只小眼组成了一只复眼，每个小眼面都朝它自己所正对的方向张望，相邻眼面间的视角差只有几度。几十年以来，科学家们一直在试图搞清楚这件事：对这些用复眼来看东西的动物来说，这个世界在它们眼里是什么样子的？

早在1900年，奥地利生理学家、维也纳大学的S.埃克斯纳（S. Exner）教授就做过一个轰动一时的实验。[38] 他从一只发光甲虫头部切

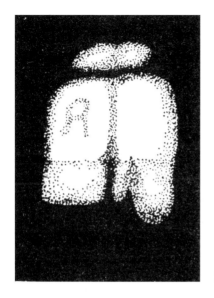

图 23　昆虫眼里的世界就是这个样子吗？

除了一只复眼，用胶片替换了其中的视网膜，并将其当作一部微型相机来用。图 23 就是用这部微型相机拍摄的照片之一：

这张照片拍的是一个教堂，相机是透过教堂里一个房间中的一扇拱形窗户往外拍的。字母"R"是事先粘贴在窗户的一个窗格中的。

但那些昆虫真正看到的显然不是这张照片所表明的样子。与人类的相应情况一样，昆虫们也不是在视网膜上，而是在脑中形成视觉图像的；就像对青蛙一样，对昆虫，我们也必须摆脱我们习以为常的看法，即眼的功能是传递或多或少清晰的摄影图像。

例如，蜜蜂的眼睛将天空分成一块由许多方格组成的屏幕。蜜蜂的复眼（见图 24）由约 5 000 只小眼组成，其中的每一只小眼都只观察它所分管的那部分视野，其分担的视野范围大致相当于其张开时的视角，即 2° ~ 3° [39-40]。在每一刻，只有一个镜头能看到太阳。

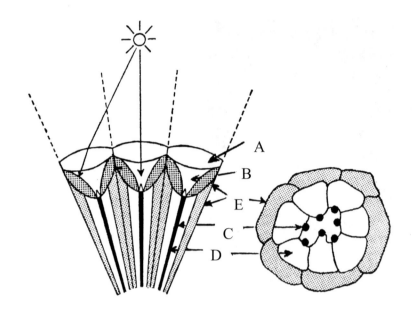

图 24　一只复眼中的数千只小眼中的三只。光通过透镜（Ａ）和晶锥（Ｂ）落在小眼中的感杆束（Ｃ）上，就像玻璃纤维光学器件一样，感杆束将光引向视轴并同时斜着引向感光细胞（Ｄ）。每一只小眼都由防光色素细胞（Ｅ）筛选出来，以区别于那些相邻的小眼。右图：含有几个感光细胞的一只小眼的横截面图

这为蜜蜂提供了一种几乎完美的测量其相对于太阳的方向角的方式，这样，它便可以根据太阳的位置来给自己导航。

在飞行时，蜜蜂的双眼也会以同样的方式用屏幕来划分自身下方的"地图"。但是，蜜蜂脑中发生的这一过程的结果与人类脑中的相应结果是大不相同的：它创造了一种"导航仪器"，直到 20 世纪 70 年代初，人类的航空学才对这种"导航仪器"有所了解。这是一种测量飞机在地面上的飞行速度的设备。[41]

但其中的原理是很简单的。蜜蜂没必要看清楚每一块石头、每

一片草叶或每一丛灌木，那过于复杂了；对蜜蜂来说，形状感其实根本就不重要。[42] 只要有某一只小眼能感知到明暗变化，而其下一只小眼或下下一只小眼又在稍后能感知到同样的变化，对蜜蜂来说就已足够了。根据时间差，蜜蜂的脑就能算出其相对于地面的飞行速度。现在，人类工程师们已复制了这个"自然的发明"。

人类的形状感在某种程度上是摄影般地正确的，那是人脑的一项非凡的成就。那些小昆虫是不可能完成如此精密的工作的，那需要比它们所有的要多得多的神经物质。一只蜜蜂要用也的确能用其还不到半片豌豆大的脑来解决那些对它来说重要的问题。

例如，蜜蜂不仅能确定其相对于地面的飞行速度，也能确定其在空中的飞行速度。蜜蜂的神经系统是通过位于其触须接合处的一些感觉细胞来做这种测量的，即以正面风或侧面风造成的触须的弯曲度来计量飞行速度。奥地利格拉茨大学的赫伯特·赫兰（Herbert Heran）教授[43] 发现：蜜蜂脑中的神经回路通过比较这两个速度值来确定自己得朝着迎风方向飞行的角度，以免自己偏离航线——偏离从蜂巢到采食场地的航线。

蜜蜂还有一项人类心智所不能胜任的计算专长：在经历一番漫长且方向多变的搜索飞行后，确定返巢飞行的方向角。其做法大致是这样的：蜜蜂采取了所有相对于太阳的飞行角度的平均值。在这个过程中，它行程中所采取的每一个角度都根据行程的长短而被赋予了不同的值，由此产生了从蜂巢到蜜蜂当前所在位置的直线航线所应采取的角度。这一角度翻转180°后所显示的就是蜜蜂返巢的最短路线。

为了使这个过程比较好理解，我简化了一些事情。因为蜜蜂并不是真的按锯齿状路线飞行的，而是按曲线状路线飞行的，所以这将蜜蜂在行程中所要采取的角度增加到了一个无限大的数字，在这种情况下，对一个人来说，他要采用微积分计算法才能算出其回家之行的飞行角度。一位数学家的确已用微积分符号为蜜蜂的航行拟定了一个公式。

人们无须假设蜜蜂是高等数学专家！其实，人脑也会表现出某些并未在学校学过的数学才能。在"电子蛙眼"这一节中，我曾经举过这样一个例子：如果频率为每秒3.85亿千赫的光线击中了视网膜上的感光细胞，那么，我们无须计算就知道这是红光。神经回路已经为我们做了这项工作，它只是对我们的意识告知了计算结果：红色。

蜜蜂的脑中也会发生同样的情况。蜜蜂脑中的一些神经回路会像电子计算机一样自动高速运算，并最终给出必要的行动方案。这令飞行中的蜜蜂"更喜欢"只用其复眼中的某一只特定小眼无意识地确定的方向来看太阳。

那么，如此看来，事情是不是就是这么回事呢？——昆虫除了能看到明暗之间的朦胧变化以外是看不到任何其他东西的，或者，最多还能看到作为一个耀眼发光点的太阳。这对一些原始昆虫（如图25的跳虫及其他用显微镜才能被看见的原始微小昆虫）来说应该是正确的，这些原始的昆虫并没有复眼，而只有几个眼点之间的类似于覆盆子的组合。而演化程度更高的昆虫则已经朝着能看到形状的方向迈出了关键的一步。

例如，蚂蚁能识别与自己相距2厘米之内（最多2厘米）的其他蚂蚁。在被香味吸引到花与叶附近时，蜜蜂在比这（2厘米）稍远的距离之外就能分辨出花与叶。黄蜂能记住在自己挖过的洞附近的那些树或灌木丛，从而能用它们作为地标，为自己的返巢之行导航。

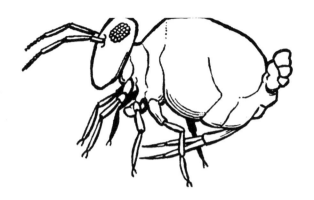

图 25　跳虫

出于同样的原因，一种普通沙蟹会在自己的洞穴入口处近旁用泥沙垒起一座 15 厘米高的洞口标志塔。

　　然而，许多实验似乎表明：这些动物眼中的蚂蚁、树或泥塔与人类所看到的并不一样，它们眼中的这些东西的样子只是对其有意义，而其脑中也有特定接收装置的一些特征和模式的抽象存在，就像前面已描述过的蛙眼的视觉一样。德国慕尼黑大学蜜蜂研究专家（诺贝尔奖获得者、奥地利人）卡尔·冯·弗里希（Karl von Frisch）教授发现，蜜蜂不能区分下列形状（见图 26）。[44]

图 26

同样，显然，在蜜蜂看来，下面这些形状也是没有差异的（见图27）。

图27

然而，奇怪的是，蜜蜂能毫不费力地分辨出以下这两种形状（见图28）的花。

图28

然而一个人可能会以为这是一个比区分圆和三角形更难的任务。这一悖论不能只用它们的视觉屏幕清晰度不高来解释。1963 年，弗赖堡大学动物研究所的鲁道夫·扬德尔（Rudolf Jander）博士和克里斯蒂安娜·沃斯（Christiane Voss）博士[45]首次揭示了这些问题的奥秘所在。让我们首先从一些事实讲起：

一只红蚂蚁在面临走向一个黑点还是走向一个分瓣的花朵状物

这一自由选择时，会选择那个点状物：我们从逻辑上就足以解释这一选择，因为花朵与蚂蚁无关，而它必须向之前行的附近的通向蚁穴的入口在它看起来就像是一个黑点。相反的情况则适用于正在觅食飞行的蜜蜂：它更喜欢花朵状物而不是黑点。但是，在抱着回家心态的归程飞行中，蜜蜂的视觉神经系统的选择倾向则会发生倒转。这时，蜜蜂只会寻觅黑点，因为那是其蜂巢的飞入口的形状；这时，任何花朵都无法诱使它离开既定的航线。

同样，如果毛毛虫时期的修女蛾从树干上落下来，那么，它就得重新爬上去；因此，代表着树干的幽暗的垂直线条对它们就有着最强的吸引力。普通食蚜蝇喜欢沿着垂直线而非水平线爬行，因为垂直线代表着植物的茎秆，那是它必须爬上去并在其上找到一个合适的起飞点的东西。相反，水甲虫则喜欢沿着水平线而非垂直线爬行，因为当处于险境时，它能否生存可能就取决于其是否能找到条状物并在其中找到避难所，以避免遭受鱼类的攻击。人们可以将这个表单无限地列下去，以便为每一种昆虫提供一个它对之有着某种特别发达的接收装置的所有特定形状的谱系。除了这些特定形状外，对其他形状，它们要么根本就没有感觉，要么就是感觉模糊。正如实验已经证明的，昆虫的这种识别能力是天生的。无经验的年幼昆虫对各种形状做出的本能反应与同种的其他成员的反应方式是完全相同的。

这种因神经系统活动而产生的内在需要，这种完全无意识的要做也只做某种特定事情的冲动，大体上就是动物与人类所有的纯粹本能行为的奥秘。关于这一点，有些事是相当令人感叹的：在应对生存问题时，智力、判断力和理解力所起的作用或许并不比由基因囊（或"染色体"）中的遗传物质赋予生物的"生活方式密码"所起的作用更大；因为有这种遗传的行为密码，在整个生命之旅中，所有的动物都能找到它们自己的方向。

根据上述发现，鲁道夫·扬德尔博士[46] 提出了一个重要理论。他认为：在昆虫的眼睛和脑中可能存在着与猫的神经系统中已经证实的神经回路类似的神经回路。现在假设昆虫的脑中存在着这些探测中心，这些探测中心控制着昆虫复眼的感光细胞，以便帮助它们记录和传递关于或明或暗的点、直线、平直边缘以及一定的运动方向的信息。

但与猫（或许还有人类）的脑不同的是，昆虫脑中的这种探测中心的数量要少得多。在昆虫们的小脑袋中，只有专门用来看清（比如说）垂直线的神经链得以容身的空间。而对存在于其他方向上的线条中的大多数线条，昆虫们的脑根本就无法处理。

所有这一切再次提醒我们：人类理解自身所处环境中有着许多细节的图像的能力也是非同凡响的。事实上，这是大自然最伟大的成就之一：这是一种只有动用由复杂电路连接起来的数以亿计的神经细胞才能实现的伟大成就，而那些神经细胞的构造和工作原理对我们来说迄今仍然是未解之谜。

"不过，"扬德尔博士写道，"正如无数的视错觉所证明的那样，与'相机的视觉'相比，即使是人类的视觉也仍然是充满错误的——这一点是我们再怎么强调都不会过分的。与其他动物一样，我们人类也只是看到了世界的一部分，即使那是相当大的一部分。我们人类的视觉离照相式的完美还相距甚远；如果要做到那般完美，那么，我们就得有一个或许是现在的 3 倍甚至更大的脑。虽然我们人类可以将自己看作地球上最完美的动物，但我们应该坦诚地承认——即使是我们人类，也仍然与完美的理想境界相距甚远。这一结论适用于我们人类的视觉能力，也同样适用于我们人类所有其他的能力与成就。"

第九节　眼点

　　除了两只复眼外，蜜蜂还有三个眼点。这种眼点很小，如果不用放大镜，人是不可能看到它们的。这三个眼点在蜜蜂的两只复眼之间毛茸茸的表皮上。对人类来说，它们的功能一直是一个彻头彻尾的谜。直到 1963 年，德国法兰克福的动物学家、马丁·林道尔（Martin Lindauer）教授的学生伯查德·施莱克（Burchard Schricker）博士[47]才发现：这种眼点是一种光量表。

　　就像摄影师们要用曝光表一样，蜜蜂们用这种眼点作为光量表，以便确定光线的绝对强度。除了拍摄照片或录像时外，人类无须用这种设备也能很好地调节曝光值；那么，蜜蜂为什么需要关于光强的准确数据呢？

　　蜜蜂必须知道自己清晨第一次离巢飞行、傍晚最后一次归巢飞行的时间。清晨首飞时，如果蜜蜂出行得太早，那么，天刚开始亮时的光线会不足以使其能分辨出其所要找的花朵——即使那些花朵就在它的近旁；如果出行得太迟，那么，蜜蜂就会失去宝贵的采蜜时间。傍晚时，蜜蜂对光线的精确感知更重要，因为如果在外面停留得太晚，那么，在归巢飞行途中，蜜蜂就无法辨认出自己的蜂巢在哪里，因而，将不得不在旷野里过夜，而那是会给它带来致命危险的。

这就是蜜蜂会通过光量表测量晨昏时光线强度的原因。如果周围的光比满月时的光暗90%，那么，蜜蜂就会留巢不出。蜜蜂对光强测量的精确度甚至使其能对光强做出更精密的区分，例如，蜜蜂在傍晚时的最后一次出行是在比早晨首次出行时稍微亮一点儿的光线下进行的，因为，在白天的最后一次飞行中，蜜蜂会提前估算日光的减弱程度。考虑到蜜蜂只有那么小的一点儿脑容量，我们不能不说：这实在是一种惊人的本能性计算能力。换言之，某个时候的日光亮度与巢居时的光线亮度差异越大，蜜蜂打算去采蜜的地方就会离蜂巢越远。因此，在同一个蜜蜂群中，那些跑"长途"者通常会比那些跑"短途"者更早地结束它们的工作。

对蜜蜂来说，这种眼点（见图29）可以说是附加性的光感受器官。但对诸如跳虫、毛毛虫、蜘蛛和蠕虫之类的昆虫来说，眼点就

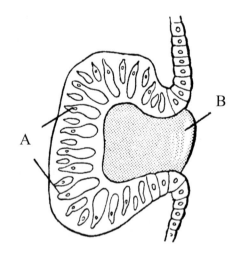

图29　眼点是由其上有光敏细胞（A）的皮肤皱褶产生的。皱褶处的微小空腔中的凝胶块已经是一种原始透镜（B）

　　　　　　　　　　　　　　　　　动物们的神奇感官

是它们唯一的光感受器官了。这些昆虫在其所在环境中用眼点唯一可以"看到"的就是明暗不同的亮度。不过,眼点也具有一定的方向指导功能,几个眼点联合起来也能起到相当于一只较原始的复眼的作用。

第十节 "第三只眼睛"

希腊神话中最可怕的人物之一是波吕斐摩斯(Polyphemus),即那个额头中心长着一只向外盯视着的独眼的巨人;德国的《格林童话》中也有这样另长着一只独眼的人物。这个世界上真的有前额中部长着眼睛的人类吗?在德国黑森州巴特瑙海姆(Bad Nauheim)市,有一家归属马克斯·普朗克学会的威廉·G. 克尔克霍夫(William G. Kerckhoff)心脏研究所,该研究所的埃伯哈德·多特(Eberhard Dodt)教授[48]仔细地研究了这个问题。

当然,这些前额中部长着眼睛的传奇人物并不是人们纯粹想象的产物。医生们和动物学家们都知道:人类儿童、牛犊、狗及其他动物都会偶尔出现这样的情况,即出生时前额中部长着一只通常来说形状奇特的相当大的独眼。这种畸形以独眼而闻名,当有辐射或毒药引起基因的变化时,就会发生这种畸形现象。

但是,这种基因变化会在人类和动物胚胎中引起其他方面的畸形,并且,迄今为止,这种畸形会使得新生儿或动物幼崽在出生后最多只能存活几个小时。根据科学界的相关记录,前额中部长独眼的动物最长的存活时间不超过一天。

单个遗传因子的变化就会产生额中独眼这样的奇怪现象,这是非常令人惊异的。这种现象表明：或许，独眼这种构造曾经是动物感官的自然构造模式之一，在地球生物史上的某个时期，它在某种程度上具有某种合目的性，尽管对于现在的生活形式来说，它已经变得无用因而已经被淘汰了。的确，为了找到这种现象的可靠根据，我们必须沿着动物祖先的演化之路回溯很远的路程；在两栖动物、鱼和爬行动物中，我们才有望发现这种根据。

被毛利人称为"图阿塔拉"（tuatara）的新西兰大蜥蜴就是一个令人印象深刻的例子。从许多方面来看，这是一种非常奇怪的动物；照理说，这种动物应该在很久之前就已经灭绝了。这种蜥蜴被视为恐龙的祖先，或至少是恐龙祖先的近亲；在 1.7 亿年前，这种蜥蜴就生活在我们的地球上。但是，恐龙早就已经从地球上消失了，而它们的祖先却仍然在新西兰的一些偏远地区作为一种活化石存在着。

说起"图阿塔拉"，我们不能不注意到：除了两个正常的眼睛外，这种蜥蜴还有一个位于两个正常眼睛之间的"中眼"。人们在看到这种蜥蜴的幼崽时，仍然会将其"中眼"看作一种玻璃片，即一种透明的角质鳞片。在这片透明"瓦"的下方，这种蜥蜴的头骨上也开着一个小"窗"。在这种奇怪的器官中，人们甚至能看到类似于晶状体和视网膜的东西；在其中，科学家们还发现了感光细胞和神经节细胞。

随着年龄的增长，新西兰大蜥蜴中眼上方的皮肤会变得越来越厚。最终，这层皮肤会变得极为厚实并完全盖住中眼，这时，毫无疑问，就几乎没有光能透过这层皮肤到达中眼了。

大多数正蜥科蜥蜴都是有中眼的。这种中眼的功能是惊人的：根据经由中眼到达松果腺的光的颜色，松果腺会产生或多或少的激

动物们的神奇感官

素；而这些激素又会引起这种爬行动物肤色的变化，只需几分钟，其肤色就会变得与光的颜色相似，从而形成一种理想的伪装效果。

在有着"盲蜥"之称的无脚蛇蜥中，中眼有着一种并不怎么令人意外的目的，因为这种蜥蜴其实并不像其名字所暗示的那样是完全看不见东西的。

德国动物学家英格丽德·德拉莫特（Ingrid de la Motte）博士[49]对鳟鱼和梭鱼的"第三只眼睛"做了一些富于成果的实验。她把鱼的两只正常眼睛密封起来，而后把那条鱼放进一个完全黑暗的大水槽里。然后，她点燃了一盏灯，与此同时，又把一些鱼食放到水槽的某个角落里。几次重复实验都表明：灯一亮，鱼就会朝那个喂食角落游去。

这项实验证明：即使被剥夺了正常视力，鱼也能感知到光。正如德拉莫特博士所说：在这种情况下，鱼是用中眼来感知光的。即使在信号灯变得越来越暗，最后暗到人眼几乎完全看不到灯的微光的情况下，鱼仍然会立即对微光做出反应。也许有人会以这种方式来拟想鱼的中眼的感光能力有多强：在室外阳光明媚的情况下，一个人站在一个房间里，用已经闭上的眼睛来"寻找"房间的窗户。但上述实验表明：鱼对光的敏感性要比那些以上述方式拟想这种能力有多强的人所以为的强得多。

第十一节　不用眼也能看东西

1962 年年底，许多画报、日报甚至科学期刊上接连出现了一份奇特的报告。[50] 报告中称：一个年轻的俄罗斯女子罗莎·库列索娃

（Rosa Kuleshova）能用手指看东西。"测试委员会"的成员蒙上她的眼睛后，她仍然可以用她右手中指和无名指的指尖"看到"信件并读出其中的内容，还能辨识图画和色彩。

从那时起，一直有人爆料说：她和对她进行测试的委员会是在玩欺诈的把戏，那个神奇的女子一直是透过绷带用眯着的眼看东西的。[51] 然而，在此后的两年中，这一现象却成了世界各地有名望的神经生理学家们热衷于争论的一个话题。他们是认真对待那个报告中所说的指头看物现象的，因为科学家们知道：皮肤有感光性即不用眼也能感知光的事例在动物界中是相当多的。

正如对温度敏感的感觉细胞分布在人体整个表面一样，鱼、蠕虫和蛤的皮肤中也有感光细胞。可以这么说，就像人眼中的视网膜上的感光细胞一样，某些动物的皮肤上也存在着感光细胞，只是这些皮肤上的感光细胞没有形成晶状体、虹膜之类的结构，也没有方向性而已。它们只是向脑通报光的亮度的感光器官。

鳗鱼和肺鱼的尾部就有许多这样的光记录器。对它们来说，这样的尾巴似乎是一个奇怪的部位，但它当然是有其生物学意义的。这些鱼喜欢白天躲在洞穴里，它们无法用正常的双眼来看东西，但它们的尾巴有时会稍稍突出于洞穴之外，以探测洞穴口有无试图捕食的食肉动物。它们能确定这一点的唯一方法就是借助尾部皮肤的光敏感性。即使是眼盲的洞穴中的鱼也有着这样的光敏感性。[52] 这种光敏感性使之能告诫自己：不要离开永恒黑暗的洞穴深处，不要游到光线充足的洞穴入口处去。在洞穴口这样的地方，它们很容易成为有正常视力的天敌的猎物。

蛤蜊的软肉部分的表面具有高度的感光能力，这使得它们甚至

　　　　　　　　　　　　　　　动物们的神奇感官

能感知运动和识别危险，于是，它们就可以快速合上外壳或将自己埋入泥沙中，从而保护自己。[53]我们可以大致上这样来想象一下这一过程：就像我们人能感觉到手指触碰我们的皮肤一样，蛤蜊也能感觉到照射在其软肉表皮上的光刺激。此外，表皮上的感光细胞越多，这些细胞在表皮上彼此靠得越近，蛤蜊对光线的明暗及各部分间明暗关系模式的感知就越精细。

如果罗莎·库列索娃指尖处的皮肤像鱼或蛤蜊一样有大量的光敏细胞，那么，毫无疑问，她就能用指尖来"看"书。在一个人身上突然出现这种异常的动物性感觉能力，这似乎是不太可能的，但也并非就是完全不可能的；或许，那是突变所导致的结果。

总之，皮肤的光敏感性可用皮肤中存在着光敏细胞这一事实来很容易地加以解释。但也有一些没有一丝光敏细胞痕迹的动物也能对光做出反应——长期以来，这一直是一个令科学家们感到惊异的事实。

细小的淡水珊瑚虫[54]一直是令生物学家们相当兴奋的动物，这种动物有着明显的向光性，会尽可能地努力到达其所在水域中被阳光照射着的地方，尽管这种动物既无眼睛也没有光敏细胞。这一现象是以一种非同寻常的方式发生的：一旦珊瑚虫的某一只触手被阴影罩住，它就会立即缩回那只触手。无论那个阴影是由某个想要咬它的敌"人"造成的，还是由它自己的身体造成的（这通常是某只触手在其朝向太阳的那一侧挡住了阳光而造成的），它们所导致的结果没有丝毫的差异。对珊瑚虫来说，那些背光的触手就像瘫痪了一样，这使得珊瑚虫只会朝一个方向运动，即朝着有光的方向运动。

海葵能像向日葵一样跟踪太阳在空中的弧线型运动轨迹，这种美丽的刺胞动物也会以一种同样令人困惑的方式感知光线。丽花海葵也肯定有某种神秘的光感，因为只有在黑暗中，它们才会展开自己的花冠。海笔（软珊瑚）会在黑暗中亮起它们自己的幽灵般的绿灯，而当黎明到来时，它们则会关掉自己的照明灯。

　　这个世界上甚至还有能感知光的单细胞动物，如生活在所有不流动水体的泥土中的变形虫。一旦感觉到阴影，变形虫就会用伪足以比先前快的速度向前运动。如果突然暴露在明亮的光线下，那么，变形虫细胞质中的粒子流就会立即停止流动，因而，变形虫就会一动不动地待在原地。此外，这种长度在 0.5 毫米到 2 毫米之间的动物甚至还能分辨两种颜色——红色和蓝绿色。它们对色彩的反应与人对交通信号灯的反应恰好相反：它们一见到红光就会加速，一见到绿色则会减速。

　　在一些单细胞生物鞭毛虫中，事情要更复杂。这些鞭毛虫有能吸收光的叶绿素小颗粒，即所谓色素。有时，这些色素颗粒会聚集成钉头状的团块，因而，看起来就像是一些小眼睛。有些鞭毛虫的色素斑上带有少量穹顶状的细胞壁，这些"穹顶"就相当于收集光线的（眼球中的）晶状体。因此，严格来说，这种单细胞生物体不应该算是没有眼睛的。然而，也有许多这样的鞭毛虫：虽然它们有漂亮的眼点，但这些眼点对光却毫无反应；因而，它们显然是完全失明的。

　　眼虫属鞭毛虫[55] 的感光能力可能居于单细胞生物感光能力的顶端。这种鞭毛虫的透明的体细胞的一侧有一个由能吸收光的色素构成的眼点，体细胞的另一侧则是一个不透明的点——一种（相当于光圈的）隔膜。一旦眼虫属鞭毛虫占据了某个有光线的位置，那个隔膜便会将其"眼睛"遮住。凭借这种方法，这种微小的生物就能确定光源的位置，并找到自己所在环境中最亮的地方。

　　　　　　　　　　　　　　　　　　　　动物们的神奇感官

这种微小的单细胞生物怎么可能具有"看"的能力呢？德国美因茨大学动物学院的鲁道夫·布朗（Rudolf Braun）博士[56]提出了一种基于细胞内化学过程的解释。我们已经知道细胞中发生的几个过程都在直接影响着它：细胞质的流动性和黏性及细胞壁的渗透性增加，脂肪皂化，酶失去活性（或许也会被激活），激素的分泌受到影响以及许多其他事情。

吸收光的色素可能会加剧这些化学反应并起到能量变压器的作用。这种能量被用作什么用途完全取决于细胞中的许多"化工厂"的反应链结构；而且，在不同物种中情况各不相同。

但是，如果许多细胞过程都会受到光的影响，那就表明：某种形式的光"感"是细胞质的基本能力之一，从而也是生命的基本能力之一。由此，从原则上讲，从眼虫属鞭毛虫到人的眼睛这一演化的阶梯只不过是细胞质的这一基本能力的逐步完善化。

第十二节　色彩视觉

人们通常相信：如果有人在田地里被发怒的公牛所追赶，那是因为其红色的衣服或围巾或其他红色的东西激起了公牛的愤怒。西班牙的斗牛士也坚信是他们手持的那块红布引发了公牛的暴怒。但动物心理学家们对这种说法则深表怀疑，因为关于牛能否识别色彩，那些公认的专家也还没有定论；更有可能的是，牛眼里的世界只是黑白的世界。

在这方面，牛的情况是与许多其他动物[57]——如某些狐猴、浣熊、金仓鼠、田鼠和袋鼠等——的情况类似的。关于狗、猫、兔子、野鼠和家鼠是否色盲，科学家们的看法也各不相同。[58]无论如何，这些动物辨别颜色的能力太弱，以至于几乎无法得到证明。

有人曾做过这样的实验[59]：让一只鳄鱼在两个硬纸盘之间做选择，只有当它选择了彩色的盘而不是同样亮度的灰色的盘时，才给它食物。结果，那只鳄鱼表现出了强烈的不确定感。在经过几次重复实验之后，那只鳄鱼所经历的心理冲突甚至让它对实验产生了一种神经症，它不仅表现得对那些硬纸盘毫无兴趣，而且对食物和奖励也是如此；显然，它很难对颜色有所感觉，或者对它来说，颜色根本是无意义的。它会爬到一个幽暗的角落里，在那里一动不动地躲上几天。

对刺猬而言，世界上显然只有一种颜色，那就是黄色。红背田鼠只能感知到黄色和红色，小灵猫则只能感知到红色和绿色。对这些动物来说，彩虹中所有其他的色彩都是不存在的，就像紫外线在人类的眼睛看来是不存在的一样。但这些动物所看到的为数很少的几种颜色却似乎在它们的生活中起着重要作用。

我们知道：如果青蛙处于危险之中，那它就会不加区别地冲向任何一种蓝色的东西，无论那蓝色的东西是池塘里的水还是实验者所投的一张纸。[60]在惶恐不安的激奋状态中，青蛙会对绿色产生反感，尽管它显然没有这种意识：跳入绿色植被（如草地）中会增加被吃掉的危险。但是，作为理性的一种补充，大自然已经将青蛙的感觉与本能同步化，因而，它能自动化地做出正确的事情。

类似的事情也发生在某些种类的蚜虫[61]或者说绿蝇中。如果天气晴好，那么，这些有翅膀的害虫就会开始一段在蓝天中的旅程。它们只是从地面垂直上升到空中，然后让自己在风中飘浮上几个小时。再然后，它们的眼睛所注视的东西就会从天空的蓝色转换到嫩树枝的黄色部分上。这样，它们就能够减少虚假着陆的危险。玫瑰种植者会在相反意义上利用这种颜色定位能力：他们会在一些水碗的底部涂上一种特殊的黄色颜料，而后将那些底朝上的碗放在玫瑰花丛中，用来引诱蚜虫降落其上。

马、红鹿、绵羊、长颈鹿、松鼠、豚鼠和大斑灵猫可感知色谱中更广范围的色彩。德国明斯特大学动物学院的格蒂·迪克（Gerti Dücker）博士[62]写道：

> 猴子的色彩感觉可能是动物中发展得最好的。现已证实：与人类一样，狭鼻下目的猴子（如猕猴、豚尾猕猴、狒狒、爪哇猴、长尾猴等）对色彩有着充分的理解，阔鼻下目中的狨猴同样如此。在其他被研究过的阔鼻下目的猴子（如卷尾猴、蜘蛛猴、松鼠猴等）中，人类可见光谱中红色一端的频段就出现了明显缩短的现象；因而，它们的色彩感觉相当于人类中的对红色色盲的人。青潘猿（黑猩猩）*对色差的敏感度至少与人类的一样好。

---

* 在汉语中，四种人猿的西方语言（以英语为例）名称 orangutan、chimpanzee、bonobo、gorilla 迄今分别被通译为猩猩、黑猩猩、倭黑猩猩、大猩猩。由于这些大猿名称过于相似，汉语界缺乏专业知识的普通大众乃至大多数知识分子都搞不清楚它们之间的区别，因而经常将这些词当作同义词随意混用或乱用，从而给相关的言语交流和知识传播带来很大的不便，并造成了不利影响。为了解决这一困扰华人已久的问题，经长期考虑，译者提出一套大猿名称新译名。其一，将 chimpanzee 音意兼译为青潘猿；其中，"猿"是人科动物通用名；"青潘"是对"chimpanzee"一词前两个音节的音译，兼有意译性，因为"潘"恰好是这种猿在人科之中的属名，而"青"在指称"黑"[如"青丝"（黑头发）、"青眼"（黑眼珠）中的"青"]的意义上也具有对这种猿的皮毛之黑色特征的意译效果。其二，将 bonobo 意译为祖潘猿，因为这种猿的刚果本地语名称"bonobo"意为人类"祖先"，而这种猿也是潘属三猿之一，是青潘猿和人类的兄弟姐妹动物，而且是潘属三猿之共祖的最相似者。其三，将 gorilla 意译为高壮猿，因为这种猿是现存的猿中身材最高大粗壮的。其四，将 orangutan 意译为红毛猿，因为这种猿是唯一体毛为棕红或暗红的猿，红毛是这种猿与其他猿最明显的区别特征。——译者注

人类能区分从红色经由橙色、黄色、绿色、蓝色、靛蓝直到紫色的 250 种纯色，以及约 1.7 万种混合色，外加黑与白之间的约 300 种不同灰度的灰色。（蜜蜂只能分辨 12 种不同灰度的灰色，果蝇则只能分辨 3 种！）因此，我们人类的视觉器官能分辨的不同种类和亮度的色彩总计达到 500 万种——这实在是大自然的杰出成就之一！

从与其他动物的比较中可以看出：就像人类看图像的方式一样，人类的色彩感觉绝非一种寻常易得的能力，因为它需要一个近乎奇迹的感觉和神经系统作为支持。

第十三节　眼睛是如何看见色彩的？

令人惊讶的是，直到 1962 年，才开始有科学家弄清楚眼睛和大脑识别色彩的机制。关于这种机制，有许多理论；所有的理论都假设人眼中至少存在 3 种不同的色彩感受细胞，即视锥细胞。但是，在进行了广泛细致的搜寻工作后，神经生理学家们只找到一种色彩接收器和一种感光色素——视紫红质，这使得前述所有的理论都成了无稽之谈。不过，今天，我们已经知道：之所以会得出这些否定性的结论，纯粹是因为他们的测量器具不适当。

1963 年，科学史上发生了并不鲜见的事情：几位科学家几乎同时得出了同一发现，这一发现的内容也流传开来。在这一案例中，4 个研究团队独立得出了同样的结论，他们是：时任德国慕尼黑大学动物学研究所所长汉斯约赫姆·奥特鲁姆（Hansjochem Autrum）教授[63]，美国哈佛大学乔治·沃尔德（George Wald）教授及其团队〔包括沃尔德女士和保罗·K. 布朗（Paul K. Brown）博士］，美国约翰斯·霍普金斯大学爱德华·F. 麦克尼科尔（Edward F.MacNichol）教授、W. B. 马克斯（W. B. Marks）博士和 W. H. 多贝尔（W. H. Dobelle）博士，以及当时在英国国家物理学实验室任职的生理学家 W.S. 斯泰尔斯（W. S. Stiles）教授。

他们所得出的共同研究结果是：在充分理解色彩的动物眼中存在着 3 种不同类型的色觉细胞。每种类型都有各不相同的感光色素，因此，每一种视锥细胞都只对色谱中的不同部分起反应。美国约翰斯·霍普金斯大学生物物理学教授爱德华·F. 麦克尼科尔[64] 在人眼的 3 种色彩接收器中发现了以下能感知的光的波长极限值：

A 型视锥细胞：深蓝色-紫罗兰色——波长 450 纳米

B 型视锥细胞：深绿色——波长 525 纳米

C 型视锥细胞：深黄色——波长 555 纳米

自然对这些基本色彩的选择是令人惊讶的，因为它与以前的假设相矛盾。以前的假设是：就像彩色电视中的情况一样，所有来自红、绿、蓝这 3 种基本色的各种深浅不同的色彩都会在人眼中相混合（从而形成各种具体色彩）。然而，在自然为人眼所选择的色彩中，除红色以外，所有其他色彩都可相混合，只要那种类型的感光细胞也能感受到红色。从图 30 中可以看出：在黄色波段中具有最大感受性的视锥细胞也会对青（蓝绿）色、绿色和红色光做出响应。如果在某个时刻只有一种视锥细胞受到刺激而无其他视锥细胞受到刺激，那么，对脑来说，那就是明确的"红色"信号。

这当然并不意味着：所有有色彩感觉的动物的各种感光细胞所感受到的色域范围都与人类的完全相同。感光细胞并不是自然统一

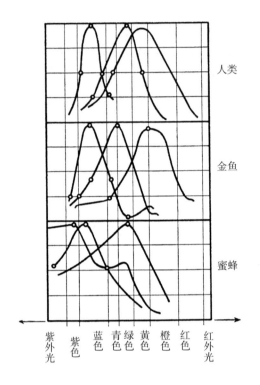

人类

金鱼

蜜蜂

紫外光　紫色　蓝色　青绿色色　黄色　橙色　红色　红外光

图30　人类、金鱼和蜜蜂
感受色彩的不同方式。每
一幅曲线图都标示出了三
种视锥细胞各自对不同色
彩的光的感受性

"打造"的通用构件。例如，猕猴与金鱼所能感受到的色彩范围与
人类的略有差异，而蜜蜂所能感受到的色彩范围就与人类的差异很
大了。

蜜蜂眼里的基本色是绿色、蓝色和紫外光（色），紫外光（色）
是我们人类看不见的。但人类眼里的红色对蜜蜂来说并不是一种色
彩，而只是色谱中的一个无效部分；在蜜蜂眼里，红色与黑色无异。

新的研究已部分揭示了色盲的原因。例如，人们可能会认为：
一个看不到某种色彩的人缺少三种色彩接收器中的某一种，或者这

动物们的神奇感官

些感光细胞中缺少视色素。这种可能性相当大，但实际情况并不一定是这样，因为色盲也有可能是高级神经系统在处理刺激信号方面的缺陷所产生的结果。

当然，视网膜中的视锥细胞并无通向大脑的"专用的"神经线；感觉印象是由双极细胞和神经节细胞根据不同视角来分类和收集的。

一些神经生理学家[65]已经对这个"眼中的彩虹魔法花园"有了一些了解。就像前面所介绍的兴奋（与抑制）场域一样，他们发现了被一组黄色敏感感光细胞所激发，又被一组绿色敏感感光细胞所抑制的神经节细胞。其他的神经节细胞则以相反的方式做出反应：在它们的兴奋（与抑制）场域中，黄光减慢了向脑部发射的群发性电脉冲，绿光则起了加速作用。其他细胞只传递来自光谱中某个确定狭窄频段的光刺激，还有一些细胞则似乎与色彩完全不相干，它们只感知并记录光的亮度。

根据目前已掌握的知识，色觉的产生是一个至少由两个阶段构成的过程。感光细胞按照三色原理工作。但后续的神经链对部分基于互补色原理接收到的信息进行了编码：这些通向大脑的色彩的神经导体在两种色彩上出现了两极分化，其中一种具有兴奋效果，另一种具有抑制效果。图31显示了由此产生的各种色彩感的信号码。

"单色信使"也参与了脑中的总体色彩印象的构建。当然，在这些神经回路中也可能会出现差错；产生何种类型的色盲就取决于错误来源的不同。

这留下了一些尚无答案的重要问题。光是如何刺激感光细胞的？脑是如何用输入的信息构成彩色图像的？混合色印象是如何产生的？现在，我们还无法回答这些问题。

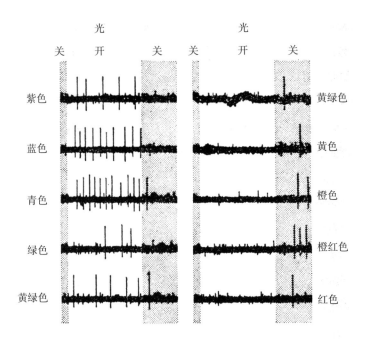

图 31　该图揭示了互补色的秘密。当互补色通过在一个轮子上快速旋转而使得彼此模糊化时，人脑就会产生（灰）白色的印象；然而，在画家的调色板上混合同样的（互补）颜色时则会产生其他结果。该图所显示的是：当适当的感光细胞暴露在不同色彩的光下时，神经节细胞是怎样进行"信号活动"的。最强的兴奋状态出现在感光细胞受青色光刺激时，最强的抑制状态则出现在受橙红色光刺激时。青色与橙红色是两种互补色。当这两种色彩的光交替着快速投射到视网膜上时，兴奋与抑制就会相互抵消，从而产生"白色"的印象

第十四节　看见紫外光

"凡是认为地球上的花是为了让人眼看着愉快而被创造出来的人，都应该去研究一下蜜蜂的色彩感和花朵的品质，这样，他就能学会谦虚。"这是卡尔·冯·弗里希教授[66]提出的一项告诫，他为我们打开了与人类色彩世界完全不同的蜜蜂的色彩世界：一个没有

（正）红色的色彩世界；在人看来是白色的雏菊花朵在蜜蜂看来是浅蓝绿色的；在蜜蜂眼里，白玫瑰、苹果花、牵牛花、蓝铃花也闪耀着与人眼中不同的各种色彩。

如果此处的花瓣是因不反射紫外线而显得色彩怪异，那么在其他情况下，紫外线的加入就是我们尚未破解的一种色彩魔法的来源。例如，人眼很难区分糖芥、油菜和野芥子的黄色花朵的色彩与形状，但蜜蜂就能将它们区分得很清楚。对蜜蜂来说，只有糖芥是黄色的，油菜的花朵则会反射一点儿紫外线，因而在蜜蜂看来是略带一点儿紫色的。野芥子的花瓣会反射很多紫外线，因而在蜜蜂看来是深红色的。由此，蜜蜂显然是很容易区分这三种事物的。

如果一个人能通过蜜蜂的眼睛来看世界，那么，他就会惊讶地发现：这个世界上的花的种类其实比我们用看不到紫外线的人眼所能看到的多出 2 倍多。

大自然为何要在蜜蜂不能辨认（正）红色的情况下让花朵带上那么多红色呢？有几个原因。在人眼看来，罂粟花呈现的是纯净的红色，但若我们更仔细地查看一下，那么，我们就会发现罂粟花也会反射紫外线。因而，在蜜蜂看来，罂粟花呈现的是一种纯粹的紫外光色。这一点同样适用于石楠花、红三叶草花和高山玫瑰杜鹃花。这些花的红色都不是纯红色，而是混杂着蓝色的深红色；因而，在蜜蜂看来，它们的花朵是蓝色的。

然而，在热带，有不反射任何紫外线的正红色的花；它们证实了色觉的一般演化论思想。在经过这些花时，蜜蜂是完全无视它们的存在的：这种红色对蜜蜂来说是无意义的（因为蜜蜂根本就看不到正红色）。但对像直升机一样在空中盘旋的"能看到红色的"蜂鸟来说，这种红色就有意义了，它们是能从这些花的花萼中吮吸花蜜的。

欧洲也有不反射因而不掺杂任何紫外光色的红花植物，如石竹、剪秋罗，捕蝇草的叶心也是如此。它们的鲜红色彩也不是为蜜蜂而准备的，而是为对红色具有较好感受性的白天出行的蝴蝶而准备的。这看起来非常合乎逻辑。人们几乎都可以从花的色彩组合中找到采花蜜的动物能否感知到红色的答案。

南亚长尾水青蛾[67]对人类实施了一种特殊的欺骗行为。在人眼看来，这种蝴蝶的雌性和雄性都是浅绿色的，难以分辨；在有叶子作绿色背景的情况下，这种蛾的天敌几乎是看不见它们的。但对它们自己能感知紫外光的眼睛来说，雄蛾与雌蛾看起来则相差很大。在它们自己的眼中，雌蛾看起来体色浅淡，雄蛾看起来则很黑。对它们来说，绿色也成不了一种伪装色。在灰绿色叶子的衬托下，雌蛾与雄蛾看彼此时看到的都是明亮的色斑。

由此，有些动物的眼睛是既能看到人眼可见光谱的色彩，也能看到人眼不可见的紫外光的。除此之外，生活在美国沿海水域的马蹄蟹（鲎）[68]有着更特别的色觉。正如其拉丁语名字所表明的那样，这种蟹在两只复眼之间的"钢盔"之上还有"第三只眼"。

若近距离细看，则可以看出：马蹄蟹的"第三只眼"是由两只相邻的眼睛组成的。奇怪的是，这种眼并不是节肢动物中常见的复眼，也不是像蜜蜂眼那样的单眼，而是相机取景孔式的眼——这种眼睛非常微小，每只眼的直径只有 0.5 毫米，其中的视网膜上只有

动物们的神奇感官

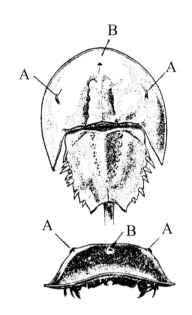

图 32　约 30 厘米长的有着坚固的盔甲
的马蹄蟹。马蹄蟹的俯视图（上）和前视
图（下）显示出了复眼（A）和相机眼（B）
的位置

50~80 个感光细胞，但它的确是一种"相机眼"（见图 32）。

　　马蹄蟹长约 30 厘米，盔甲坚硬，是约 1.6 亿年前侏罗纪时期就居
住在地球上的一种活化石式的动物。马蹄蟹可能是所有螃蟹和蜘蛛的
共祖的近亲。长期以来，动物学家们一直在思考一个问题：为什么这
种动物需要"相机眼"这种"早于其生活时代的发明"？1964 年，
哈佛大学的乔治·沃尔德教授确定：马蹄蟹的"第三只眼"是一种紫
外光感受器。因此，马蹄蟹只要用自己的一对眼睛就能看到色谱中的
紫外光部分，用第二对眼睛则能看到色谱中别的部分的色彩——这是
一种令人惊异的视觉分工。然而，现在，我们仍然不知道为什么它需
要一个专门的紫外光感受器。或许，像蜜蜂一样，原因可能是，这样
可以使它即使在云雾蔽日的情况下也能确定太阳所在的位置。

对蜜蜂来说，即使整个天空都阴云密布，它们也能测定自己相对于太阳的方位。[69] 那么，蜜蜂是怎样做到这一点的呢？在第二次世界大战前，卡尔·冯·弗里希已用滤光器进行了实验，并得出了结论：蜜蜂能识别穿过云层的太阳光中的紫外线。但物理学家们却拒绝接受这一结论，因为他们通过摄影实验所得出的测定结果是：云层已经完全吸收了紫外线！

因此，蜜蜂在阴天测定自己所在方位的能力在很长时间内仍然是一个谜。直到 1959 年，高灵敏度的新感光板开始上市后，情况才发生了变化。一架相机的镜头再次指向了太阳肯定被云所遮挡的地方。照片拍摄结果表明：现在，人类也可以（那次是首次）拍摄到紫外线所显示的太阳的位置了。蜜蜂早就暗示给生物学家的这一事实终于得到了可靠的确证，尽管这一确证姗姗来迟。但是，如果云层太厚以至于连紫外线都不能穿透的话，那么蜜蜂也会不知所措，从而不得不停下来休息。

第二章

温度觉

第一节　响尾蛇的"第三只眼睛"

　　1952 年，美国神经生理学家 T. H. 布洛克（T. H. Bullock）教授在加利福尼亚大学做了一个激动人心的实验。[1]他把一条响尾蛇和一只老鼠放在一个小饲养箱里，并用胶带封住了那条蛇的双眼，还朝它嘴里喷了些能阻滞嗅觉神经的化学液体。在没有视觉和嗅觉的情况下，那条蛇能否找到那只老鼠呢？

　　布洛克紧张地等待着，想看看会发生什么。在仅仅几分钟后，事情就变得很明显：那条响尾蛇并不想跟那只老鼠玩捉迷藏游戏。它似乎总是准确地知道那只老鼠在什么地方跑动。那条响尾蛇带着明确的目的跟踪着老鼠，它将自己盘成一条钢弹簧的样子，头部向前猛冲，并立即对那只老鼠发出了直接命中的攻击。10 分钟后，那只老鼠的半个身体已经消失在那条蛇膨胀着的嘴里。

　　虽然那条蛇已经看不到、闻不到、听不到也触不到它的猎物，但它还是以梦游者般的确信确定了那只老鼠所在的位置。这是因为响尾蛇能感知人类所未知的光线，还是因为它有着人类所不具备的神秘感觉？

　　当布洛克仔细查看那条蛇（见图 33）的身体时，他发现了两个小窝状的坑，那两个坑就像两盏车头灯一样嵌在其介于鼻子和眼睛之间的头部两侧。也许，这解开了上述谜团。后来，他又用胶带封住了那两个坑，而后重新将那条响尾蛇放进饲养箱里，并关掉了箱子里的灯，接着又放了十几只老鼠进去。在这种情况下，即使过了几天，那条响尾蛇也没有抓到一只老鼠！只要把那两个"小酒窝"封上，那条蛇就真的变"盲"了。

这些"小酒窝"里可能藏着什么稀奇古怪的感官呢？在这些"小酒窝"周边的厚皮上，布洛克发现了实际上并不像他所预期的那么奇怪的感觉神经细胞。因为这种神经细胞也以非常相似的方式存在于人的皮肤中，那就是让我们能产生冷暖感觉的神经细胞。每平方厘米的人的皮肤上只有 3 个这样的冷热感受点，但在响尾蛇头部的凹坑形器官的同样面积中却聚集着不下 15 万个热敏感神经细胞，这个数量比人体拥有的全部同类神经细胞的 5 倍还要多。

这种热敏感细胞的高密度聚集极大地提高了响尾蛇对温度的敏感性。靠着这种强大的热敏感性，响尾蛇能"看到"热辐射，它不仅能感知到一座很热的火炉，也能感知到一只老鼠或其他动物或物体在一定温度下所发出的热辐射——只要它们的温度比其所在环境的温度高出零点几摄氏度（见图 34）。如果我们人类也有这种能感知红外光的眼睛，那么，夜晚聚会的人群看起来就会像是一个超大的萤火虫群。

此外，那两个凹坑形器官的形状类似于反射镜，因而，响尾蛇只能从两个轮廓分明的锥形区接收热辐射。如果一条响尾蛇上下左右地转动自己的头，那么，除了感知到某个温暖的东西外，它还能感知到东西的大致形状和大小。或许，这就是响尾蛇能区分老鼠和

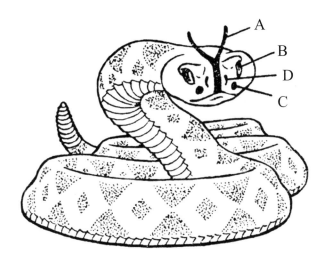

图 33　响尾蛇头部的前视图。在响尾蛇的眼睛（B）和鼻孔（D）之间还有一对专门感知热辐射的小眼（C）。A 是响尾蛇的舌头

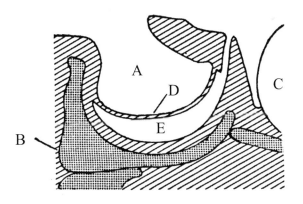

图 34　响尾蛇的红外眼位于一个深坑（A）中，这个坑入口处的直径约为 3 毫米。它嵌在下颌骨（B）和常规的眼睛（C）之间。在反射器形状的膜（D）中，有 13 万个对热敏感的神经细胞。红外眼的内部（E）通过一条狭窄的管道与外部世界相连

吃蛇的狐獴的原因。

但是，如果在黑暗中给一条响尾蛇提供一个已断电但仍温暖的有材料包裹着的灯泡，而不是一只老鼠，那么，那条响尾蛇也会朝那个灯泡扑过去。因此，响尾蛇从其环境中接收到的基于热辐射线形成的图像，肯定是与人通过起雾的镜片看到的物象相类似的。

顺便说一句，这种"第三只眼睛"也会给白天捕猎的蛇带来很大的好处。许多蜥蜴和火蝾螈能很好地调节自身形状和颜色以与自己所身处的环境相适应，从而将自己伪装起来；因此，响尾蛇不能用普通的眼睛把它们分辨出来，但如果用能感知红外光的"第三只眼睛"则马上就能发现它们。

这个例子表明：初看起来神秘、玄乎的感官可能完全是建立在普遍已知的常规生理学事实的基础上的。能"看到"热辐射线的非凡的眼睛只是人们早已熟悉的某些东西的一种组装和功能安排。

第二节　昆虫的热敏感器官

有两位科学家提出了一个观点：拥有红外眼的动物并不限于响尾蛇和其他颊窝毒蛇。洛鲁斯·米尔恩（Lorus Milne）[2] 认为：除了被人类和动物的气味所吸引外，蚊子还能根据受害者身上发出来的热辐射线测定自己与人类或动物的相对位置。菲利普·S. 卡拉汉（Philip S. Callahan）博士[3] 报告过他对夜蛾的红外线感官的研究：借助于这种"超感觉"，雄夜蛾能在没有月亮的黑夜中找到通往雌夜蛾所在的位置的路；"如果有必要，例如，在雌夜蛾顶风飞行，因而其气味不能随风传到与之反向飞行的雄夜蛾'鼻子'中的情况下，雄夜蛾的红外线感官就会派上用场"。

费迪南德·波尔舍（Ferdinand Porsche）教授是以注重实际著称的德国汽车设计师（保时捷汽车公司创立者），他曾对他的学生说："最好的温度计仍然是手。"刚说完这句话，他就在一根汽车排气管上烫伤了自己。这是人类感官远非精密仪器这一事实的一个令人印象深刻的例证，这种事故绝不会发生在一只臭虫身上！

事实上，有些动物对冷热的敏感性远比人类强。在被蒙住眼睛（如玩捉迷藏游戏）时，我们无法根据空气中的热度差而确定要找的人在哪里。但对臭虫来说，这就是它的生活必备技能之一了，因为臭虫在夜里会爬到卧室的天花板上，用触须感知作为热源的睡眠者所在的位置。在睡眠者每转一次身后，臭虫最终都会像精确定位的炸弹一样落在人体的某个裸露部位上。

如果将虱子的眼睛封住从而挡住任何光线，虱子也会在人的手指或其他温暖的物体后 10 厘米左右的距离内稳定地跑动。德国柏林的神经生理学家康拉德·赫特（Konrad Herter）教授[4]已经搞清楚蚊子能感受到的最小温度差异：它能感受到空中距离其 1 厘米外的 0.002℃的温度差。

第三节　鱼类的冷热感觉

鱼对冷热的敏感性至少与虱子的相当。如果鱼的头部所接触的水比身体其余部分所沉浸其中的水温度高 0.03℃，那么，鱼立即就会注意到这一温差。与鱼类相比，我们人类更像是对温度不敏感的厚皮类动物。对鱼来说，注意到温度的微小波动的能力是至关重要的。这种能力可以使它们避免误入冷洋流或陷入深海。

此外，或许正是非常发达的温度觉使鱼类能够进行正常的水下航行。例如，作为生命活动周期的一个组成部分，比目鱼是在开阔海域中孵化，而后在 4 月初转移到海岸边的浅水区，然后又转移到底部较为软的沙地的较深水域中去的。这些生活在海底的比目鱼是如何知道哪个方向通往岸边，哪个方向通往宽阔的海域的呢？

德国动物学家曼弗雷德·扎恩（Manfred Zahn）博士[5]在该国的黑尔戈兰岛生物站做了多年的相关实验，他认为：在迁徙过程中，比目鱼很有可能是通过温度觉来测定自己所在的方位的。在将水族箱里的水加热到不同温度的实验中，他发现：在 3 月底和 4 月初，比目鱼喜欢待在 20℃的水中。只有在被春日暖阳迅速加热的岸边水域中，比目鱼才能找到这种温度。所以，它们只需顺着较冷（但流向较热方向）的水流游动，就能"确定"那就是能将它们带到较温暖区域的潮流。一旦感觉到了较温暖的退潮，它们就会将自己埋入沙中，并等待着下一次退潮。

在 6 月初，比目鱼会经历一次奇特的"心灵变化"。突然间，它们变得不再喜欢温水，而表现出了对 14℃的较冷水温的偏好。它们仍然能分辨冷潮和较温暖的退潮，只是此时它们所做的与春天时正好相反，现在，它们任由自己被退潮带到海洋的更深处。然而，截至本书撰写时，关于比目鱼是依据什么迹象来正确地识别季节并调整自己的时间表的，我们还一无所知。

　　　　　　　　　　　　　　　　　动物们的神奇感官

第四节 绝对温度感

许多动物都拥有另一种远比人类发达的能力：绝对温度感。让我们想象一个人走过一座有着很多不同温度房间的博物馆，那些房间的温度分别为 16℃、17℃、18℃、19℃、20℃、21℃，但那些房间并无任何可识别的相对冷热顺序。如果那个经过那些房间的人不得不通过他的感官印象来分辨哪一个是温度为 19℃ 的房间，那么，他只能猜测。但许多拥有绝对温度感的动物则毫不费力地就知道哪个房间的温度是 19℃。就像一个有着完美音感的音乐家能立即识别出一个音符（如升半音 C 调）那样，事先受过训练的啮齿类动物、蜜蜂 [6] 和鱼 [7] 也能以误差不超过 1℃ 的精确度立即识别出 19℃ 的温度——无论它们是从温暖还是寒冷的环境进入那个被测试的房间。

第五节 灌丛火鸡——能造恒温孵化室的鸟

温度感精确度最高的动物是澳大利亚灌丛火鸡，亦称温室鸟，是大脚冢雉的一种。这种鸟能自己建造用树叶和草编成的孵化室，利用草叶腐烂分解时放热而形成的温室效应来孵蛋。

灌丛火鸡的 0.67 米到 1 米高的土墩式巢穴中的孵化室必须始终保持 33℃ 的室温。在 6 个月的孵育期中，这一恒温要求每天都会给灌丛火鸡带来巨大压力，这种压力之大超出了一个人所能承受的范围。影响孵化室温度的因素有很多——气温高低、昼夜转换、阴晴变化、升温材料充足与否都会影响到孵化室的温度。为了保持恒温，灌丛火鸡必须在考虑所有上述影响因素的情况下，做相应的室温调节工作：扒开或关闭通风口，移除或覆盖、加厚或减少作为隔热材料的沙子，将被阴影冷却或被太阳加热的沙子带入或带出火鸡蛋旁的"空调室"（见图 35）。

澳大利亚动物学家 H. J. 弗里思（H. J. Frith）博士[8]设法加重了这种鸟的生活艰难程度：他在灌丛火鸡的土墩式巢穴中埋入了 3 个电加热器，又在距离巢穴约 100 米外用柴油发电机给那 3 个电加热器供电，并随机打开和关上电源开关。在这种情况下，灌丛火鸡变得极为烦躁不安，它似乎无法理解为什么温度会持续上升或下降。然而，通过有目的的行动，它的确以正确的方式成功地将孵化室温度保持在 33℃。弗里思博士从未用加热器使土墩温度的升降速度超出灌丛火鸡有能力去调节的程度。

每隔几分钟，灌丛火鸡就会将自己的喙插入土墩的不同地方，然后又将沾满沙子的喙抽出来。接着，它又让沙土样品慢慢地滑落

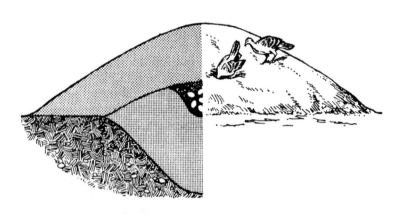

图 35　灌丛火鸡的加热土墩式巢穴的示意图和截面图。孵化室下方是正在腐烂的草叶混合物，其上是约 90 厘米厚的作为隔热层的沙子

　　　　　　　　　　　　　　　　　　　动物们的神奇感官

在喙的两边，用舌头上或嘴巴顶部的"温度计"来测试沙子的温度。灌丛火鸡对温度的灵敏性非常高，以至于它能以误差不到 0.1℃ 的准确度测量出土墩内部的温度；然后，它就可根据测定结果来采取行动了。灌丛火鸡的测温和调温行为是如此精确到位，看起来就像是它曾经研究过热力学一样。

第六节　由温度所激发的神经兴奋

一个用电动摩擦机（那是物理专业的学生最喜欢的玩具）做的实验第一次披露了温度觉的奇妙世界。如果让火花飞到你皮肤上的不同位置，有时你会感到温暖，有时你会感到寒冷，有时你会感到疼痛，有时你会感觉触碰到了某个东西，你会产生哪种感觉取决于火花击中了哪种类型的感觉神经。

这表明了一个要点：在我们的皮肤中有两种不同的温度感受器——热感受器与冷感受器。就像我在第一章第四节中描述过的视觉神经信号传输的监测方式一样，通过对一根根神经纤维进行监测，神经生理学家们已经对冷热感受器做了更仔细的研究。温度感觉器自发送给人脑的是什么信号呢？

正如 H. 亨塞尔（H. Hensel）教授[9]在猫身上所发现的那样，冷感受器在恒定的皮肤温度下以很有规律的方式发送着信号代码。一旦皮肤变暖，冷感受器就会自发地停止发送信号代码。但是，如果温度下降，那么，温度下降得越大，它们就会以越快的速度来发送信号代码。热感受器的工作机制则正好与此相反（见图 36）。

这是一件奇怪的事：作为神经信号传递的监测者，我们可以立即识别出我们的脑所不能识别的东西——皮肤的绝对温度。在 25℃时，热感受器总是每秒发送 1 次信号，而冷感受器则每秒发射 10 次。如果冷感受器停止工作，而热感受器则在以平均每秒 3.5 次的频率发送信号，那么，你就可以有把握地说：这时的皮肤温度是 36℃。

可见：我们的脑总是被准确地告知着我们皮肤的绝对温度。既然这样，为什么我们没有绝对温度感觉呢？难道是我们的脑中缺乏一个内在的秒表来测量到达的信号的速度？还是说，传向脑部的信号是与其他神经信号一起被处理的？迄今我们还不知道答案，但至少我们正在学习如何解释许多动物所拥有的绝对温度感。

如果给在 10℃~50℃之间的所有温度条件下的冷热感受器的信号发送速度绘制出一个图表 ［ 如 Y. 佐特曼（ Y. Zotterman ）博士[10] 所做的那样 ］，那么，就会出现另外三个显而易见的怪异点。

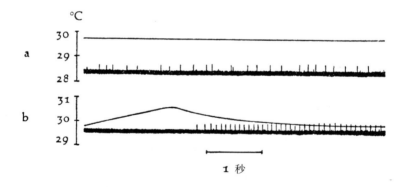

图 36 冷敏细胞是如何工作的。在恒定温度条件下（如图 a 上方的细线所示），冷敏细胞以缓慢而连续的方式发送"间断的信号"（如图 a 下方带脉冲标志的粗线所示）。如果温度升高（见图 b 中的细线的上升部分），冷敏细胞则停止发送信号，但它会以快速群发的脉冲对降温做出反应

动物们的神奇感官

那些记得色觉细胞的感受性曲线的人可能会说："老一套。"的确，只要可能，自然事物总是以同样的原理工作。在色彩感受性问题上，神经细胞发送信号的速度取决于光的波长；在冷热感受性问题上，神经细胞发送信号的速度取决于温度。跟色觉有关的感觉细胞有 3 种类型，跟温度觉有关的感觉细胞则只有 2 种类型。

　　此外，从图 37 中我们可以看出，当人的皮肤温度超过 35℃时，冷感受器就完全停止了信号发送，从而将整个"舞台"都留给了热感受器。当然，周围的空气或其他介质的温度可能远高于皮肤的温度，皮肤温度介于环境温度和体温之间。当皮肤温度高于 45℃时，就轮到热感受器"沉默"了。但奇怪的是，这时，冷感受器又开始发送信号了。这就是在严重烧伤的情况下，人会感到冷而不是感到热的原因；这时的冷感是一种"似是而非的感觉"。迄今我们还不知道神经细胞行为为何如此奇怪。目前，的确，我们几乎完全不知

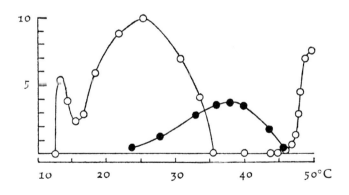

图 37　显示冷敏神经纤维（空心圆圈）和热敏神经纤维（实心圆点）对不同温度的反应的神经脉冲群发图。垂直刻度表示的是每秒钟发送的脉冲数量

道将热即分子动能转化为神经电信号的机制和生物化学过程。

就像色觉细胞的特性一样，每种动物的冷热感受器的温度曲线或多或少都有所不同。人类的冷感受器最多可以以每秒 60 次的频率向脑发送脉冲，但温度感特别敏锐的动物的冷感受器能以高得多的频率发射脉冲。例如，在一束光中，如果鱼类的皮肤温度能在一段时间里保持恒定，那么，它们发送脉冲的频率会达到每秒 50 次，但是，如果其皮肤温度迅速冷下来，那么，它们发送脉冲的频率甚至会达到每秒 200 次。0.05℃ 的温度差异就已经对信号模式有明显的影响。这就是动物们的温度觉如此高度发达的全部秘密。

第七节　最适宜的温度

有一种名叫"水熊"的小动物，看起来就像是一幅肥胖的八脚熊的超现实主义漫画。它有着"显微镜马戏团中的小丑"之誉。水熊生活在苔藓中，这种动物将自己卷成一个圆筒状，由此，它们可以在极度的气候波动中幸免于难。有人用一些水熊做了"酷刑室"实验，以搞清楚它们所经受的温度可能有多极端。对此，拉尔夫·布克斯鲍姆（Ralph Buchsbaum）和洛鲁斯·米尔恩[11]进行了如下描述：

> 实验者先将一些水熊置于 92℃ 的热空气流中 1 小时。而后，又在室温下将它们淋湿；过了半小时后，它们又变得生气勃勃了！实验者又将水熊封闭在完全没有氧气的玻璃器皿中，将它们放在纯氢气、纯氮气、纯氦气、碳酸、纯硫化氢、煤气中保存数月。所有这一切都未对它们造成任何伤害。只要一接触到

水（水就是它们赖以生存的东西），这些干瘪了的"木乃伊"就会重新苏醒过来。实验者又将卷成圆筒状的水熊放在-200℃的液态空气中达 20 个月之久；而后，又将它们放在（地球大气层外）外空间中温度为-271℃的液氦中达 8.5 小时。然而，在被解冻之后，那些水熊又变得像以前一样充满活力了。

这是地球上任何动物所能够忍受的极限。不过，这个世界上还有一些不仅能够而且喜欢在对人类致命的温度下生存的其他动物。这些动物有加拿大拉布拉多北部的希伯伦峡湾的鱼（它们一年到头都必须生活在-7℃~-1℃的过冷水中），也有雪蚤和沙漠中的蝎子（只有在 45℃的温度下它们才会充满活力）。

当皮肤温度为 33℃时，人才会感觉最舒适；当空气温度为16℃~22℃时，人的皮肤温度通常就会是 33℃。这样的温度让我们觉得既不冷也不热，因而，是一种"令人舒适的温度"。在这种温度下，当我们说"天气温暖，这样很好"时，这种说法其实是很奇怪的，因为这时，我们实际上根本感觉不到温暖。因此，从根本上说，冷或热的感觉是一种信号，它告诫我们应该做些什么以恢复令自己感到舒适的状态：在火堆中加一些木头，或者穿上一件套头毛衣。但是，在这种情况下，动物们所能做的只能是寻找环境温度更接近于其所喜欢的温度的地方，此外，就别无选择了。在图 37 中，这个温度在冷热曲线的交会处。

动物们喜欢待在温度对其来说最适宜（从而令其活力最充分）的地方。我们可以通过温度选择装置找到每个物种最喜欢的温度，这种温度选择装置是一个长而狭窄的通道，这一通道中的温度是从一端到另一端连续渐变的。无论是蛇、金鱼还是鹦鹉，都会立即在这个通道中挑选出让自己感觉舒适的温度。

动物们对温度的偏好差别很大[12]：生活在蒂罗尔冰川的雪蝇最喜欢4℃的温度，冬蛾喜欢6℃，生活在清凉的山间溪流中的虹鳟鱼喜欢10.4℃，鲤鱼喜欢21.3℃，喜欢躺在阳光下的地中海沿岸的淡水螃蟹喜欢30℃，利比亚炎热沙漠中的蚁狮（蚁蛉幼虫）喜欢49.1℃。

非洲的巫医使用某种昆虫所喜欢的温度的知识，很像我们的医生使用体温计：病人头发上的头虱对温度非常敏感，一旦病人体温变得太高或太低，那些头虱就会离开病人而转移到健康的人身上。因此，有些原本没有虱子的人就会长虱子并染上虱子所传播的疾病。不幸的是，虱子和跳蚤不仅会离开病人，也会离开生病的动物，包括带病的老鼠。这就是过去的几个世纪中跳蚤和虱子会以令全世界惊恐的速度分别传播鼠疫和斑疹伤寒的原因。

我们已经从比目鱼那里看到：一种动物最喜欢的温度可能会随着季节的变化而改变。在树皮甲虫那里，也会发生同样的事情。在春夏两季，树皮甲虫会被温暖的阳光吸引；这时，它最喜欢的温度在27℃到33℃之间。到了秋天，树皮甲虫的偏好就会发生变化；这时，它会突然觉得只有在7℃的温度下才舒适。这会使得它在严寒到来之前适时地去寻觅一个幽静的冬眠之所。虎甲虫甚至会每天两次改变它在温度上的喜好：在清晨时分，它对温暖的渴望会驱使它从自己睡眠的洞穴中出来；到了晚上，它对凉爽的渴望则会驱使它跑回洞里睡觉。

非洲有一种（会传播非洲锥虫病的）可怕的舌蝇，它的行为甚至受到温度敏感性的决定性影响。只要温度可以承受，它就会本能地

动物们的神奇感官

寻求光明；也就是说，这时，它会从灌木丛中飞到草食动物们正在吃草的草地上。但在温度上升到30℃以上时，牛和羚羊就会寻找阴凉之处。这时，近视的舌蝇就会迅速转向，而朝任何看起来是黑色的东西飞去。因此，它必然会再次找到它的受害者。

根据这一知识，康拉德·赫特教授制作了一个舌蝇死亡陷阱。他用灯光将测试室的一部分照得很亮，并将它加热到42℃。一旦舌蝇进入明亮的部分，那里的温度就会使其想飞入黑暗之中（负向光性）。舌蝇们毫不犹豫地服从了自己的本能，尽管它们在陷阱的黑暗部分被慢慢地热死了。

这种内迫性冲动虽然失去了其本来目的，但在这种情况下，它要比任何逃避极度炎热的冲动都更加强烈。动物行为可通过被本能结构加工过的感觉印象来控制，这种控制方式是很奇怪的。

第八节　人体中的温控器

这个世界上电子控制的人工空调系统，没有一种能像人体中"自然的"中央温控系统精确地保持人体温度一样，精确地将建筑物的室内温度始终保持在同一个数值上。如果没有这种控温机制，那么，我们人类就不可能在夏天和冬天、在北极以及阳光灿烂的撒哈拉沙漠中始终保持37℃的恒定体温。如果没有它，那么，一个寒夜或一场大雨就会使人体变得僵冷如青蛙，而冰雪则会使人体变得像冻肉一样僵硬。如果那样的话，那么，在一年四季中，我们人类就不得不在某几个月中进入休眠期。

可以很大范围内进行体温调节的中央温控系统的"发明"，是脊椎动物演化史上最辉煌的成就之一。与体温随着环境温度而变化的变温动物形成鲜明对比的是，作为恒温动物，人的中央温控系统使自身生命力始终处于最佳运转状态。它是如何做到这一点的呢？

任何中央温控系统（无论是房屋中的还是人体中的）都需要三样东西：燃料系统、恒温控制器和所谓的"效应器"（对外界刺激做出反应的身体器官、细胞或功能相同的人为装置，也称"执行器"），"效应器"影响着热量的产生和分配以及冷却，使得体温或室温保持在恒温控制器所设定的温度。

身体的燃料系统由数以万亿计的"微燃烧器"组成，这些"微燃烧器"即会因代谢而氧化生热的细胞。效应器（的作用）也很容易找到：代谢的激发或抑制；呼吸的加剧或减弱；血液供应量的调节——热量分配；身体因冷而颤抖，从而通过肌肉运动产生额外的热量；出汗，从而通过蒸发排出多余的热量，以及其他类似的措施。

直到 1960 年，人体中央温控系统中最不为人所知的最大问题仍然是恒温控制器。这一控制装置需要一个或多个温度计，以及一个将所需温度与实际测量到的温度进行比较的控制中心，并根据温度差向执行器发出指示。实际上，科学家们了解这个控制中心已有一段时间：它是由下丘脑中的神经中枢构成的。这是一个脑区，人体中的许多其他过程也是在这个脑区得到控制的。下丘脑中所发生的神经生理过程既不能被人的自觉意识所反映，也不受意欲控制。因此，下丘脑中的这一体温控制中心与那些用于指导如何调节血管中的各种数值以及所有其他过程的指挥部靠得很近（见图 38）。

唯一有疑问的是人体恒温控制器中温度计所在的位置。这个问题要归因于对感觉到底是什么的一种完全错误的看法。这一观点可

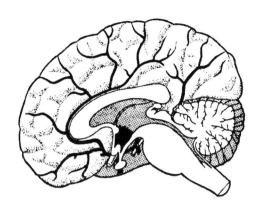

图 38　人的体温控制中心位于下丘脑前部（图中黑色区域）。热敏神经细胞在这里测量直接经过它们的头部主动脉的温度

大致表述如下：这些温度计只能是对温度敏感的感觉细胞，但是因为我们只能在皮肤上而不是在身体内部感觉到热和冷，所以只有在身体表面上才存在温度感觉，因此，体温控制中心肯定是以某种方式由皮肤的温度所控制的。这听起来是不可能的，但却被人们相信了几十年。

　　上述观点的错误在于其这一主张——如果感觉细胞受到刺激，那么，我们也应该在任何情况下都能意识到它们，因为在我们的身体内部肯定会有温度感，这些温度感会将自己的测量结果发送到冷暖调节中心。但实际上我们的（自觉）意识对此毫不知情。也许，我们从未意识到过的感觉印象是存在的，而且，这种感觉印象对我们的生活至关重要。

1960 年，美国马里兰州贝塞斯达美国海军研究所所长 T. H. 本津格（T. H. Benzinger）博士 [13] 做了一系列相关实验，他的实验结果令人信服地解决了这个问题。本津格博士把自己锁在一个绝缘的钢制房间里，在那个房间里，有约 1 000 台仪器在记录他全身皮肤上的热辐射、热流和出汗情况。他的身体上简直布满了电子温度计：他的口腔、直肠、（对鼓膜有轻微压力的）耳道中都有电子温度计，胃中也安装了无线电温度探头。他甚至还（在局部麻醉状态下）用外科手术在脑正下方的额窦中和鼻咽腔深处植入了 2 个温度计。

在对自己进行了数百个危险的实验之后，本津格发现了一个地方，其温度状态对体内所有其他地方的热反应都有控制作用。那个地方只能是人体恒温控制器中的温度计，而在此前，科学家们早就在寻找这一温度计，但一直都徒劳无功。它也在下丘脑中，就在冷暖调节中心的旁边，大致位于头部两耳之间的中央处。在此，人体温度计被 2 条向整个脑供血的主动脉紧紧地包围着。

因此，温度计一测出脑中血流的温度就会立即报告给它附近的体温控制中心。这里所报告的数值其实是当下温度与理想温度之间的温度差值；在日常的生活节律中，人体的理想温度是在 37℃ 附近轻微波动的。如果血液温度比理想温度高出了 0.01℃，那么，体温控制中心就会立即沿着神经通道和激素链条发送指令，以便通过激活汗腺或扩张小血管将更多的热量从体内散发到体外。后者说明了一个人在感到热时会脸色变红就是脸部小血管扩张的缘故。

如果血液温度比理想温度低 0.01℃，那么，人体中特别是肌肉细胞中的动力站就会被发动起来，以在体内产生更多的热量。但人体恒温控制器对体温的调控是有限度的，如果环境温度超过这个（作

　　　　　　　　　　　　　　　动物们的神奇感官

为可调范围的上下）限度，那么，人体的温度控制就会失效；这时，人就会被冻死或因中暑而亡。

奇怪的是，我们可以和我们内在的温度计玩玩恶作剧，例如：在炎热的夏天喝冷饮。由于那个温度计很靠近咽腔，因此，人喝冷饮时那个温度计所测出的温度会低于血液的温度。当然，人体恒温控制器会误解这一现象，因而会发出让整个身体大量发热的指令。这就是为什么喝冷饮会有一个短暂的清凉提神的效果，但不久就会让人觉得比喝冷饮前更热。

因此，虽然人在显意识层面温度感较差，但在人体恒温控制器里的温度计中，人的确是有绝对温度感的，而且这种绝对温度感非常灵敏和准确，完全可与鱼和吸血昆虫的精细感觉相媲美。

下丘脑内置的温度计本质上是一个高度集成的冷热感受器。美国康涅狄格州纽黑文市有个约翰·B. 皮尔斯（John B. Pierce）基金会实验室[14]，1964 年，该实验室的 3 位科学家在狗身上获得了这一发现。他们用微电极对个体的感觉细胞的活动情况进行记录，以用于监测；同时，他们用插入的微型加热元件提高下丘脑区的温度。结果，该脑区中 80% 的细胞以加快脉冲发射的方式对加热做出了反应，并以减慢信号发送的方式对冷却做出了反应；另外 20% 的细胞则以相反的方式来对加热或冷却做出反应。

不过，紧靠主动脉的温度计并不是人体冷暖调节中心唯一的温度感受器。无论如何，人类的中央温控系统几乎都不会将就着只从某个唯一的"地方"读取数据。1964 年，德国巴特瑙海姆的马克斯·普朗克学会的鲁道夫·陶厄尔（Rudolf Thauer）教授[15]发现了人体内的其他温度计。让我们来看看他的具体做法。

他把一个灌满冷水的橡胶球插入被麻醉的狗的食道和胃里。狗立即就打起寒战来，并启动了试图保持体温不变的其他措施。证据已经够了。

就像科学发现中通常都会有的情况一样，这一发现也跟随着对之加以应用、发展和操控的努力；有时，这些努力是以奇怪的方式进行的。一些旨在改变人体恒温控制器中最佳值的实验开始了。病人的身体可经诱导而降低温度，从而为难度较大的外科手术提供便利。

如果一个人在接受手术前需要大幅度地降低体温，那么，在其感觉上就会发生奇怪的事情。[16] 在体温为 34.5℃时，人就再也看不见东西或听不到声音了。在体温为 29.5℃时，恒温控制机制就会不起作用。这时，人的瞳孔就会大开，疼痛和任何其他感觉都会离我们而去；脉搏会减慢到每分钟40次，血压迅速下降。在体温为 27℃时，呼吸就会停止，这时，人的状态就像冬眠一样。

确实，本津格博士宣称：他的研究目标就是让人进入人为的冬眠状态。在他担任所长的美国海军研究所，所内成员都认为：在飞往遥远星球的载人航天活动中，在历时多年的漫长而无聊的飞行过程中，有必要像关掉某种技术设备一样时不时地"关掉"宇航员的生命"开关"（让其进入人为的冬眠状态），从而减轻航天飞机中饮食储备的重量。

第九节　变温动物对环境的适应

蚂蚁是一种冬眠动物。要不是春天的使者使它们的身体温暖起

　　　　　　　　　　　　动物们的神奇感官

来从而摆脱冬眠状态，它们可能会继续冬眠，直到在睡眠中度过整个夏天。

在寒冷的季节，蚂蚁们会给自己挖一个约 1.5 米深的冬眠室；在那么深的地下，蚂蚁们肯定是不用再经受冰霜之苦的。在冬眠室里，数十万只蚂蚁蜷缩在一起，并因寒冷而僵化。因为春天温暖的信号向一动不动地躲在冬眠室里的蚂蚁们扩散的速度很慢，所以如果没有特别的措施，它们可能就要永远待在那个"冷藏柜"里了。这就是蚂蚁们会"发明"一个美妙系统把春天的温暖快速带给它们的原因。对此，法国昆虫学家里米·肖万（Remy Chauvin）教授[17] 给出了如下描述：

> 有些蚂蚁对低温的敏感性要低于大多数蚂蚁。在整个冬季，这些蚂蚁都会保持着活力，它们会时不时地从冬眠室爬到蚁丘的顶部。一旦天气变暖，阳光照耀，它们甚至会在露天用晒太阳的方式温暖自己。当它们回到自己的伙伴身边后，它们会让伙伴们分享自己的温暖。就这样，伙伴们的体温会上升一点点；虽然它们所带来的温暖很少，但已足够诱发其他工蚁也"出去走走并获得"一点儿温暖。

这是一个由蚂蚁个体之间的冷敏感性差异引起的连锁反应的开端。阳光越灿烂，春天的使者带入地下室的温暖就越多，从而，被"解冻"并参与到采暖活动中去的蚂蚁也就越多。最后，蚁群中的大多数蚂蚁也开始苏醒过来，并重返地球表层开始新的活动。

这就是动物界中较早出现的空调系统。后来，这种空调系统被其他昆虫群体改善到了高度完善的程度。冯·弗里希写道[18]：

> （蜜蜂）孵化室中 35℃ 的恒温状态是通过一个惊人的过程来实现的。成千上万的工蜂聚集在孵化室的顶部，以便利用它们所汇聚的热量。在寒冷的天气里，它们聚集在一起，用它们的身体覆盖着孵化室，就像用羽绒被覆盖一样。在温暖的日子里，它们则会分散开来。如果气温过热，它们就会带水进蜂巢（因为蜜蜂不会出汗），并在巢脾上覆上一层薄薄的水膜；而后，通过扇动翅膀来使得那层水膜蒸发，从而带走热量。工蜂们就像一台台小通风机一样坐在孵化室上，以类似接力赛的方式将巢内的热空气一步步扇向蜂巢入口处，然后从入口把热空气排出去。

在冬天，蜜蜂们会将蜂巢温度维持在 18℃ 的恒温状态，即便在室外是-40℃的刺骨严寒时也是这样。

所以，可以毫不夸张地说：单个的蜜蜂是一种变温动物，但整个蜜蜂群则已经由组织良好的团队合作发展成了一个恒温的"超级有机体"。更引人注目的是白蚁的空调系统与人类的中央空调系统之间的相似性。瑞士伯尔尼的马丁·吕舍尔（Martin Lüscher）教授[19—20]在非洲的科特迪瓦（象牙海岸）研究了一种当地的白蚁——撒哈拉大白蚁。

这种撒哈拉大白蚁需要生活在 30℃ 的热带温室气候中。居住在一个中等大小的白蚁群中的 200 万只白蚁根本就不依靠自然的热带热量来维持恒温，因为蚁巢外的自然热量波动很大，所以，它们是靠自己给蚁巢供热的。正如人体中的无数个细胞都提供了一点点热量一样，这里的每只大白蚁都像是一个会走动的小小的火炉。

　　　　　　　　　　　　　　　动物们的神奇感官

大白蚁巢中的这一专属气候被像混凝土一样坚硬的超过 45 厘米厚的墙壁保护着，从而能免受外界温度波动的干扰。然而，这 200 万只白蚁还要能在它们的没有窗和门的堡垒中呼吸。它们每天需要超过 1 立方米的新鲜空气。这些空气是如何被提供的呢？

　　是采用空调技术来提供的！在几米高的蚁山外面，有十几个向上耸起的小山脊。这些就是白蚁在人类诞生前的数百万年前就已经"发明"的空调房的散热片。这些小山脊中的每一个都含有 10 个左右的狭窄的通风井，这些位于外壳下方的通风井从蚁山的顶部一直通到底部（见图 39）。

　　不新鲜的热空气在蚁山顶部聚集，从上面飘进通风井，并在那里得到冷却；同时，热空气通过蚁山中石质结构上的微小孔隙与外

图 39　白蚁山中的空调装置。从外面可见到的散热片的内部布有通风井，空气由通风井进入蚁穴。这些通风井保证了整个蚁巢都能通风

部空气接触，释放出二氧化碳，吸纳进新鲜氧气。从这些"白蚁山中的肺"中，已经更新并降低到合格温度的空气飘进位于地表下约1米深处的宽敞的地下室中。新鲜空气从这里向上流通到整幢"公寓楼"的所有房间中。

散热片内有约100个通风井，白蚁"工程师们"一直在这些通风井中忙碌着：缩小通风口使之成为一个阀门，或扩大它们；关闭或打开通风口。具体做法取决于一天或一年中的某个时段温度是太冷还是太热，以及氧气是太多还是太少。

令人惊讶的是，白蚁们通过调节通风量而产生的最适合它们的生活条件的温度始终在蚁巢的中心，即"王宫"。那么，是谁或什么每时每刻都在告诉那些"工程师"蚁国生活中心的气温状况，从而使它们知道自己该调大还是调小通风量呢？难道在白蚁山中有什么相当于神经系统的东西吗？

蚁山中有信使在传递消息吗？在迷宫般的蚁山中，从地下室到通风口有着对白蚁来说巨大的距离，信使跑一趟就要花费几个小时。或者，那些白蚁"工程师"自带着一个设定为常温的恒温控制器？这似乎也不太可能。难道是蚁后在以特别的气味发出温度信号？这实在是自然界的一种奇异现象。

白蚁精良的通风技术对可能的环境变化有着很强的适应性，这种通风技术可以使白蚁适应整个非洲各种可能的环境，在中欧的气候条件下，它们也能很好地生存。只有一种情况可以使德国避免被这种动物所侵扰：就撒哈拉大白蚁而言，新蚁群只能由密集地聚集在一起的有生殖能力的白蚁建立；在初期阶段，蚁王和蚁后新建的房间还缺少空调系统，这时，它们不得不忍受不利的气温条件，因

动物们的神奇感官

而它们无法在德国的气候条件下生存。

其他变温动物（如独居昆虫、两栖动物和爬行动物）的生活要困难得多。[21] 只有在严格受限制的最佳温度下，它们才能够充分展现自己的生命活力（见图40）。低于或高于这个数值的任何温度都会逐渐减慢它们的运动，直到它们因受冷或受热而变得僵硬，甚至死亡。

生命本身当然是一件奇怪的事情。在宇宙中，星体的表面温度在-273℃到20 000℃之间波动。如果我们把这一温度范围想象成一

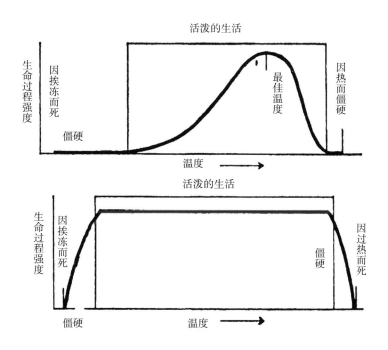

图40　变温动物（上图）只有在比恒温动物与人类（下图）可接受的小得多的温度范围内，才会有充分活跃的生命活动

个 20 厘米长的温度计，那么，生命可在其中存在的部分只占了很小的一部分。其他温度下的自然界都是冰、沙漠、蒸气和火的世界。火星上的火山口景观特写已经以一种令人惊愕的方式向我们展示了：在宇宙中，现在活着的人类是多么孤独。

在这么大的尺度上，变温动物在生命能存在的温度范围中又只占了 1/20 到 1/10。如果温度比其最佳生存条件低 10℃，那么，变温动物所有的与化学有关的生命反应都会减慢一半，甚至减慢到原来的 1/4。但是，这些反应是多么奇怪啊！在 20℃时，沙漠蝎子会因冷而变得僵硬，但同样的温度却会杀死雪蚤。在发生上述反应的速度上，栖居北极的动物在低温下的速度与栖居热带的动物在高得多的温度下的速度竟然是一样的。

曾经有人认为，冰点即 0℃是生命存在的下限，因为这时生命体体液中的代谢过程也会停下来。但是，上文提到的拉布拉多北部希伯伦峡湾的鱼类在体温为 -1.7℃时仍然显得很有活力。有人假设：这些鱼的体液中含有一种防冻剂，但这种假设仍然没能充分地解释这种现象。为了真正解决这一问题，德国基尔大学的赫伯特·普雷希特（Herbert Precht）教授[22]更仔细地研究了这些过程。

他得到的研究结果大致如下：用营养物质建立起动物体这一"大厦"的活体细胞中的"化工厂"、为运动和化学过程提供能量的"发电站"、发送信号的"信息通道"以及"激素厂"——所有这些东西显然都在以不同的样式存在于我们的世界中，其中，有些是用来抵抗炎热的，有些是用来抵抗寒冷的。每一种动物都有各不相同、特定样式的"化工厂"、"发电站"和"激素厂"，在恰好的工作温度即动物栖息地平均温度下，这些生命基本构件才能最好地发挥自己的作用。

在一定程度上，处理分子级物质的所有化工厂都能自行缓慢地适应温度波动。当一只螃蟹从温暖的环境进入寒冷的环境时，起初，它几乎只能一动不动地躺着，但它会逐渐适应新的环境。其细胞中的化工厂的工作速度会越来越快，几天之后，它就会再次达到与原先一样利索的工作步调。

第三章

痛　觉

第一节 痛的感觉

在一次拳击赛中，有一个美国世界拳击冠军（这里隐去其名）被打扁了鼻子。当时，他继续搏击，好像什么都没有发生。后来，他说，在拳击场中，他根本就没注意到自己的鼻子受到了伤害；只是在比赛结束后，突然到来的痛感才使他意识到自己的脸已经被毁容，且流血不止。然而，在面对牙医时，在牙钻还没有碰到他的牙齿时，他竟然就尖叫了起来。

军队医院和伤员病房的外科医生也曾报告过关于疼痛的令人惊讶的事情。在第二次世界大战期间，哈佛医学院的麻醉师亨利·K.比彻（Henry K. Beecher）教授[1]惊奇地发现：在因严重受伤而被送入军队医院的人中，2/3的患者几乎感觉不到任何疼痛，尽管他们的受伤程度与较少的正在尖叫的病人的一样。许多受伤的士兵拒绝服用止痛药片，甚至声称没有任何痛苦。这些士兵既未处于休克状态，也未变得对疼痛麻木，因为在受到针刺时他们仍会畏缩。

一次又一次，故事都是一样的。在成千上万的尸体被毁坏、焚烧、踩在脚下的战场上，所有受到战争惊吓、对地狱般的战场怕得要死的士兵如果受伤了，那就意味着从地狱中解脱了出来。对于能活着离开战场，他们感到很庆幸，并对自己所经历的事情心怀感激。有时，他们会以一种相当可怕的方式进入一种正面的晕眩状态，这种晕眩状态抑制住了他们的疼痛意识。而那些受伤时尖叫的人则一般都是事前非常强硬的人，他们善于在战争恐怖的真实性上自欺欺人。当他们的幻想突然被打碎时，他们就精神崩溃了。

显然，在交通事故中出现后一种人的比例要高于在战场上出现的。伤员病房的医生们发现：4/5 的重伤病人对疼痛非常敏感，所以，必须用吗啡来使他们镇静下来。这表明：他们可能是滥用加速器的冒险家。在一个由给人以亲密感的油漆和铬造就的梦幻般的封闭空间中，坐在柔软而温暖的垫子上，想象着自己是一个拥有超强马力的驾驭大师；正陶醉在美妙幻想中的司机可能会突然发现自己衣衫褴褛地挂在路边的一棵树顶上，或被挤压在已被撞得七零八落的金属碎片之间。精神的崩溃会引起比肉体的损伤更严重的痛苦。

现在，科学界已确定：疼痛的程度根本不取决于受伤的严重程度。疼痛不过是我们对有害刺激的一种预测性反应。实际上，我们对事物的感受已经受到经验、期望等心理因素以及更微妙的教育、习惯、礼貌和文化等因素的强烈影响。

下面是一个惊人的例证。在一些居住在亚马孙河边的印第安人部落中，为了生孩子，一个即将生产的孕妇在田野里劳作时只能中断两三个小时的劳作。与此同时，她的丈夫则在几天前就已躺在一张吊床上，在那里晃荡着并呻吟着，似乎他正在承受巨大的痛苦。即使在产后，当那个女人回到家并在家努力劳动时，那个丈夫仍然跟那个婴儿一起趴在地上，以便从"巨大而可怕的痛苦"中恢复过来。

这听起来很可笑，但宗教仪式、鬼神崇拜和暗示已使得这些人产生了与我们截然不同的信念。这些美洲印第安人坚信：是那个男人（而非那个女人）"有"那个孩子，即便这是从更高的意义上讲的，即那个孩子是那个男人从灵魂世界中取来的；而那个女人，就像一只下蛋的母鸡一样，只是参与了孩子肉体的形成过程。这就是为什么他们会认为那个丈夫所遭受的才是真正的痛苦，而那个妻子对孩子的出生的贡献并不大。

毫无疑问，我们对分娩的痛苦的看法更接近事实。但它可能并不像我们所认为的那么现实。有人看到过动物在野外生孩子时会发出尖叫声、从而将自己暴露给敌"人"的吗？那我们人类呢？

各种各样的动物实验为我们进一步揭示了疼痛现象的奥秘。如果疼痛在很大程度上依赖于主体对它的想法，那么，那些从未感觉到疼痛的动物是怎样表现痛苦的呢？加拿大麦吉尔大学的心理学教授罗纳德·梅尔扎克（Ronald Melzack）[2] 提出了这个问题。他养大了一些刚一出生就由他来养的苏格兰猎犬，在此过程中，他精心地保护它们，以至于那些狗从未被擦伤、敲打或重击过。对它们来说，疼痛根本就不存在。

当那些狗长大后，它们突然被置于残酷的现实之中。当它们在玩耍时、相互撕咬时，它们似乎像那个美国拳击手一样感觉不到疼痛。它们甚至没有退缩，也没有试图自卫，尽管被咬处逐渐形成了伤口并流了血。面对一根正在燃烧的蜡烛，它们只是表现得很好奇，会用鼻子去嗅火焰。当然，它们的鼻端因此而被严重烧伤了。即便如此，它们也没有吸取教训，而是继续冷静地嗅探它们所看到的其他明火。

这种现象绝不能与所谓的对疼痛不敏感相混淆。就像有人是盲人或聋人一样，有些孩子天生是对疼痛麻木的。他们神经系统中的疼痛传导器中的某些错误使他们根本就感觉不到疼痛。这种人在童年时期就可能会面对严重的创伤，如烧伤和瘀伤等。吃东西时，他们经常会严重咬伤自己的舌头；在学习如何避免受伤方面，他们有着非同寻常的困难。关于痛觉对我们的身体健康的重要性，没有比这些不幸的人的命运更好的证据了：对他们来说，正如我们起初就应该想到的那样，免于痛苦的福气已经变成了终生的祸害。

不过，那些苏格兰猎犬的神经系统是完好无损的。它们似乎感觉到了某种东西，但对之无可奈何。它们感到困惑，但并没有感到不舒服。就像一个因纽特人第一次经历大城市的喧嚣时，他对汽车发动机的轰鸣声、警笛声、刹车声或人们的大喊声无可奈何一样，尽管他无疑能听到这些声音。那些苏格兰猎犬遭遇的情况也是如此，第一次感到痛对它们来说是一种完全陌生的经历。虽然这听起来很奇怪，但事实确实如此：痛感在某种程度上是一种必须学习的东西。这就是不同的人——从亚马孙地区的印第安人到受伤的士兵——在痛感上有那么大的差异的原因。

将痛感与快感结合起来的尝试已经获得了成功。如果对狗的爪子施加强烈电击，那么，它通常会凶猛地做出反应：它会绕着狗笼子疯狂地奔跑，并发出大声和低声的咆哮。但是，诺贝尔奖得主、苏联科学家 I. P. 巴甫洛夫（I. P. Pavlov）对狗做了这样的实验：在每次电击后立即给狗提供某种美味的食物，经过多次重复后，狗对电击的反应慢慢地从愤怒转变成了快乐。最终，在受到电击后，它们会立即摆动起尾巴并冲向食物所在的桌子。除了以电击造成创伤和灼伤来加强效果外，巴甫洛夫还将电击力度提升到了狗所能忍受的极限值，即使在这种情况下，负面刺激引发它们的愉悦感的条件反射性行为仍然能得以维持。

这个实验向我们展示出了一种非常危险的情况：借助于条件反射作用，情感可被人为地操控到一种反常与荒谬的状态，就像巴甫洛夫所说的那样，这种反应的动因从自然刺激转向了通常无意义的刺激。但是，在巴甫洛夫之后，人们已研究出了比他当时所用的还要巧妙得多的方法，通过这些方法，人类也可以被诱导得以痛为乐、以错为对、以丑为美。条件反射规律经常在那些受其影响的人尚不了解它的情况下，被用来训练特种部队的成员，例如：将军人训练成受虐狂。就像日本"神风特攻队"飞行员对敌舰发动自杀式袭击一样，即使是自我保护的基本冲动也可以用这种办法来使其向相反的东西转化。

不过，外科医生们发现了疼痛操控方式的积极方面。当一个病人反复地抱怨他疼得厉害因而每天都要注射吗啡时，医生最终会给他注射除了生理盐水什么都没有的针剂。因此，在被注射生理盐水后，35%的患者觉得疼痛得到了缓解，就像真的被注射了吗啡一样。因为即使人剂量使用吗啡也只能缓解75%患者的剧烈疼痛，所以可以得出结论：吗啡减缓疼痛的效果几乎一半是虚幻的。总之，只有在患者恐惧水平较高的情况下，吗啡才会有止痛的特效。

第二节　心理影响的物理模型

如果我们弄伤了手指，那么，许多跟疼痛有关的神经就会将关于这件事的编码信息发送给脑。但在这条神经通道上，信号需要通过脊髓和脑干处的几个"电话交换站"。然而，与这些"交换站"相连的还有几条来自大脑皮质（高智力活动基地）的"电线"。这些"电线"会干涉情感状况报告的发送，因而可停止、放大或修改疼痛信号的传输。考虑到我刚刚描述过的现象，这些过程是非常有趣的，我们有必要看一下迄今已做的相关研究的详情。

现在，让我们假设手指受伤面积是 1 平方厘米；数千个对疼痛敏感的神经末端会将受伤事件转化为神经信号代码，并将它们传递给约 200 个导体（见图 41）。

这种转变是如何发生的——这一点迄今为止尚不为人所知。据推测，细胞组织被破坏时会有物质释放出来，就像产生气味或滋味的物质一样，这种物质有化学作用。这个结论是从（与触觉不同的）

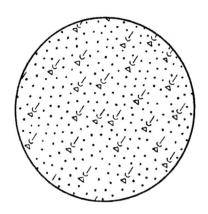

图 41　在 1 平方厘米的人的皮肤（这里所展示的是通过放大镜看到的样子）上，有约 200 个疼痛敏感点（黑点）、25 个压力敏感点（三角形），其中的压力敏感点大约与同样面积皮肤上的汗毛（半圆中的破折号）一样多

　　　　　　　　　　　　　　　　　　　　动物们的神奇感官

损伤与痛觉之间总是有个短暂潜伏期这一事实得出来的，显然，从受损细胞中释放出来的物质会起作用。但就目前来说，这仅仅是一个假设。

疼痛感受器是遍布在皮肤表层下部的有着众多分枝的根系状系统（见图42）。

过去，有人认为：对疼痛敏感的神经末梢与可通过针刺进行定位的痛点相同。这一观点并未得到证实。显然，一切都要复杂得多。也许有疼痛感受器集聚区，这种集聚区必须被想象成某种类似于视觉神经感受器区的东西（参见第一章图7）。

200条痛觉神经从手指直接进入脊髓。到达那里的是分别以不同速度传输的多种信号的一种模式，这种模式在我们看来已经是完全混乱的。在此，显然，我们还有一个关于什么如何伤了哪里的未经

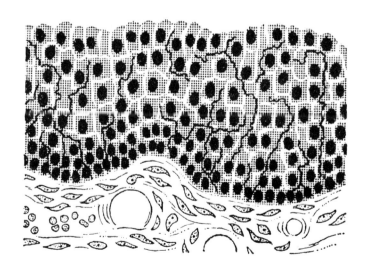

图42　皮肤的横截面图显示了表皮细胞（黑色）和细胞之间的痛觉纤维网络

加工的报告。

但是，在脊髓中的下一个"交换机"中，在一个中间神经元或中间信息发送器中，事实已经被扭曲了。美国马萨诸塞理工学院的教授帕特里克·D. 沃尔（Patrick D. Wall）[3]在猫的这种神经元中植入了微电极，并获得了惊人的发现。在这里产生干扰的电脉冲还不是来自脑部，而是来自身体的疼痛部位。然而，它们所传输的可能并不是痛觉信号，而是触觉信号（见图43和图44）。

当沃尔教授通过针刺或令这只猫痛苦的电击来刺激猫爪上的某个位置时，记录脊髓神经活动的监控示波器会显示预期的应激模式。但若在针刺的同时他又用按摩振动器对针刺点周围进行按摩治疗，那么，脊髓中的疼痛报告就会几乎减少到一半。

这一发现立即被引入了实际应用。事实上，如果受伤部位的皮肤受到振动式按摩，那么，针刺和电击同样也不再会让人感到痛苦。因此，将来借助这种方法，由注射针和输血针以及其他尖锐器械的刺激引起的疼痛可被减轻一半。

脊髓中的疼痛信号在通往脑的路上会经过其他类似的交换机。在这些地方，小脑和大脑已经做出了重要贡献。图44显示的是，实验者通过猫的小脑的一条神经传递的一个疼痛信号（a）是如何被电脉冲（a+b）所消除的。来自大脑的人造电脉冲也具有同样效果（a+c）。

在紧靠并即将进入脑的地方，来自身体各个部分的痛觉神经聚成的神经束到达了脊髓-丘脑束——一个有着亿万台"电话交换机"的大型"电话交换站"。

这里有着数量巨大的无法追踪的横向连接点，看上去就像是一

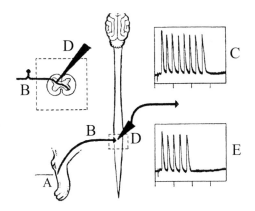

图 43　痛觉神经（B）用 8 个神经冲动（C）向一只猫爪（A）发出一个针刺信号，这些神经冲动是由一根记录脊髓中的神经活动的电极（D）记录下来的。但若受刺激点同时被以按摩振动器加以治疗，那么，痛觉神经只发出 5 个神经冲动（E）。这意味着痛苦已减轻。左上方是标出了电极（D）和痛觉神经（B）位置的脊髓断面图

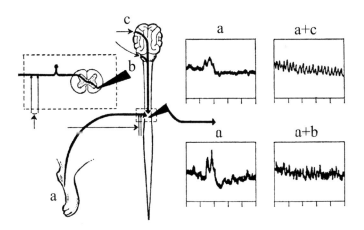

图 44　来自猫爪（a）的疼痛信号可被从小脑（b）和大脑（c）发出的电脉冲（a+b 和 a+c）完全消除。这里的 a 曲线图看起来与图 43 中显示的记录不同，因为微电极并不是插在痛觉神经进入脊髓的入口点上，而是插进了更深的层次；其间，痛觉神经已经通过了多个中继站

团乱七八糟的卷须。然而，任何事物中都有着我们无法理解的奇妙秩序。疼痛信号从这里发射到极为多样的不同脑区，产生了情感、记忆、观念和偏见。那些由此被改变、被染上各种色彩的疼痛印象重新对脊髓-丘脑束产生影响，从而改变了痛苦的面貌，疼痛印象受到了个性、习惯和风俗的影响，在冷淡、迟钝和冷漠中迷失，或进一步演变为惊愕、狂躁或癔症性忧郁。

　　这种心理混合现象也是臼齿中一点无害之痛能使一个人的全身心都被其神经纤维末端占据的原因。疼痛压倒了整个头部，在背部上下窜动，使得一个人对自身疾病的诊断在鼻窦炎和脊柱受伤之间摇摆不定。痛苦压倒了高傲的人，彻底地愚弄了他，而他的伟大的脑除了想着那个空心齿外就不能再进行任何思考了。

　　现在，对大型"电话交换站"与脑之间的联系，我们已有所了解。在脊髓-丘脑束中，所有电路汇聚成 5 条神经束，并以这种形式通过脑干，进入各个脑区（见图 45）。

　　关于这 5 条神经束的重要性，罗纳德·梅尔扎克教授[4]迄今已有下述发现：能在不干扰听觉或视觉的情况下解除人的疼痛感的药物完全抑制了神经束 A、B 和 C 中电信号的传输，也减少了神经束 D 中的电信号（顺便说一下，神经束 D 在整个脑的警报活动的激发中起重要作用），然而，神经束 E 则完全不受这种药物的影响。

　　后来，当梅尔扎克教授用他的手术刀切断这 5 条神经束时，发生了这样的事：切断神经束 A 会使动物的痛感完全消失，切断神经束 C 也会导致同样的效果。另一方面，被切断了神经束 E 的猫仍能照常对任何刺激做出反应，切断神经束 B 具有恰好相反的效果：使动物的感觉过于灵敏。某些被切断神经束 B 的动物甚至在未受到任

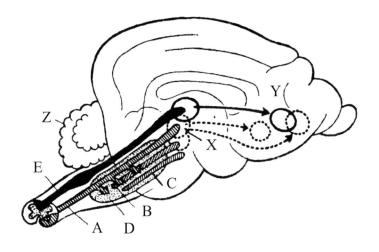

图45 从脊髓到脑的痛觉传递通道。神经束 A 到神经束 B 在正文中已有解释，X 是丘脑，Y 是大脑中的感觉区，Z 是小脑

何损伤的情况下也会表现出自发的疼痛反应。

这些发现让我们对脑中通常发生的事有了一个大致的了解。当然，我们的身体并没有被采取诸如麻醉或完全切断神经束这样的粗暴措施；一切的事情都在以一种更微妙和复杂的方式发生。在本书第一章第四节中，我已经指出了在一个神经信号交换机中，来自一组神经纤维的信号是如何抑制、阻止或促进信息的传递的。痛觉信号的传递过程或许也必须照此来想象。

第三节　手术除痛法

在美国芝加哥大学医院的病床上，约翰·穆利根（John Mulligan）再也忍受不了他的痛苦。他左膝盖下的一个 5 厘米大的肿块让他发疯。几天来，他的腿肚子痉挛一直没有缓解过，他的脚趾弯曲僵硬。最终，这个 27 岁的男人宁愿截掉那条让他深受折磨的腿。阻碍他实现这一愿望的只有一个障碍：那条腿几年前就已经被截掉了。

不幸的是，手臂或腿被截掉后仍然会出现的这种"幻痛"是相当常见的现象。虽然肢体本身已不再存在，但通向肢体的痛觉神经仍然完好无损。在手术后的许多年中，截肢处的伤口的伤痕组织仍在继续发挥作用。它在慢慢地收缩，有时在几天后，有时在几年后，它会刺激神经被切断处，于是它们就会向脑发出信号。然而，脑无法区分这些电脉冲和以前肢体尚在时来自肢体的真实疼痛信号。既然有电脉冲存在，就有可能会发生最奇怪的感觉，例如：那些由患者在现实生活中可能从未真实有过的痉挛、受伤和肿胀所引起的感觉。

然而，前面所述的还不是故事的全部。截肢处的神经末端的刺激当然是非常微小的，脑理应把它解释为一种轻抚。但它却能引起痛感，其中，30% 是令人非常不愉快的，5% 是令人惊恐的。所有的迹象都表明：原因在于手术创伤所带来的神经过程的深层紊乱，即出现了对（实际上已不存在的某部分）身体及其疼痛的幻觉。这也解释了为什么用手术来摆脱难以忍受的痛苦往往是不成功的。

截至本书成书时，做这种手术都是为了切断通往脑部的痛觉神经。但是，外科医生一直试图只切断被截的肢体的神经，而不管其他神经，因此，他们所做的经常是太少而不是太多。而那些被保留下来的神经纤维足以重新激活产生幻痛的身心过程。

1964 年，脑外科医生 R. C. 埃格尔顿（R. C. Eggleton）博士[5] 在

芝加哥大学医院尝试了一种不同的方法。他声称：身体的每个疼痛敏感点在丘脑中都有其特定的投射点。在来自身体其他部位的所有其他疼痛集合点中，如果神经细胞的这一微小集合能被成功消除掉，那么，患者应该就能摆脱其所受的折磨。但就做这种手术而言，外科医生的手术刀显得太粗糙了，高强度聚焦的超声波束才能适用于这种比常规外科手术要精细得多的工作。

约翰·穆利根是第一个尝试这种新手术方法的病人。埃格尔顿博士在已经做了局部麻醉的他的颅骨上钻了一个小孔，而后，通过这个小孔将超声波束准确地聚焦在幻痛的丘脑投射点上。在整个手术过程中，病人始终保持着完全的清醒状态，并不断报告他的感觉。超声波束每冲击一次，他的幻痛就会减轻一些。在超声波束冲击了7次之后，他的幻痛就完全消失了。

通过手术消除其他疼痛（如由癌的生长或严重烧伤所引起的疼痛）要比消除幻痛成问题得多。外科医生弗兰克·R.欧文（Frank R. Ervin）和弗农·H.马克（Vernon H. Mark）在美国波士顿市马萨诸塞总医院尝试了在人身上重复梅尔扎克在猫身上做过的手术除痛法。事实证明，人在这方面的反应与猫一模一样，因而，在其生命的最后的日子里，绝症病人可因此而得以免除痛苦。

但是，这种除痛法是不可逆转的。如果癌症患者得到康复，那么，被切断了痛觉神经的那部分身体将一直保持感觉不到痛的状态。因此，自1965年以来，美国医生们尝试了另外两种方法。

芝加哥大学医院的神经外科主任肖恩·F.马伦（Sean F. Mullan）教授成功地让病人的痛觉神经休眠了6个月。通过两块顶部颈椎骨之间的小缝隙，他将一根探针插入了病人的脊髓。首先，他在探针上通了 0.3 毫安的弱电。这时，病人感到身体的某个特定部位有刺痛。只要电针移动几分之一毫米，刺痛就会转移到身体的其他部位；只需继续进行这个过程，直到电针引起的刺痛点到达因疾病而疼痛的部位，就可准确无误地确定与病痛有关的痛觉神经的位置。然后，他将电针上的电流增加到 1 毫安，并通电 15 分钟；15 分钟过后，病人就不再感觉到痛了。6 个月后（当由电切引起的严重创伤如烧伤痊愈时），痛觉神经会再生。如果到那时痛觉神经并未再生，那么，就必须重复上述脊髓神经电切术。

波士顿的欧文和马克医生率先采用了第二种方法。一名患者正处于头颈癌的最后阶段，承受着药物已不再见效的剧烈疼痛。他们把 4 根银电极通过颅骨插入他的脑中，其中两根分别插入神经束 C 和神经束 D，另外两根插入丘脑。与这些电极相连的 4 根导线被接入一个小晶体管中。一旦病人感到疼痛，他就可以通过按下一个手柄来使得痛苦立即停止。由这些人造神经传入脑中的电流阻止了自然的疼痛信号。

在那个病人身上发生了一件奇怪的事情：现在，已不再感到疼痛的病人跟医生说，他感觉好像喝了两杯马天尼酒；的确，他给人以有点儿醉酒的印象。所有这一切都表明：电流在他的脑中也引发了其他的情感反应。难道这就是人为控制人的情感的开端？就像科幻小说中的火星人的触须一样？我们不再使用吗啡，而是按下一个按钮。我们不再饮用烈性酒，而是按下一个旋钮。这些可能性太过离奇，以至于我们不能继续设想下去。

在止痛手术中，从丘脑到更高级的大脑脑区（有意识心理活动所在位置）的神经连接（见图 45）开始被破坏时，那两位医生看到

　　　　　　　　　　　　　　　动物们的神奇感官

了疼痛现象的一个更奇特的方面。在经过这种手术后，病人报告说，虽然还是能感觉到原先的痛，但这种痛已不再让其感到难受了。事实上，过了一段时间后，他们已经完全忘了那仍然存在的痛。由此，单纯的痛感与我们全部的思想、感受和行为对它在意与否实际上是两件不同的事情。这一结论也来自这一事实：在做了止痛手术后，同一个病人不再担心自己的病已无法治愈，也不再害怕死亡。

第四节　昆虫能感觉到痛吗？

吹牛大王孟乔森男爵（Baron Muenchhausen）所讲的令人难以置信的故事之一是：他的马被一座堡垒的闸门劈成了两半，但他在混战中却没有注意到这一点。在市场的水井旁边，那匹马不停地喝水，仿佛它的口渴是无法解除的一样。后来，孟乔森试图拍打马的屁股，但他的手打空了。那匹马前面所喝的水在臀部被截断的地方像溪流一样流了出来。

现实中有跟那位男爵所说的一样离奇的事情。伟大的蜜蜂研究者冯·弗里希教授曾经看到一只正在吸蜜的蜜蜂突然从背后被一只狼蛛攻击。那只蜜蜂失去了身体的整个后半部分，但其前半部分却仍在继续吸蜜而没有停下来（直到不久后死亡时才停止）——尽管吸进去的蜂蜜在被截断了的腰部涌了出来。这种事听起来就像是一个孟乔森瞎编的吹牛故事。后来，弗里希在实验中获得了同样的结果：他用一把剪刀把蜜蜂的后半部分与前半部分切断，结果，那只蜜蜂仍然在专心致志地做它的工作，而没有注意到自己的身体已被切成两半。

显然，蜜蜂感觉不到痛。被拦腰截断后，蜜蜂的脑只是不再能收到"我已经吸够了蜜"这样的信号，因而，它无法让自己的吸蜜活动停下来。

在很长的时间里，这些发现以及其他昆虫被毁损的例子给人留下的印象是：节肢动物是绝对无痛感的。但是，1965 年，美国宾夕法尼亚大学的心理学家文森特·G. 德蒂尔（Vincent G. Dethier）教授却提出了一个让专家们也感到震惊的观点：昆虫也会感觉到痛。从某种意义上来说，甚至连苍蝇都可能有爱、恨、痛、忧等感受。人们习惯于将它们看作有着不可修改的预制本能的呆板小机器，但这种观点其实是错误的。

德蒂尔教授提供了一些例子作为支撑其观点的证据。昆虫肯定不会忽略翅膀或腿的损失。生物化学调查显示：受伤的身体会立即将激素和其他化学物质释放到血液中。将蜜蜂从花朵上取下来并放入笼中甚至会使得蜜蜂似乎表现出一种想家的情绪。化学物质流入血液后不久，它们就会进入一种恐慌状态。如果不将它们从笼中放出来，那么，在几个小时内，它们就会死于神经紊乱。

一种测谎仪也显示昆虫有着强烈的情感。由于我们几乎不能依据披着角质盔甲的外表对昆虫的情感做出判断，德蒂尔教授通过微电极记录了它们的不同脑区的神经电活动，并绘制了它们在受到刺激时的脑电流图。所得的结果尽管令人困惑因而难以作为一种理论的基础，却为这一观点提供了更进一步的支持：在受刺激时，昆虫会表现出无法从外表被观察到的强烈内在反应。德蒂尔教授说："当我看着它们有着僵硬的盔甲包裹着的身体、僵硬的眼睛和无声的动作时，我意识到，要确定在这些现象背后最终并无所谓真正的'个

动物们的神奇感官

性'，是一种特殊的挑战。"

当姬蜂（寄生蜂）冒着生命危险对抗其天敌以保卫自己的一窝雏蜂时，我们是否应称之为"爱"呢？当大黄蜂在一个被捣毁的蜂巢中发出激昂的嗡嗡声时，我们是否应称之为"恨"呢？当迷了路的蚂蚁一动不动地待在某个地方时，我们是否应称之为"悲"呢？当然，无论是基于激素测定还是脑电图，我们都无法回答这些问题；只有当事的昆虫个体才能够告诉我们！但是，毫无疑问，德蒂尔教授的研究表明：在那些时候，那些昆虫的体内正在发生某种"心理性"事件。

从根本上讲，我们在此所面对的是与人体恒温控制器同样的现象。我们注意不到我们的体内有内在的温度计这样的东西，但它们对我们的身体却有着持续不断的影响。也许，就像我们不会注意到自己内在的温度计一样，昆虫们对自己的疼痛反应也没有自觉意识。或者，就像那些丘脑和大脑之间的痛觉神经被切断的人一样，昆虫们也许能感知到痛，但不会做出持续的挣扎。也许这种挣扎是毫无意义的，因为无论如何，昆虫都不会有意识地采取行动来避免肢体的丧失。

此外，也有我们根本没有注意到的人类的疼痛反应。人类的疼痛反应有三个不同阶段。首先，当我们刺伤了自己时，在我们身上会出现一种无意识的反射，它使我们出现躲避反应。其次，我们产生了明确的痛感，它迫使我们去寻找疼痛的原因。最后，内在防御机制的动员：修复受损的骨骼和受伤的细胞组织、防治细菌感染、专控血液供应等的"工作团队"都被动员起来，投入防卫工作。在神经和控制这些修复活动的激素的非凡的活动中，也没有任何东西渗透到我们自觉的意识之中。

　　奇怪的是，这里的最后一个方面引起了电子工程师们的特别注意。它使得美国原诺思罗普公司的威廉·F.霍尔（William F. Hall）博士[6]产生了这样的想法：建造一种能够完全自动修复任何可能出现的故障的电子计算机。乍一看，这种想法是乌托邦式的。但霍尔博士认为：在每一种生物的内部，都有着一种自然创造的伟大的自我修复机制。

　　疼痛是机体发生缺陷时的警报。它会激活许多生理机制用于修复受损部位或用其他器官来替换它。这就是加利福尼亚诺思罗普研究团队要研究这种自然功能系统的原因，通过这种研究，人类可以获得一种能自己觉察、发现和纠正自己的错误的电子计算机工作模式。这种不依赖于人工维修队的机器人对自动化电话局、自动化工厂和空间站来说是非常有用的；在这些地方，若机器出现故障，那么就必须由机器人在没有人力帮助的情况下排除故障。

第四章

嗅觉与味觉

第一节　狗鼻子的非凡功能

在茂密的灌木丛中，德国牧羊犬埃贾克斯（Ajax）偶然发现了"罪犯"的踪迹。它将鼻子靠近地面，不时地嗅着。它向左跑了约20米，然后转过身去，从右边追寻着踪迹。半个小时后，它在一个灌木丛中找到了那个"罪犯"。

"看，"那个一直在一根长狗绳后跟着埃贾克斯的养狗人说，"这是最好的证据——这条狗没有去嗅这条踪迹，但用了某种不为我们所知的其他感觉注意到了它。因为单凭气味，它根本就无法确定这条踪迹是从右向左延伸的还是恰好相反。"

这个发生在20世纪50年代的事件让德国埃尔朗根–纽伦堡大学的沃尔特·诺伊豪斯（Walter Neuhaus）教授[1—3]不得不面对一个难题。作为狗鼻研究专家，他总是认为：狗是用嗅觉发现和追寻踪迹的——这是不言而喻的。难道这一点并不像人们通常所认为的那样明显？

但那个经验丰富的养狗人已准备好了再次对科学进行打击："我甚至可以穿上我的橡胶靴子。没有气味能够穿透橡胶靴子，但狗仍然会找到我的踪迹！"

一个实验证明了他所说的话。但诺伊豪斯教授开始做调研，他从头开始用狗做追踪实验，并对狗发现踪迹过程中的所有问题的最小细节进行仔细调查。他预料：他能设法借助新的令人惊讶的事实来反驳那个养狗人。

当一个人赤脚走过地面时，他每走一步都会失去约四十亿分之一克有气味的汗物质。这听起来并不多。然而，如果我们数一数黏附在每一个脚印上的有气味的分子，那就是个巨大的数字了：数十到数百亿个。皮鞋可阻止其中的一些分子扩散到鞋外面来，但即使在这种情况下，人每走一步仍然会有数十亿个丁酸分子被压出鞋外——这个数量级的汗物质是任何一只执行跟踪任务的狗都能轻易发现的。

橡胶靴能将更多的汗物质挡在靴内，但不可能全部挡住。脚上的气味物质能在 8 分钟内穿过一只全新的橡胶靴 0.2 毫米厚。在 38 小时内，2 毫米厚的橡胶能像海绵一样吸收有气味的物质。虽然人的鼻子对这样一块橡胶没什么感觉，但狗的鼻子仍然能轻易地嗅出它的气味。因此，这里并没有什么神秘的东西，而只是一种异常精微发达的感觉。

顺便说一下，跟狗的鼻子相比，有着大而突出的鼻子的人的嗅觉要差多少呢？答案是：人的鼻子首先是一个空气预热器，也是头部感冒的培养基，人的鼻子只在很小的程度上是个嗅觉器官。

从图 46 可看出：在鼻腔中，嗅觉区离通道中的各条路有多远，嗅觉区在其中又有多小。人鼻子中的嗅觉区只有 5 平方厘米大小，位于鼻子内部的深处。然而，德国牧羊犬鼻子的嗅觉面积则为 150 平方厘米。如果我们数一下嗅觉细胞数量，就会发现这种差距更明显。

动物们的神奇感官

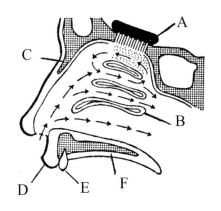

图46 在鼻腔中，只有鼻腔"顶部"黏膜中的一小部分（用点来表示的部分）才有嗅觉细胞。神经纤维在这里穿过蝶骨（A）。图中，B是外耳，C是鼻骨，D是上唇，E是上颌（F）中的门齿

人	500 万个嗅觉细胞
达克斯猎犬	1.25 亿个嗅觉细胞
猎狐狗	1.47 亿个嗅觉细胞
德国牧羊犬	2.2 亿个嗅觉细胞

根据数字对比，有人或许会很快得出结论：德国牧羊犬的嗅觉要比人类的好44倍。但事实并非如此。嗅觉仪的读数显示：狗的嗅觉其实比人类的好100万倍。因此，嗅觉灵敏的秘密不仅在于其嗅觉细胞数量巨大，更重要的是其独特的嗅觉工作方式。

我将试着用一个虚构的例子来解释这一点。动物和人类出汗时分泌的有气味的物质是丁酸。1克丁酸含有 7×10^{21} 个分子——那是一个会让想象力停滞的数字。如果这些丁酸分子在一栋10层办公大楼的所有房间里均匀地蒸发（当然，这只是想象而非现实！），那么，若有人将其鼻子伸进一扇打开的门，他刚好就能感觉到那种气味。但是，如果同样的1克丁酸被稀释到整个汉堡市上方100米的

空气层中，狗仍然会对该气味产生反应。

有了这样的鼻子，狗自然能做得出非凡之举。海关官员们会用受过专门训练的动物来嗅出咖啡、烟草和鸦片，甚至无须打开箱子它们就能做到这一点。对狗来说，只要在锁孔上嗅上一下就足够了；即使违禁品被装在密封的罐头里，狗照样能够嗅出来，因为那种泄露内情的气味会透过分子级的微孔渗透出来。圣伯纳犬因将人从雪崩现场中救出来而美名远扬：它们甚至可以透过厚厚的雪层闻到人类的气味，从而确定受害者所在的位置。

在荷兰和丹麦，狗被用来搜寻煤气泄漏的源头。那些受过训练的狗在闻到煤气的气味时会待在原地不动，并在管道破裂之处吠叫，尽管那个破裂处可能在破碎的路面之下几米深的地方。这些狗所做的工作比最现代和最敏感的气味测试仪器都更可靠。

关于狗的嗅觉，一个在非洲旅行过的人曾讲过这样一个非同寻常的故事：旅客已经在一家宾馆预订了房间，他的行李也已被带到他预订的房间，而当时，他在酒吧里喝了五六杯威士忌酒。当他正要去自己的房间时，一只巨大的纽芬兰犬从柜台后面走了出来，并跟在他脚后陪着他走过去。

他不记得他的房间号，甚至不知道该走哪条路。是在右边吗？那只令他害怕的狗向前跳了一大步，转过身来挡住了他的去路，并开始咆哮起来。它做得很对，因为那边挂了块"私人专用"的牌子。

因此，那个男人转身回走。哦，是的，现在他想起来了——是122号房间。他刚一打开房间，那只狗就抢先进入了房间，它走到行李箱旁，对着箱子嗅了一下，又嗅了一下那个旅客，然后再次嗅了一下箱子。做完这套规定动作后，那只狗毫不耽搁地小跑着离开了房间，一路上还不停地摇着自己的尾巴。

人们几乎不敢想象：如果那个行李箱的气味和那个男人的气味不相一致的话，那么会发生什么事情。当那个旅客问宾馆接待员宾馆里是否发生过偷窃事件时，接待员说：没有，至少在那只狗担任警戒工作后不曾有过。

但是，一只狗是如何做到像按照片认人一样准确地识别一个人的气味的呢？

如果一个外行人被要求猜一猜世界上有多少种不同的气味，他可能会说有几十种甚至几百种。用鼻子来评判的葡萄酒鉴赏家会把他所知道的葡萄酒品牌和酿造年份也考虑在内，照此来算，那么，气味的数量就会达到一个更高的数值。一个香水制造商曾计算过：一个真正的香水专家必须能分辨出至少 3 万种气味的细微差别。但是，如果一只狗会说人话，那么，它就会说：至少，世界上有多少人、狗、猫、鹿、兔子或其他能发出气味的动物，就有多少种气味。实际上，还有更多的气味。

没有两个动物的气味是完全相同的，甚至连双胞胎的气味都不是完全相同的。训练有素的跟踪犬也能将双胞胎区分出来。

那是因为动物的气味是由许多气味不同的脂肪酸混合而成的。对每个动物来说，根据其中各种成分的不同浓度以及各种成分的不同配比关系，由此而形成的脂肪酸混合物也就各不相同。每一个人都有其高度特化的气味，这种气味毫无疑问只属于他自己，正如每个人都有一张独一无二的脸。

那个养狗人和诺伊豪斯教授发现了一个令人不安的事实：在一条踪迹上的气味中，每种气味成分是以不同的速度在蒸发的。在短短几秒钟内，一个脚印的"气味图像"就会发生很大的变化；因此，狗需要沿着踪迹跑上 20 米左右才能闻到相对完整的气味，从而搞清楚它所要追踪的人、鹿或兔子的方向。

诺伊豪斯教授甚至设法将狗的嗅觉能力提高到了迄今所知的 3 倍。他给他的狗喂了约 1 克丁酸。2 小时后，这些狗的嗅觉能力已大大降低。但在第 4 或第 5 天，被喂食过丁酸的狗可嗅出含有丁酸的任何东西，其嗅觉能力达到了实验开始时的 3 倍。

对野狗和野狼来说，这种现象意义重大：野狗或野狼在吃了肉食和丁酸的 4 天后，它不能不再吃点东西了。正是在这个时候（在饿了 4 天之后），它的嗅觉能力提高到了极限值；正是这种最佳嗅觉能力，才使它得以识别并追踪差不多已经完全消失了的更早的猎物踪迹。

第二节 食物引诱剂

在 20 世纪 20 年代，一系列神秘的谋杀案震撼了美国。凶手常常将受害者与沉重的石头一起装入一个袋子，然后将袋子投入一个湖中。即使警方有关于哪个湖已被用来处置尸体的线索，他们也无可奈何。怎么才能在浑浊水体的凹凸不平的底部发现尸体呢？何况，根据法律，找不到尸体就不能确定谋杀。

后来，有一位老年印第安人表示愿意效力，条件是，在他用"魔法"使死者现身时，任何人都不许看他。每一次，他都只用几个小时就能找到尸体。那些有经验的犯罪学家都因此而感到惊讶。在那个印第安人声称的"魔法"中，在他的命令中到底有什么东西在听从他的指挥呢？

最后，侦探们发现了他们的竞争对手。下面是卡尔·P. 施密特（Karl P. Schmidt）和罗伯特·F. 英格（Robert F. Inger）[4] 所给出的报告。那个印第安人有一只鳄龟，他把它带到了湖上。在船上，他在那只鳄龟身上系了一条长长的线，然后将它从船上松开。此后，他会等上好一会儿；最后，他所做的只是让船跟随那根线，就像古希腊神话中的忒修斯跟随着阿里阿德涅（提供的帮心上人走出迷宫）的线。最终，他拉起了那只正在死死地咬住并食用那具尸体的鳄龟。

由此可见：在这类案件的侦破过程中，真正的侦探不是那个印第安人，而是那只嗅觉好得令人惊奇的鳄龟。作为"美洲内陆湖中的狗"，鳄龟会注意到水中的尸体；显然，鳄龟会朝着气味浓度更高的地方前进，直到发现了它可以以之为食的那具令人毛骨悚然的尸体。

在水下，嗅觉灵敏的鼻子要比眼睛管用得多。作为一种主要靠视觉来定向的动物，人类是很难想象这一点的。除了视觉外，我们只倾向于把耳朵看作与视觉几乎同等重要；而对其他感觉，我们都只看作可有可无的配饰。然而，在自然界，正是嗅觉这种在人看来几乎是多余的感觉起着如此重要的作用。许多动物没有眼睛也能凑合活着，但若没有鼻子则绝对无法活下去。

这一点首先适用于那些在水中视力非常有限的鱼类。在永恒黑暗的地下洞穴湖中，鱼会演变为盲鱼。这就是一个证明。

对鱼来说，嗅觉是如此基本而必需，以至于它们不仅能用鼻子来嗅，而且，显然也能用大面积的表皮来嗅。1965 年，英国伦敦大学玛丽·惠蒂尔（Mary Whitear）博士[5] 用电子显微镜观察了米诺鱼的皮肤。米诺鱼是一种小型（鲤科）淡水鱼，它们经常成群结队地在内陆湖中的船只停泊点周围游荡。在鳃盖、腹部和尾巴这些部位的皮肤中，惠蒂尔发现了纺锤形的神经细胞，米诺鱼很可能就是靠这种神经细胞来嗅的。

如果人也具有同样的能力，那么，他只需接触一下一个物体就能知道前一天他的熟人中的哪个人碰过这个物体。

在珊瑚礁中，海鳗和章鱼进行着常规的嗅觉战。塞维森的马克斯·普朗克行为生理学研究所的艾雷尼厄斯·艾伯尔-艾伯斯费尔特（Irenaus Eibl-Eibesfeldt）博士[6]报告如下："在黄昏时，海鳗离开了日常逗留之处，在黑暗的掩护下悄悄地靠近了猎物。海鳗主要是靠嗅觉来确定方向的。在海鳗的猎物中，章鱼的防御策略是适应海鳗的这一特点。在逃离时，章鱼会分泌一种液体，那种液体不是在白天时用来掩护自己的墨汁，而是一种能暂时将海鳗的嗅觉麻痹掉的神经化学物质。"

顺便说一句：被跟踪狗追赶的人可通过将豚鼠的尿倒在他的踪迹上来产生类似的效果，如果他碰巧方便这样做的话！

有些动物——海星很可能就是其中之一——甚至能透过坚固的泥土或沙土层嗅到其下或其中的东西。1961 年，S. L. 史密斯（S. L. Smith）博士[7]在华盛顿的太平洋海岸边观察到一起事件：一只约 25 厘米长的海星在海底沙滩上爬行，突然，它轻轻地转了向，返回它刚刚经过的一个地方，并开始挖掘。经过仔细而艰苦的工作，它挖出了一个直径约 70 厘米、中心处深约 10 厘米的洞。

任何曾经试过用双手在水下的沙地上挖一个洞的人都会赞赏海星所取得的成就。在错误的地方打洞无疑会对这一动物的身体状态

动物们的神奇感官

产生不幸的结果。但可以很保险地打个赌的是：它肯定会在那个坑的中心找到一只蛤蜊（见图47）。

海星中央盘上的吸盘紧紧地贴在蛤蜊的壳上。然后，海星用多条触手的支点将自己提升起来，接着，像拔出瓶塞般将蛤蜊从沙坑底部拉出来，并以一种非常奇怪的方式吞食它。海星借助触手的力量将蛤蜊的两扇壳分开，将自己的胃从身体中翻出来，并用胃盖住蛤蜊的柔软部分，以便在体外将蛤蜊肉消化掉。

英国牛津大学尼科·廷伯根（Niko Tinbergen）教授[8]关于红狐的嗅觉能力的报告听起来几乎是令人难以置信的。在英格兰坎伯兰郡的沙丘上，他观察到红狐是怎样杀死大量正在孵蛋的海鸥的，由于战利品数量过大，它只能吃掉其中的一小部分，然后将那些被它杀死的海鸥和海鸥蛋埋藏在沙中，以便供食物缺乏时食用。虽然人们大多以为狐狸是很聪明的，但实际上狐狸显然并未聪明到能记住这些藏物之所；因此，在以后需要被藏之物时，它得依靠鼻子才能

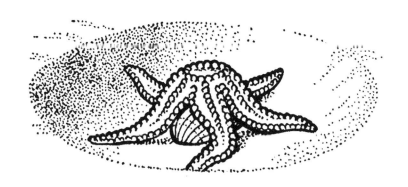

图47　海星在水下沙地上打洞

找出它们。当它经过离那些被埋在地下 10 厘米深处的海鸥约 3 米远的地方时，它就能确定被埋海鸥所在的准确位置。事实上，如果它碰巧经过距离埋在地下 5 厘米深处的海鸥蛋 50 厘米之内的地方，它也能嗅出那些蛋所在的位置。

然而，狐狸几乎总是错失在母兔外出寻找食物前被其埋在沙中的幼兔，这是因为幼兔的气味比蛋的气味淡。

直到 1961 年，专家们还在争论：像蚯蚓、线虫和昆虫的幼虫这些栖居在土壤中的动物是如何找到其所寄住的植物根部的。争论很激烈，其激烈程度就像人们对大多数现今仍然近乎完全无知的问题的争论。被认为正确的可能性最大的观点是：这些昆虫和蠕虫只是盲目地在地下挖洞，是找到食物还是被饿死全凭机遇而定。

但大自然绝不会玩捉迷藏游戏。1961 年，克林勒（Klingler）博士 [9] 终于成功地证明：在这一问题中，也是“鼻子”在创造小奇迹。例如，一种以藤根为食的吸食性昆虫的幼虫具有一种只对二氧化碳的气味有反应的特殊嗅觉。这种对我们人类来说似乎只是很弱的酸性气体是由植物的根部释放出来的，其数量相当大。在穿越土壤的整个过程中，这种气体几乎就像一座“气味的灯塔”一样影响着幼虫的运动方向。

与上述引路气味相反，许多植物会产生能使以叶为食的昆虫退避三舍的气味。这可能与另一个难以解决的问题有某种关系：人对蚊子的吸引力。在此，气味也起着关键作用。

众所周知：有些人很少或从来不会被蚊子叮咬，而另一些人则几乎每天晚上都会被蚊子叮咬（一般在夏季）。有时，这种现象会被人开玩笑地说成是由于被叮咬的人身上有甜味或酸味，但事实并非

　　　　　　　　　　　　　动物们的神奇感官

如此，因为蚊子得先叮咬一口才能品尝到血液的滋味。事实上，蚊子在飞行时总是会与跟它们不投缘的任何人保持一定距离。由此可见：对蚊子构成吸引力或排斥力的肯定是每个人的身体都以不同浓度拥有的气味物质中的某种成分。

如果我们能找出是什么在让这种害虫对身体不感兴趣的话，那么，我们就有可能制造出理想的驱蚊剂。的确，我们已经有一些防蚊剂了，如乳液、软膏、维生素 B_1 片等。但是，一旦人开始出汗，它们都会在很大程度上失去功效。

美国加利福尼亚大学的霍华德·I. 梅巴克（Howard I. Maibach）教授[10]曾用 1 000 个学生做过关于蚊子叮人的实验。结果，他在其中发现了一个特别的学生。这个学生曾经 17 次在实验室中被暴露在一群饥饿因而渴望吸血的蚊子面前，但他只被叮了 2 次；对于这样的人，我们很可能会羡慕。之后，他被送进一个蒸汽浴室，并一直待在那里，直到他出的汗水达到了约 1.6 升。

生物化学家们检验了这种汗液的成分，并将这些成分与那些在实验室里被群蚊叮咬的受试者的有气味物质的含量进行比较。也许由此可以找到决定一个人是否易被蚊子叮咬的关键物质。科学应该帮助人类摆脱蚊子的祸害。

1968 年 3 月，在加拿大的较新相关实验信息已可供查询时，有人用全新的方式对避蚊的方法进行了探索。为不列颠哥伦比亚研究委员会工作的动物学家 R. H. 赖特（R. H. Wright）博士[11]是第一个用特殊的风洞来探索这种嗜血昆虫接近目标的策略的。温度和湿度都可调节的空气流被吹进风洞，并在那里与适当的气味相混合。风洞中又被添加进一缕烟雾，以使空气的流动变得可见。向目标靠近的蚊子也被一束光线所跟踪，因而变得清晰可见，并且，它的行踪也可用摄影机来跟踪。

空气中二氧化碳浓度的略微升高——例如，由人类或其他恒温动物的呼吸引起的二氧化碳浓度的略微升高——就会对停在墙上的蚊子构成一种开始行动的信号。起初，这种小小的掠食者会在没有明确方向的情况下四处飞舞，它只不过是试图迎面飞向那股气流。

一旦蚊子进入一片有迹象表明其中的温度和湿度有相对提高的空气中，那么，它的或多或少是随机的运动就会发生变化。在这方面，蚊子会以惊人的灵敏度做出反应。它能感觉到仅 0.05℃的温差。蚊子还能感觉到很微弱的——弱到仅由动物身体自身的热量所引起的就足够了的——空气流动性。此前其他科学家频繁而密集地寻求的（被认为对蚊子有吸引力的）身体气味并没有（在吸引蚊子上）发挥作用。

这种嗡嗡叫的嗜血小动物在遇到来自自己的栖息地的温暖而潮湿的气流时，并不会改变自己的飞行路线。现在，它在正确的路线上。但一旦它意识到自己正在离开温暖而潮湿的区域，它就开始迎风飞行。一路上，它一直维持着之字形的技术性飞行动作，直到靠近人体裸露的或只盖着很薄的东西的部位；当它与人体的距离近到足以让它在视觉或触觉的引导下降落时，它就会在人体上着陆。因此，就像导航台发出的无线电信号使飞机按进场方向图降落到跑道上一样，是人体周围温暖而湿润的空气流在引导着蚊子降落在人体上。

气味只能起到驱蚊的作用。气味改变了蚊子的行为，使其离开而非接近潜在的受害者。当蚊子闻到"不愉快"的气味时，它的飞行程序就会发生如下变化：一旦注意到空气中的二氧化碳含量增加或只是闻到了令它反感的气味，停留在某个地方的蚊子就会开始飞行。它四处飞行，但与靠近行为相反的是，它会避免靠近比其他的空气更暖和或更潮湿的微弱空气流。这样，它就会使自己离不愉快气味的来源越来越远。

这种行为使赖特博士得出了一个重要结论：如果令蚊子反感的气味（无论其来源如何）的存在引发了蚊子的回避行为，那么，像在蚊子滋生的地区人们通常做的那样，用通常的喷雾式或溶液型驱蚊剂喷洒或覆盖在脸上和手上就是非常不必要的。根据赖特的看法，更有效也更令人愉快的方法是将驱蚊剂喷洒在卧室地板或布制品（尤其是袜子）上。

现在，人们有可能制作一个陷阱式捕蚊器。要制作这种捕蚊器，得设法仿造出一种能释放出含有二氧化碳的温暖而潮湿的空气的装置；不过，对蚊子来说，这个人体的仿制品得比人体本身更具有吸引力。赖特博士提出的制作方案是很简单的：一个其中有一根燃烧着的蜡烛且长度约60厘米的烟囱（可制造出二氧化碳和温暖的空气），其上有一个被其加热的盛有水的小容器（可增加空气湿度）。这种温暖、潮湿并富含二氧化碳的具有诱惑力的空气通过一块多孔聚苯乙烯泡沫板渗透出来。过了一段时间，房间里的所有蚊子都会落在烟囱的顶部，并不断地叮它。如果再在泡沫板顶部涂上一层蚊虫一接触就会中毒的毒药，那么，房间内的蚊虫骚扰问题就可以得到解决了。

第三节　姬蜂的探测杖

在《一九八四》这本书中，作者奥威尔忘记了重要的一点：老大哥（书中人物）的侦探式鼻子。我迄今对动物的嗅觉能力的描述将会使人们能够大致了解：如果通过对自然界的勤奋侦察，人类能够制造出可与狗、鳄龟或蚊子的嗅觉器官相媲美的嗅觉仪器的话，将会发生什么。与那时可能出现的间谍活动方法相比，隐蔽的监控摄像头和隐藏的窃听器就会显得好像只是孩子们的玩具一样。当然，到了那时，为了人类的利益，也会有多种对这个和其他发现加以应用的方式。实际上，这本书并非旨在列举一些离奇事物，而是要一窥有朝一日会以高度人为的方式介入我们的生活的感觉世界。

就像人用探测杆能探测出地下水那样，多种姬蜂能探寻出深藏在木头中的受害者。雌姬蜂具有这样一种特性："她们"会将自己的卵子放在其他昆虫（如毛毛虫、蜘蛛、蚂蚁）体内或身体上。奇怪的是，在寄存卵子时，有些种类的雌姬蜂专挑居住在树干部分坚实木头中3~5厘米深处的昆虫幼虫。从那些树干的外表上，人是看不出树干中有昆虫幼虫的丝毫迹象的，但姬蜂却能发现它们。

北美洲的姬蜂兴奋地在树干上来来回回、上上下下地爬着。突然，它停了一下，稍稍往回爬了一点，并稍稍地提高了一点儿它的位置，然后，迅速将它的产卵器推到了树中约8厘米深的地方。在大多数情况下，姬蜂的这一举动会正好使其产卵器击中隐藏在树内的昆虫幼虫（见图48）。

在生物学家中，首次揭示姬蜂的神秘探测方法的是美国昆虫学家、密歇根大学的哈罗德·希特沃勒（Harold Heatwole）教授[12—13]。

动物们的神奇感官

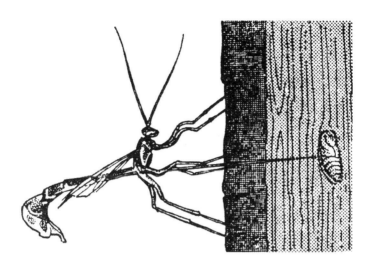

图48　姬蜂用其带有听音器和跟踪器的鼻子探测到深藏在树干深处的昆虫幼虫，用长长的产卵器击中它，并在其中产下了一个卵

当3种姬蜂之一中的一只雌姬蜂在树干中度过它的幼虫阶段，并正在设法从树干中出来时，（来自所有3种姬蜂的）那些具有交配意图的雄姬蜂已在"她"被预计将会出现的地方占据了位置；"他们"被雌姬蜂咀嚼木头的嘎吱嘎吱声所吸引。"在用扩音器来将这种声音放大后，"哈罗德·希特沃勒教授说，"它听起来就像是一个人在吃生胡萝卜时所发出的声音。"

　　不过，雄姬蜂有时会犯错误。希特沃勒教授观察到：那些等着追求雌姬蜂的雄姬蜂会面临一只甲虫（而非雌姬蜂）从木头中突围而出的情况，因此，它们不得不四处探听新的钻洞声。但若出现的确实是雌姬蜂，那么，那些"求婚者"首先就得搞清楚"她"到底属于3种互为近亲的姬蜂中的哪一种。它们用长长的触须触摸"她"

并嗅"她"身上的气味，在经过长时间的动物学评估后，只有与雌姬蜂同种的雄姬蜂才会与之交配。基于这一发现，这一点很可能是正确的：雌姬蜂是通过用听音器探测其目标幼虫在木头中产生的噪声来确定幼虫位置的。顺便说一句，姬蜂的耳朵长在它们的6只脚中的每一只脚上，这种耳朵是由对振动敏感的细胞构成的。

　　然而，虽然雄姬蜂在追求雌姬蜂时能承受得起犯错所带来的损害，但雌姬蜂在产卵时则承受不起犯错所带来的损害。只有将卵下到树蜂幼虫体内，雌姬蜂才能保证其后代的生命安全。如果误将卵下到了生活在树干中的别的昆虫（如长角甲虫）幼虫的体内，那么，它的作为寄生虫的后代要么被寄主动物的内部防御机制所杀死，要么使得寄主动物过早死亡从而跟着它一起死亡。

　　由于这种错误对姬蜂来说是致命的，因而，必须采取预防措施；在这种情况下，预防措施可能就是用脚上的"鼻子"来嗅。当身为母亲的雌姬蜂沿着树干爬行时，它会闻到树干下方动物的气味。也许，只有当它爬到它的卵将要寄生的正确的寄主动物上方时，它才会收到一种有特殊诱惑力的气味的提醒：来到对的地方了。这时，它才会用听音器来探测正确寄主的确切位置。

　　但对姬蜂的这种组合式检测方式，树蜂幼虫似乎拥有一种防御机制。一听到姬蜂在树干上钻孔所形成的噪声，它们就会停止蠕动并保持僵死般的静止不动姿势。希特沃勒教授认为：在这种情况下，姬蜂寻找寄生目标的准确性就会受到严重影响。

　　许多雌姬蜂会不走运地将卵下在已被另一只雌姬蜂下了卵的寄主动物中。大自然并没有为这种虫口过度繁殖提供必要的食物支撑的规划，所以，这种（在一只寄主动物身上下两个以上卵的）情况对寄生动物幼体来说通常都是致命的。在彼此争夺食物的激烈竞争中，最多只有一只幼虫能存活下来。因此，演化使得姬蜂家族中出现了能避免这种错误的新种类。例如，会对地中海面粉蛾（也称地中海粉螟）发动攻击的奥菲宁姬蜂[14]就能将未被寄生的寄主动物与已被寄生的寄主动物区分开来。这种姬蜂很可能是根据未被寄生的与已被寄生的寄主动物的不同气味来做出判断的。

这一发现使得医生们产生了用嗅觉来诊断疾病的想法，关于这一点，我将在稍后再说。

R. L. 杜特（R. L. Doutt）博士[15]证明：双色瘤姬蜂的嗅觉异常敏锐。这种姬蜂寄生在一种南非蛾的茧里。杜特博士为他要做的实验选择了双色瘤姬蜂以前从未见过的一种木头。在那块木头中，他打开了南非蛾的一个茧，而这种蛾也并不经常出现在这种木头中。一阵香气从打开了的茧中飘了出来，15 分钟后，一整群雌双色瘤姬蜂飞了过来，它们不仅停留在那个茧上，还停留在杜特博士的喷过香水的双手上。

我们日常吃面包时，真的可以对抑制着谷物象鼻虫（对人类最有害的昆虫之一）的米象金小蜂灵敏的鼻子大唱赞歌。在过去的几十年里，谷物象鼻虫这种甲虫从欧洲南部扩散到了全世界。谷物象鼻虫长 3~4 毫米，栖居在被人们储存起来的谷物中，会蛀蚀谷类并把卵下在小麦或黑麦粒上。然后，新生的谷物象鼻虫会以自己所栖身的谷粒为食，直到将谷粒吃成一个空壳；这时，它就长成了一只成年甲虫；接着，它就会继续吃它周围的谷粒。

如果不是因为米象金小蜂的存在，谷物象鼻虫就可以一直过着它们的美好生活。A. H. 卡舍夫（A. H. Kaschef）博士[16]测试了米象金小蜂这种谷物"保管员"的保管能力：在一个由 9.6 万粒完好的小麦构成的麦堆中，他混进了 118 粒被谷物象鼻虫吃过的小麦。结果，米象金小蜂将其中的 114 粒都挑了出来，未被它挑出来的只有 4 粒；而除了气味和有一个小洞外，这些麦粒与完好的麦粒并无什么不同，而且，它们被埋在那个麦堆中 33 厘米深的地方。

这可以被运用于各种气味控制分选机的工作模型中。

第四节　家的气味

弗里德里希·多贝克（Friedrich Dorbeck）博士 [17] 对东西伯利亚阿穆尔河中的鲑鱼迁徙情形的描述如下：

> 从海底深处升上来的鱼儿聚集成由数百、数千甚至数百万个个体组成的鱼群。起初，每条鱼都停留在靠近河岸或河床凹陷处水面平静的地方。聚集起来的鱼的数量一直在增加。现在，它们冒险进入了河流的中心，突然，它们成群结队地奋力向前推进。这时，河床变得拥挤不堪。没有什么能阻止它们前进。它们跳过 1 米多宽的沙滩以及漂浮在河里的树干。它们以侧卧姿势扭动着身体，拍打着河水，并翻滚着越过一道道激流。在更深的地方，它们停下来休息一会儿。在这些休息的地方，鱼群是如此拥挤，以至于看到的鲑鱼比水还要多。

大约在 1900 年，仅在远东北部地区，每年从海中迁徙到河中的鲑鱼估计就有 4 亿条。从那以后，罐头工厂就开始用水车将聚集在休息处的鲑鱼从河里捞出来。接踵而来的就是工业污水引起的河流污染，这一壮观的自然景观因而逐渐变得稀罕起来，特别是在欧洲。

那些鲑鱼是从哪里来的？它们这样疯狂地冲锋又到底是为了什么呢？

就有些种类的鲑鱼来说，当鲑鱼沿着溪流奋力逆流而上时，它们已经7岁了；而在7年前，当它们在清澈的山溪中刚刚孵化出来时，它们只是一种体长约2厘米的全身透明的小动物。（另一些种类的鲑鱼则是在2岁、3岁或5岁的时候就逆流迁徙了。）在其生命的最早的三四个月中，那些新生儿仍然是从自己母亲所提供的一种食物囊中获取食物的，那种食物囊是一种悬挂在成年雌鲑鱼腹部的红色卵黄袋；在食物稀缺的冬季，那些幼鲑鱼就得靠这个食物囊来度过冬天了。

一旦食物囊中的食物被吃完了，那些当时已长到5厘米长的小鲑鱼就必须靠自己从母亲挖出来的洞中爬出来，并与成千上万的兄弟姐妹一起在奔流的春水中觅食。而这条河很快就会将它们带入大海；在海里，一条鲑鱼会离开其他鲑鱼，走它自己的路，并独自踏上千里万里之遥的全球之旅。

7年之后，就像海上船运准时启动一样，其时已完全成年的鲑鱼再次出现在它们当年从之入海的河口。接着，一场狂热的马拉松比赛——一场与对手和死亡竞争的游泳比赛——开始了。

设在纳奈莫的加拿大渔业研究所的 J. R. 布雷特（J. R. Brett）博士[18]报告说：在加拿大西部河流中，这场艰难的比赛在从河口到河流上游1 000千米~2 000千米的范围内进行着。鲑鱼以分别为每小时4千米、每小时7千米的平均和最高速度奋力前进，它们日夜兼程,途中几乎没有停顿,也不进食,朝着目标连续奋进达两三个星期。

巨大的身体压力消耗了鲑鱼 96% 的身体脂肪和 53% 的蛋白质。鲑鱼的进食器官与消化器官萎缩到几乎消失,繁殖器官则大幅生长。鲑鱼失去了银色的光泽,首先变成了脏兮兮的黄色,最终变成了橄榄绿色。雄鲑鱼的嘴朝前伸展且前端弯曲,整张嘴变得像一把钳子。它们的脖子部位长出了一个不适合食用的丑陋的隆起物(见图 49)。鲑鱼的鳃盖变得硬而脆,呼吸功能越来越衰弱。

虽然身体状况很差,但只要一到达产卵地点,雄鲑鱼们就会相互

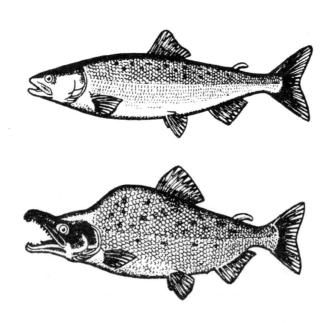

图 49　鲑鱼在逆流而上的过程中其外貌会发生令人震惊的变化。雌鲑鱼的背部(上图)会变成近乎一条直线,但雄鲑鱼(下图)则会变得像驼背一样

动物们的神奇感官

激烈地打斗起来。与此同时，雌鲑鱼们则会以轻快的动作在河岸边水面平静之处挖起约 25 厘米深的坑来，并在每个坑中产下约 2 000 个卵子。这时，在争斗中表现得最成功的雄鲑鱼就有最好的机会被雌鲑鱼挑选为给卵子授精者。产卵与受精完成不久之后，那些身为父母的鲑鱼就会双双死亡。

来自鲑鱼生活的这些事实或许会令人兴奋，但是，关于鲑鱼生活研究的真正轰动一时的成果直到 1939 年才开始出现；那一年，加拿大的 W. A. 克莱门茨（W. A. Clemens）博士 [19] 做了一个令人震惊的实验。在弗雷泽河的一条支流中，他给将要前往太平洋的 46.932 6 万条幼年鲑鱼做了标记。几年后，他凭这个标记捕获了 1.095 8 万条从海中返回到那条河里的鲑鱼。最令人惊讶的事情是，在任何一条其他支流中都没有发现哪怕是一条被做了标记的鲑鱼。

因此可知，这些鱼并不是简单地从海里洄游到随便哪条河里，并从那里进入某一条支流，以便在某个便利的地方产卵。在生命的最后几天中，它们不顾一切地努力只有一个目标：回到出生地。没有一条鲑鱼会在寻找自己老家的过程中迷失方向。

在获得这一发现之后不久，关于鲑鱼如何能设法从千里万里之外回到老家这一惊人壮举，一种最疯狂的猜测就流行开来了。有人在谈论中提到磁性或鲑鱼对第一个家的神秘感觉。在 20 世纪 50 年代末，动物学家们终于解决了这个问题。

1957 年，L.R. 唐纳森（L. R. Donaldson）博士和 G. H. 艾伦（G. H. Allen）博士 [20] 做了下述实验：从落基山脉的一条河流的水中捕获了成堆的新鲜鲑鱼卵，并用车将其运到数百千米外的另一个河流系统中的山溪里。在这种情况下，鲑鱼会将哪个地方看作自己的家乡呢？

是从远古时代起所有的祖先都在其中被孵化出来并死亡的山溪，还是在它们还是小动物的童年时代早期所记得的那个作为它们一生旅程的起点的地方？

结果清晰而明确。在海里生活了多年并已充分成年后，这些返乡者无一例外地奔向了科学家给异地运来的鱼卵所找的新的安置地，即鲑鱼的实际孵化地和童年生活地。这就是"鲑鱼有对最早的家园的神秘感觉"理论的终结。此外，鲑鱼又似乎完全记得多年前当自己还是微小的幼鱼时沿着反方向所游过的路线。这一发现肯定要比那个现在已被推翻的理论更加不可思议。

但是，我们怎么可能相信在鲑鱼那里发生了一种对河流及其"正确的支流"的理性认识？我们几乎无法假设鲑鱼保存了对水上或水下地形的感觉印象。凭着一个热情的动物学家的天赋，美国威斯康星大学的阿瑟·D. 哈斯勒（Arthur D. Hasler）[21] 提出了一个理论，该理论认为：鲑鱼是根据其出生的那条溪流的气味来确定游动方向的，就像狗追踪一条气味的踪迹一样，在逆流而上时，它们也追踪一条溪流所特有的气味踪迹。

米诺鱼和鳗鱼的例子已表明鱼是有嗅觉的（参见本章第二节"食物引诱剂"）。1957年，哈拉尔德·泰希曼（Harald Teichmann）博士[22]从鳗鱼的例子中证明了鱼类的嗅觉可以发达到什么程度。他在德国吉森大学所做的实验，其结果听起来几乎是令人难以置信的：如果一小滴合成玫瑰香精被58倍的博登湖（康斯坦茨湖）中的水所稀释，那么鳗鱼仍然能够辨认出这种香味。这种嗅觉能力甚至超过了很出色的追踪犬的嗅觉能力。

但是，不同河流的气味真的不一样吗？哈斯勒教授证明：集水区中植物的挥发性微粒给了河流以特定气味。在实验室中，他成功地训练了鲑鱼对各种河流的水样做出反应。

哈斯勒教授通过下述实验获得了对自己观点的最终确认。在美国华盛顿州伊瑟阔河的两条分支中，他捕获了 302 条返回的鲑鱼，并再次顺河而下将它们运回那条河的分岔处的下方。在那里，他用棉花塞堵塞了一半数量的鱼的鼻孔，然后，再一次将它们放入河中。那些鼻子未被堵塞的鲑鱼全都一致选择了它们上一次已游到过的同一条支流。但那些鼻子被堵塞因而不再能闻得到气味的鲑鱼则完全失去了方向。它们一直在或左或右，或前或后地兜着圈子，无法做出明确的方向选择。

这一现象让哈斯勒教授想到：或许，技术人员可开发出一种有气味的合成物质，借助这种物质，渔民们和养鱼者就可以将鲑鱼诱入自己所想要它们游入的河流支流、进入自己为它们选定的产卵场所。

目前，鲑鱼再也不会去一个曾有鲑鱼鱼苗被肉食动物、渔民、工厂排出的有毒废水、水坝等毁灭过的地方产卵；即使被毁灭的原因已不再存在，鲑鱼仍然不会去产卵。你可以捉一些已准备好产卵的鲑鱼并带它们去这样的地方，但这样做并没有什么用处。一种不可抗拒的本能阻止着它们在不再存在出生地气味的地方进行繁殖行为。一旦到了这样的地方，那么在尚未产卵的情况下，它们就会死亡。

但是，如果用一种合适的合成气味物质让鲑鱼鱼苗对繁殖场所留下深刻印象，那么，通过这种气味的引导，应该就可以让鲑鱼重新回到曾经被放弃的水域。特别是对鲑鱼几乎已经灭绝的那些德国河流来说，这样做应该是会有很大价值的。

第五节 爱的气味

一只雌蝴蝶孤身独处。"她"想要接近的最近的雄蝴蝶在 11 千米之外等待着一个迹象。"她"怎样才能让雄蝴蝶至少知道"她"的存在呢？这种情境听起来是无望实现的。

通过呼喊？那不可能：没有人的声音、更不用说蝴蝶的声音是否能传得那么远了。通过光信号？那也不可能：昆虫的小眼面只有在很短的距离内才能识别图像。通过发出香味？同样不可能：即使一只高水平的训练有素的追踪犬也只能跟踪一条踪迹，而不能隔着那么远的距离直接嗅出一个罪犯的气味。

当人在对其他动物进行判断时，他总是这么想——那不可能。但实际上可能性是很大的，因为雄蚕蛾的确会直接飞行几千米以找到雌蚕蛾。[*]有的蝴蝶的确会"叫喊"，它们会发出超声波；稍后，我再回过头来谈论这些问题。蝴蝶们也的确能嗅到彼此，诺贝尔奖获得者阿道夫·布特南特（Adolf Butenandt）[23]及其合作者 R. 贝克曼（R. Beckmann）博士、丹克沃特·施塔姆（Dankwart Stamm）博士和埃里克·赫克（Erich Hecker）博士[24]已经证明了这一点。

这当然很神奇。雌蝴蝶所拥有的"特定香水"几乎不到 0.01 毫克。在任何一个特定的时刻，只有非常微小的一个比例的香水会释放到空气，并在空气中进一步被稀释到超出我们想象的程度。这些不可思议的微弱的气味痕迹可在几千米乃至 10 千米左右的距离内唤起雄蝴蝶的活泼反应，并将它们引向气味的源头。

---

[*] 从该段前后的部分上下文来看，作者将蚕蛾看作一种蝴蝶。但按现行分类，蛾与蝶分属昆虫纲鳞翅目中的不同亚目：蝶类属锤角亚目，蛾类属异角亚目。——译者注

动物们的神奇感官

显然，只需要有少数气味分子不时地与雄蝴蝶的触须相碰撞。这种高度敏感的感受器看起来就像是一片棕榈叶，但实际上，它是蚕蛾神经系统突出于头外的部分。在这个棕榈叶形的感受器中，总共不下 4 万个多种类型的感觉神经细胞密集分布在一个很小的空间中（见图 50）。

　　但是，这些极少的气味分子在蚕蛾短暂的一生中对其进行了独裁式的控制。当它从蚕蛹中滑出来时，蚕蛾就开始了它的生命历程。起初，蚕蛾几乎一动不动，根本就不飞行，它待在一个有庇护的地方休息，显出一副懒洋洋的样子。[25]

　　蚕蛾有充分的理由这样做，因为在其整个生命过程中，它只能依靠空气和性生活。与其他许多种类的蝴蝶相比，它甚至不能吸收极小的一口食物或一滴饮料。当它离开茧时带在身上的脂肪形式的能量配给被消耗完时，它就会死亡。为了实现天生的功能，它必须

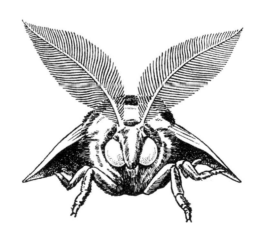

图 50　蚕蛾的棕榈叶式触须上有不下 4 万个感觉神经细胞

节约使用自己的力量。为了找到一只雌蝴蝶而随意飞行将会是对其力量的一种不可原谅的浪费。

因此，雄蝴蝶就在那里坐着，并耐心等待着，直到风将雌蛾的几个气味分子吹到它的触须上。这时，它就别无选择了。仿佛被一根不可见的细绳所牵引着一样，它在空中翱翔，不断地拍打着自己的翅膀，直到飞抵目标物所在的位置或没有力气再飞。

只是被雌性的几个气味分子所提醒的那只雄蚕蛾是如何找到远方的雌蚕蛾的呢？是什么技术使得蚕蛾这种小小的昆虫能取得比总是要依赖于踪迹的追踪犬还要大的嗅觉成就呢？

动物确定气味的来源有两种根本不同的方法。一种是渐进式方法，即在有气味的区域内沿着气味浓度逐渐增加的方向嗅探，直到找到气味的源头。如果动物觉得左鼻孔或左边触须感觉到的气味相对更强，那么，它就会朝左边移动，直到右边的气味浓度增强；反之则朝反方向移动。这样，它就会沿着波浪形线路越来越接近自己的目标。举例来说，蜜蜂就是这样沿着一条蜿蜒线路找到它们熟知其气味的花所在的地方的。如果蜜蜂的两根触须被十字交叉地绑起来，那么，它们就会朝着与气味来源相反的方向飞去。

对蚕蛾而言，这种定位技术不太有用。在距离雌蚕蛾几千米之外的地方，具有性吸引力的气味已经被稀释得非常稀薄，以至于只有少数几个气味分子在这里或那里飘浮着，而且，它们的分布是无序的，并不存在一个气味浓度渐变的梯度。因此，大自然才做出了另一个发明：气味仅仅刺激雄蚕蛾进入飞行状态，而后，雄蚕蛾的飞行就是由触须接头处迎着风的两个"风速计"来控制的。借助于这种方式，雄蚕蛾也通过迎风飞行来抵达目标物所在的地方。

为了使这一技术能尽可能地高效，还要有另一个特殊条件。当一只狗在树林中抬起它的鼻子时，鹿身体的一些气味分子无疑会进入它的嗅觉器官；同样，野兔、山鹬、家鼠和人类的一些气味分子也会进入它的嗅觉器官。但这些动物和人的特征性气味都是由数十种甚至数百种不同类型的气味分子混合而成的，所以，在很远的地方，对狗来说，它们都是不可识别的气味碎片。除非属于某种气味的各种类型的分子都进入狗的鼻子，否则，在面对它们时，狗也做不了什么事。

从很远的地方，雄蝴蝶就可以很容易地将雌蝴蝶的仅由一种分子构成的性引诱物质与其他气味区分开来。而在雄蝴蝶的触须上的其他嗅觉细胞中，有些细胞只对这种类型的分子起反应而不会对任何其他的气味物质起反应。在某种程度上，这种嗅觉细胞意味着某些动物拥有一种专嗅某种特定气味的特殊鼻子。这就是蝴蝶能嗅到比狗所能嗅到的远得多的地方的气味的原因，尽管这两种动物的嗅觉灵敏度其实是大致相同的。

无数的其他昆虫在嗅觉特性上其实是与蚕蛾相同或类似的。大多数其他种类昆虫的成员也通过气味信号来吸引它们的伙伴；这些昆虫包括（除蚕蛾以外的）其他种类的雌蝴蝶、从花油中提取其性引诱物质的雄熊蜂[26]、果蝇，以及像蟑螂、黄瓜甲虫和谷物象鼻虫这样的步行和爬行甲虫——这些昆虫只在特殊时段（一种是从晚上 11 点到凌晨 4 点，另一种是从凌晨 2 点到早晨 6 点）散发气味，以免向自己白天时的天敌透露自己的存在。即使是水虫，也会散发出气味。

马丁·林道尔教授[27]估计：昆虫世界中有大约 50 万种不同的性引诱气味；其中有许多气味是我们人类根本无法感觉到的，但有些性引诱物质，用我们人类的鼻子闻起来就像是菠萝、巧克力、柠檬油、麝香和多种花的气味。一种热带水虫所释放出来的气味像肉桂的气味。东南亚人会挤出这种水虫的腺体，并用这种气味物质来做米饭。1957 年，布特南特教授和他的同事塔姆（Tam）博士成功地确定了这种气味分子的结构，并用合成法制造了出来。现在，它已作为香料被卖到了亚洲。

几乎每一种昆虫的性引诱物质分子看起来都是不同的。

气味分子是同一物种的雌雄个体互相交配的关键因素。如果在气味上不相一致，那么，即使身体结构几乎相同，动物们也不会交配。因此，气味分子的性状可防止不同物种间的杂交。

这里有一个相关事例：果蝇是一种在果实腐烂或发酵的地方会大量出现的令人讨厌的微小动物，果蝇家族有 2 000 个不同的蝇种。显然，每种果蝇的性引诱物质的分子结构各自有所不同，因为不同种的果蝇不能容忍彼此的气味。但若将雌果蝇的触须截掉，那么，不同种的果蝇之间的屏障就立即消失了。这时，不同种的果蝇成员们就忘记了不久前它们还无法互相忍受，并无所禁忌地杂交起来。

但是，这一规则也有例外。例如，雌烟草天蛾的性气味就不仅会唤起它自己所属蛾种的雄蛾的性欲望，也会刺激起雄印度面粉蛾（印度谷螟）的性需求。在被雌烟草天蛾的气味吸引后，雄印度面粉蛾就会立即朝前者飞过去，并尝试与之交配；尽管基于纯粹的解剖结构上的原因，它的努力从一开始就是注定要失败的。在体形巨大的雌烟草天蛾面前，雄印度面粉蛾就显得只是侏儒了。在此，我们看到：大自然曾经在无意中两次创造了同一种性引诱物质。

南美丛林植物（花朵形似苍蝇的）苍蝇兰能进行最复杂的"气

味欺骗"。苍蝇兰会释放出一种与一种本地蝴蝶的性引诱物质几乎完全相同的气味，而且，其花的形状也有着雌蝴蝶身体的基本特征。那种本地雄蝶会迅速地因这一自然的花招而降落到苍蝇兰的花朵上，并热切地试图与花朵交配，从而不知不觉中给苍蝇兰授了花粉。[28]

除了纯粹的科学价值外，对性引诱物质的研究还具有重大现实意义。如果能用合成方法制造出害虫的性引诱物质并用其引诱害虫进入死亡陷阱从而除掉它们，那么，这种技术的应用前景将会是十分诱人的。

在不大量使用剧毒杀虫剂的情况下，昆虫是不会为这个世界中稳定增长的其他物口留下足够多的植物性食物的。为了解救价值要高出10倍的农产品，人类在化学品上花费了巨额资金。但与此同时，杀虫剂也开始变成了对鸟类、鱼类、野兽和人类的一种危害；当害虫逐渐对化学物质产生免疫力时，我们人类就会慢慢地被自己所生产和使用的农药所毒害。

我们所能用的唯一的、最后的办法就是，用合成的性引诱物质将我们从这种困境中解救出来。这种物质没有毒性并只对一种昆虫有害。此外，这种合成的性引诱物质只需使用相当少的剂量就足够了；而且，害虫还无法对之产生免疫力。

不幸的是，我们很难搞清楚它们的构成。我们首先必须知道它们的分子结构才能用合成法将它们生产出来。但是，如果通过挤压50万只昆虫的腹部腺体只能获得几毫克这种物质，那么，我们又如何才能检测出它的化学结构呢？

经过20年的实验和超凡努力并经历过许多次失望之后，两个科学家团队终于在1959年借助于最新的技术装置实现了这一壮举：在设在德国慕尼黑的马克斯·普朗克生物化学研究所中，阿道夫·布特南特教授[29]领导的一个研究小组成功地分析出了蚕蛾的性引诱物质的结构式，并在稍后就合成出了这种物质。几乎与此同时，在马里兰州贝茨维尔的美国农业部昆虫研究所中，马丁·雅各布森（Martin Jacobson）博士和莫顿·贝罗扎（Morton Beroza）博士[30]也在吉普赛蛾以及会对水果和森林中的树木产生巨大危害的毛毛虫的性引诱物质的结构分析和合成制造上取得了同样的成就。

令人惊讶的是：这些科学家们探寻已久的物质并不是具有神秘化学特性的复杂化合物，它们只是有着少量侧链的碳氢（烃）链。从图51中可以看出：这两种物质非常相似。当然，在合成过程中，链状分子内原子的准确的几何排列方式也需要精确地重现出来。如果原子（即使只是一个原子）的空间排列方式有误，那么，即使合成的气味物质具有与天然的性引诱物质相同的分子式，它对蝴蝶也不会有吸引力。

自1960年到本书撰写时，雅各布森博士[31]已经在美国的新英格兰地区设置了5万个吉普赛蛾陷阱，从而设法阻止了这种欧洲吉普赛蛾在美国东北部传播得更远。如果他在灭除这种害虫方面还没有获得完全成功，那是因为由并不完全纯粹的有气味分子所引起的轻微污染已经阻碍了完全纯粹的有气味分子的引诱效应。不幸的是：至少对吉普赛蛾来说，合成的性引诱物质需具有现在的技术尚难以达到的纯度才能具备良好的引诱效果。这是我们必须面对的一个事实。

想要以与科学家们用在蚕蛾和吉普赛蛾身上的完全相同的方式对每一种害虫的有气味物质进行化学分析是不可能的。然而，从已

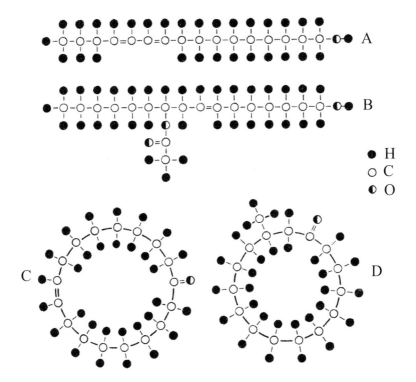

图 51　不同动物的性引诱物质的分子结构彼此很相似但仍有所不同。图中：A、B、C、D 分别表示的是蚕蛾、吉普赛蛾、麝猫、原麝的性引诱物质的分子结构；H= 氢，C= 碳，O= 氧

知的性引诱物质间的相似性来看，科学家们也有从另一个方向着手工作的想法：拼凑出相似类型的分子，而后，查看是否有某种或某些昆虫中的雄性会朝这种气味分子飞过去。

　　这一尝试从一开始就获得了意想不到的巨大成功。雅各布森博士就以这种巧妙而简便的方式发现了地中海果蝇的性引诱物质。这种已扩散到美国佛罗里达州的害虫已对佛罗里达半岛果园的存在构成了威胁。在两年内，通过性引诱物质和有毒杀虫剂的配合使用，这种果蝇已被彻底灭除。

科学家在地中海果蝇的性引诱物质分子中调换了几个原子的位置后，东方果蝇就对这种气味分子进行了响应。当时，这种果蝇正要对太平洋中马里亚纳群岛之一的罗塔岛上的种植园下毒手。现在，那里已经没有这种果蝇了。

1966年，夏威夷群岛也曾出现过一场反果蝇大战，但这场大战却无奈地失控了。到1972年，占主导地位的果蝇被灭除后，它所留下的生存空间被此前并不重要的其他种类果蝇——爆炸式蝇口扩张——所侵入并占据了。据估计，要灭除所有的果蝇，科学家们需要搞清楚约100种果蝇的性引诱物质。

第六节　麻刺性物质和警告性物质

米诺鱼喜欢吃自己的孩子，这种鱼缺乏大多数动物父母天生就有的不食子禁忌。但大自然却为这种鱼安排了另一种能阻止其自我毁灭的奇特行为方式。

冯·弗里希教授[32]观察到下述现象：在奥地利圣沃尔夫冈湖的某个地方，一群米诺鱼鱼苗正在游来游去；这时，一条成年米诺鱼突然出现了。那些幼小的米诺鱼并没有逃跑，因为它们并不害怕别的米诺鱼。但那条不堪忍受饥饿之苦的成年米诺鱼猛地咬住了一条小鱼。这时，一件非同寻常的事情发生了：刚刚逃开的所有小鱼儿都平静地待在原地，而那条同类相食的成年米诺鱼则立即表现出了惊慌性的恐惧，它急匆匆地逃跑了。

是那条成年米诺鱼在为自己的罪行而悔恨吗？这种拟人化的想

法当然是靠不住的。但在许多情况下，大自然已在动物的行为中预先设定了本能性的反应方式，以致依照这种本能性的反应方式而发生的动物行为实际上与人类的行为非常相似。

在大米诺鱼咬住小米诺鱼到自己逃跑的过程中所发生的事情实际上是这样的：在大米诺鱼用牙齿咬小米诺鱼的那一刻，被咬的小米诺鱼的皮肤上就会释放出一种具有麻刺效果的物质，并与水相混合。同种的鱼一闻到这种麻刺性物质就会产生一种不可抗拒的逃跑冲动。只有幼小的米诺鱼对这种物质没有什么感觉，因为米诺鱼要到 4~8 周大时才会形成对这种麻刺性物质的敏感性。

捕食者会被捕食者释放的麻刺性物质吓跑这一奇异特性，只是在鱼类中广泛存在的一种现象的附加效应，而这种现象其实是为了一个与此大不相同的目的而被"发明"出来的。根据沃尔夫冈·法伊弗（Wolfgant Pfeiffer）博士[33]的研究，麻刺性物质是在许多成群游泳的和平鱼种的皮肤内特殊的棒状细胞中产生的。这种物质原本是在鱼群中有鱼被捕食者吃掉时为了告诫鱼群其他所有成员远离危险区域而产生的。

因为少了一条鱼常常根本就不会引起鱼群其他成员的注意。那个捕食者会藏在石头和水草之中一动不动地等在那里，当有鱼从其嘴边游过时，它只需迅猛地一口咬住就是。如果不受麻刺性物质的阻碍，它就会一条接一条地将鱼群所有成员吞吃掉。

欧文·库尔泽（Erwin Kulzer）博士[34]描述过关于米诺鱼群的一个有趣的实验。一个实验者在一个湖里抓获了一条皮肤有轻微擦伤的米诺鱼，并将其放入一个充满水的果酱罐中。而后，那个实验者又将罐中的水（未连带那条受伤的鱼）倒回到湖中。这时，在那个鱼群其余的鱼中会发生什么事呢?

那些鱼立即开始猛咬,并通过它们的嘴和鳃裂吸入大量呼吸用水,从而也将它们的鼻沟冲洗干净。它们吸了一小会儿气,突然间,好像一道闪电正好击中了鱼群一样,鱼儿们吃了一惊。它们开始狂乱地四散开来,在以这种方式游了一段时间之后,它们要么消失在了隐蔽处,要么在湖底紧紧地挤在一起。几分钟之后,那些鱼又各自从隐蔽处冲了出来,并朝各个方向窜来窜去。连续几天,它们拒绝吃任何食物。

每种鱼都采用适合于自身的特定策略。如果在鱼缸里被同种鱼的创伤严重的皮肤所惊吓,那么,丁鲷(一种鲤科小鱼)和鲫鱼就会用鳍做剧烈运动,以便急速下潜至鱼缸底部;在开阔水域中,这种行为就会使它们消失在一片浑水中。鱼饵鱼(一种常被钓鱼者用作鱼饵的小鱼)和泥鳅会僵硬在原地,并在几分钟内一动不动;在此之后,它们的伪装色就使它们变得几乎不可见。直接生活在水面下的条纹鲃鱼则会在水面上聚集成密集的鱼群,四处飞窜,并猛地跃出水面,以试图逃离敌害。

值得注意的是:只有在皮肤受伤的情况下,鱼才会释放麻刺性物质。受到惊吓的鱼并不能以鸟类发出警报声的方式主动地释放这种物质。换言之:实际上,发出警报的鱼必须先死亡才能引起鱼群中的其他成员注意到已经出现的危险情形。因此,对那条鱼(除非它只是受了伤)本身来说,麻刺性物质其实是毫无用处的,这种物质对之真正有用的其实只是同种的其他成员:鱼类的这种行为可以说是大自然为了保护物种而做出的一种(对做出牺牲的个体来说)极端利他的安排!

动物们的神奇感官

奇怪的是，在鱼类世界中，大自然界发明麻刺性物质这样的事只出现过一次。7 000万年前，这种物质肯定是在作为现在所有鲤鱼、鲑鱼和鲇鱼的共祖的鱼种中演化出来的。这一结论是从这一事实中推断出来的：麻刺性物质只在鱼类中的一个目（介于纲与科之间的生物学分类层次）中才有；这个目就是骨鳔鱼目，它总共约有5 000个鱼种，在所有的淡水鱼中，它占了约2/3。*

非骨鳔鱼目的鱼虽然不具有麻刺性物质，但它们也会从中受益。这种鱼有：鳟鱼、河鳟、白鲑、棘鱼、梭鱼、鳗鱼。像鲱鱼、沙丁鱼和鲭鱼这样的咸水鱼也没有以有气味物质的形式发出的报警信号。这表明：我们不应该低估在演化过程中出现过的"发明"中机遇所起的作用。

大自然的这一发明在与鱼相差很大的多种动物身上也获得了成功。例如，蟾蜍的幼体——蝌蚪对同种动物释放的麻刺性物质也会产生强烈的反应。南美洲水蜗牛同样如此，一旦一只水蜗牛被水龟的颌撕成碎片，其余的水蜗牛就会以钻入污泥之中或爬出水面的方式开始大规模逃窜。

然而，蟾蜍蝌蚪的麻刺性物质对鲤鱼和其他可被气味吓跑的鱼类完全不起作用。但鲤鱼所释放的麻刺性物质则会使鲫鱼赶紧逃跑，使鲑鱼慢慢地逃跑；反之亦然。由此可见：麻刺性物质的专用性要比昆虫的性引诱物的专用性弱得多。一种动物所释放的麻刺性物质对其他物种的影响越弱，它们之间的亲缘关系就越远。由于这一规则非常精确而稳定地起着它的作用，F. 舒茨（F. Schutz）博士[35]得以

---

* 这是作者写作本书时的数据，随着生物学的发展，这一数目已有变化，此处保留原文。此类情况后文不再赘述。——编者注

凭之成功地确定了骨鳔鱼目中以前未被搞清楚的 5 000 种鱼之间的亲缘关系。但是，对这一规则，我们仍然缺乏解释，因为关于那些麻刺性物质的化学结构，我们还一无所知。

在逆流而上的路途中，鲑鱼会受到任何带有人类、熊、狗、海豹或海狮的气味的东西的警告——尽管不会被吓跑。如果这些鲑鱼猎手中有任何一种动物在浅水区中的某个地方等着，那么，向其靠近的鲑鱼就会将其气味看作一种警告性物质，并稍稍退避到一旁，而后尝试着从其他地方继续往上游游去。

与（由同类释放的）麻刺性物质不同的是，警告性物质是由敌对动物释放的，例如：鹿或瞪羚所嗅到的人类或狮子飘浮在空气中的气味。

许多非洲人把这一点看作狮子的智力的一种标志：就像人类中的猎手一样，狮子总是迎着风追逐猎物。但这种现象其实有一个更简单的解释：在非洲稀树草原上高高的草丛中穿行的狮子主要是靠鼻子来确定猎物的方位；由于狮子迎风追逐猎物，而气味只会顺风扩散，因而任何一只嗅到猎物的狮子都可以有把握地确定——被追逐的动物是不会嗅到它的气味的。

第七节　领域标志物质

在南美洲的亚马孙丛林中，当一个探险队发现一块被固定在一根杆子上的头骨时，探险队的所有成员都会意识到：这是好战的印第安部落所属领地的界石，凡是越界者都会引起他们强烈的敌意并被他们所"指控"。

作为倡导"回归自然"的人，法国哲学家卢梭曾错误地认为：人类通过圈占地产而远离了自然。在动物界，将某块土地标记为"（个体或群体）私有的"是一种常见现象；而且，在这种现象中也存在着若无视界线则会受到严厉惩罚的规则；既然这样，圈占土地就是一件再平常不过的事情。只是，动物们是用气味来标记出它们所占有的领地的。

让我们来看看雄獐的相关情况。在冬季，为了方便起见，它们会与同种的许多其他成员一起组成一个个獐群。但到了3月份的上半个月，雄獐们就会变得互不宽容。较年长的雄獐会试图支配较年轻的雄獐，直到每一只雄獐都各走各的路，雄獐们的冬季社群就这样分崩离析了。人们普遍以为，鹿在夏季也生活在鹿群中，但这种想法其实是错误的。除交配季节外，鹿是严格独居的动物；这种常被看作林地和平的优雅象征的动物实际上是其同种邻居的凶猛的敌"人"。

因此，在3月份，每只雄鹿都得努力占有尽可能大而有利的树木繁茂之地。在与鹿群一起四处游荡时，每只雄鹿就已经在进行必要的调查；雄鹿们特别重视茂密丛林或冷杉苗种植园的存在，因为在这种地方，它们就可找到避难所和不受打扰的休息地。同样重要的是：它们所占据的那片丛林应尽可能靠近那些有充足的草料可供的区域，即长满了草的林间空地或谷物生长地。

对最好的林地的征服涉及许多奇怪的荒诞战斗。它们的主要武器——尖尖的鹿角，在3月份尚未为战斗做好准备：这时的鹿角还很容易被磨损，并有着血液循环强烈的皮肤，所以，轻微的触碰就会造成剧烈的痛苦。因此，在这个时候，在未经战斗的情况下，每只鹿在冬季鹿群中为自己所争取来的权威仍获得了尊重。

正如德国动物学家罗尔夫·亨尼希（Rolf Hennig）[36—37] 所解释的那样：一座森林的某个特定部分中的鹿都彼此熟知，也都知道每只鹿所具有的等级地位。举例来说，如果一只地位较低的雄鹿进入一块一只地位较高的雄鹿已做了标记的林地，那么，后者只需将耳朵往后收拢并转过头来看一眼自己的对手；只需这一个动作，它立即就可以使那个冒犯者飞奔而逃。

因此，地位高的雄鹿一转头，地位低的雄鹿就会被赶出较理想的林地；之后，它们就不得不赶紧去占任何一块可占的领地。一旦一只雄鹿觉得它可以待在某个特定的区域中，它就立即开始用边界线来标记自己所声称拥有的领地。

虽然这个边界线不能用眼睛看到，但雄鹿明显可以用鼻子在灌木和乔木上嗅到相关气味。在雄鹿两角之间、前额上卷曲的额毛之下有一个气味腺。如果雄鹿小心地用气味腺对着树枝摩擦，那么，强烈的气味就会在树枝上停留好多个小时。

因为气味会逐渐挥发，所以雄鹿每天都要检查并重新标记边界线 3 次。为使边界标记做起来更容易也更快捷，雄鹿会以尽可能快的速度沿着安静的小路、林间空地和空旷场地做边界标记。在这种情况下，雄鹿不必像在茂密的树林中一样每隔 5 米就"放下一块界石"，但还是得每隔约 30 米"放下一块界石"。由于采用了这种简化的办法，雄鹿在一两分钟内就能完成约 100 米边界线的标记工作。

不得不生活在同一块林地里的雄鹿越多，鹿口密度越大，每一只雄鹿遇到竞争对手的概率就越高，它也就得越加频繁并越是小心

动物们的神奇感官

地划定边界线；同样，它所能保卫的领地面积也就变得越小。如果一只雄鹿死亡，那么，气味边界线很快就会蒸发，其邻居们就会将领土扩展到被遗弃的领地上，直到它们彼此相遇，然后又开始划定新的界线。因此，根据鹿口压力大小、个体地位以及地形特点的不同，一只雄鹿所占据的领地面积为 0.1 平方千米 ~1 平方千米。如果人的鼻子嗅觉更灵敏一些，那么在森林里，人就能嗅到比现在能嗅到的多得多的动物的领地边界（气味边界线）。成年雌鹿也是独居的。"她们"的领地边界与雄鹿的领地边界相交错，但这并不意味着在后来的交配季节中，相邻的雄鹿与雌鹿之间有什么事先约定。虽然受到护林人和动物看护人的严格保护，但据作者目前所知，关于雄鹿与雌鹿在各自的领地上的行为和边界划分情况的进一步细节，我们却还不得而知，尽管这听起来很荒谬。

用气味标记领地的动物还有用侧腹腺气味来标示的仓鼠[38]，用肛门腺分泌物来标示的貂和獾，将分泌物喷射到脚底以便通过脚的踩踏运动将气味沾染到边界线上的田鼠。棕熊会将背对着树和岩石边缘摩擦，对此，以前人们一直以为那是因为棕熊在遭受疥癣之苦；但现在我们知道，棕熊这样做并非因为皮肤疾病，而是要在地形中的突出点上标出自己的领地。通过摩擦，棕熊会在被摩擦的东西上留下有着强烈气味的油腻痕迹。其他棕熊如果忽视这些标记就会招致致命的危险。

野兔也曾被认为有疥癣这样的疾病，尽管人们应该已注意到这种动物用后腿抓挠的地方几乎总是它们的下巴。在仔细观察后，澳大利亚生物调研工作者们发现：兔子的下巴上既没有螨虫也没有跳蚤，但却有气味腺，当兔子巡查自己的领地的边界线时，它们的分泌物就被脚踩踏印到了地上。³⁹当兔口的密度非常高时,雄兔甚至会将有气味的物质涂擦在自己的雌性伴侣和幼崽们的身上,以便自己能够确定无误地将它们识别为自己的私有财产,而不会误将比邻而居的雌兔和幼兔看作自己的私产。

气味的另一个来源是粪便和尿液,它们也被许多其他动物用于同样的目的。即使是一个城镇居民,当他或她带着狗散步时,也会对此有所了解。所有树干、灯柱和屋角都被洒上了一点点尿液,这并非因为狗需要经常让自己"放松放松",而是因为在那些地点,狗正在为了一个不再能被识别的领地所有权标记而与大多看不见的竞争对手进行仪式化的气味对决。

我们不必带着河马去散步——这实在是一件值得庆幸的事!伯恩哈德·格茨梅克(Bernhard Grzimek)教授⁴⁰写道:

> 河马也拥有固定的领地,而且,它们的领地边界相当严格,绝对不能跨越,因为相邻的土地属于同种的其他动物。因此,与我们人类在海关边境线上的护照检查相比,它们的情况并没有好多少。河马用气味来标志着自己的领地(见图52),它们的具体做法是:雄河马用自己的短尾巴当推进器将自己的粪甩出几米远,并以朝后斜着喷射尿液的方式在自己的粪里加入尿液。小灌木丛或空地上就这样被撒上了粪便,对人类来说,河马的粪便并没有太令人不愉快的气味,但任何一只正在考虑换一块栖居地的陌生的河马都会立即知道:这是已经被其他河马所占据的地盘。如果它想要待在那里,那么这个入侵者就将不得不进行可怕的战斗。

动物们的神奇感官

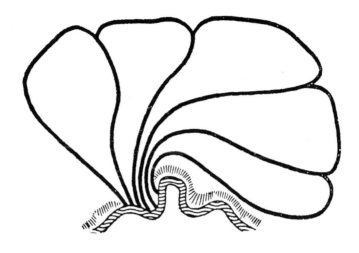

图52 刚果境内的一条河的岸上，一些河马所做的领地气味标记模式。由于河马这种体积庞大的动物无法从河岸的陡峭处通行，因而，它们与邻居之间互相允许对方使用一条通往水域的"走廊"

　　在不得不中断进食的情况下，斑鬣狗会在自己的猎物周围排出一些小块的粪，以便向后来到达那里的所有鬣狗表明：那是它找到的食物，因而所有权归它。狐狸们也用尿在树林里标记自己的领地。[41]雄狐还会以同样的方式在自己的雌性伴侣身上喷洒尿液，以防相邻的雄狐对这些雌狐有任何窥觊。树鼩鼱会事先准备好一小摊尿液，在其中来回行走一会，而后沿着自己的领地的边界线行进，直到耗尽脚上的"印花墨水"。然后，树鼩鼱又会从头开始，再来一遍。许多狐猴会事先将尿液洒入前掌中，并将之涂在脚底，而后开始巡逻并标记自己的边界。

　　家鼠[42]用"香水"喷洒法做标记的活动有时甚至会产生明显可见的标志石。家鼠也用标记来圈定它们各自的家庭在仓库、食物储藏室和地下室中所占有的区域。在家庭与家庭互相靠近也即互相交战的每个地方，都会立着一块状如粪堆的边界石。如果家鼠不怎么受到野鼠、猫或人类干扰的话，那么，不断地朝边界石撒尿会使该边界石变成奇形怪状、层层相叠的柱子，看起来就像是洞穴中的石笋，其高度能达到 5 厘米。

德国动物行为学家 P. 莱豪森（P. Leyhausen）和 R. 沃尔夫（R. Wolff）证实：在领地问题上，还存在着一个非常有趣的可能性，即同种动物在可供生存的空间中的分布不仅可以由刚性的地理界线来调控，也可以由有弹性的时间表来调控。根据康拉德·洛伦茨（Konrad Lorenz）教授[43] 的说法，这两位科学家已经发现：在那些在开阔的乡野地区过自由生活的家猫中，几只家猫可共用一个狩猎场而不会发生冲突——只要它们按明确的时间表来轮流使用它；这种做法就像德国部分地区的家庭主妇们按约定的时间表轮流使用其所在社区中的公用洗衣房一样。

猫会每隔一段时间就在其所在之处做下气味标记，以避免与别的猫发生非己所欲的碰面。其效果与铁路上旨在阻止两列火车相撞的阻拦信号完全相同。如果一只猫根据另一只它可准确判断其年龄的猫所发出的信号而出猎，那么，如果气味标记是新鲜的，这只猫就会犹豫或改变它的出猎路线；而如果气味标记是几小时前所做的，它就会镇定自若地追寻气味标记所在的路线。

第八节　信使物质

直到 1958 年左右，动物心理学家和生物化学家才开始对一个奇怪现象进行详细调查。生活在社群中的昆虫，如蚂蚁、白蚁、蜜蜂和黄蜂等，会分泌类似于激素的气味，以便互相交换信息（包括彼此间等级序列方面的信息）。一旦这种气味物质被周围的昆虫嗅到，它就会立即在昆虫"王国"的臣民中诱发发出这种气味的昆虫个体所要求的行为，甚至宿命般地改变它们在整个生命过程中的身体结构。

因此，这种气味不像常规的激素那样是在能产生它们的个体内部起作用的，而是从外部对那些嗅到它们的个体起作用的。它们能使得两个或更多的个体组成一个更高级的单位。尤根·马亥（Eugen Marais）曾谈起过"白蚁的灵魂"，这只会让事情变得更神秘；其他科学家也曾表现出一种倾向，即将昆虫的国度比作由数十亿只昆虫组成的"超级生物体"。信使物质的确起到了与我们体内的激素相类似的作用，它们应该有助于解开昆虫国度中存在的高度统一性是怎么来的这一巨大的谜题。

起初，这种从外部作用于同种其他成员的激素被称为外激素，但自 1959 年至本书撰写时，德国马堡大学生物化学家彼得·卡尔森（Peter Karlson）教授 [44] 和瑞士伯尔尼大学昆虫学家马丁·吕舍尔 [45] 已经用更具体的"信息素"这样的名称来指称它们。信息素包括前文已经讨论过的性引诱物。然而，这种气味物质的数量要比只是吸引性伴侣所需的多得多。

美国哈佛大学动物学教授爱德华·O. 威尔逊（Edward O. Wilson）[46] 在社会昆虫中发现了一种常规性的气味语言。他已经破译了一部显然由大量有气味物质构成的"词典"中的第一批词汇。他甚至怀疑蚂蚁的气味语言可能有着某种语法。考虑到他至本书成书时所发现的所有情况，这种可能性看来极有可能是事实。

在这一新的研究分支刚刚开始时，科学家们就已经认识到：动物的气味语言不只是因受媒介限制而产生的对声音与手势语言的一种原始替代品，而是一种功能多样、高度精巧且彼此间高度差异化的通信手段。单就蚂蚁而言，已被破译出的气味"词汇"就有十几种，而这为我们了解蚂蚁"王国"的社会组织方式开辟了新的途径。

在离蚁巢有一段距离的地方，如果一只美洲火蚁发现地面上有一只已死的蝴蝶，但那只蝴蝶太重，它自己无法独自搬运它，那么，它就会很快地回到巢中寻求帮助，并一路用气味标记返回时要走的路。那只蚂蚁会将刺从腹部伸展开来并压在气味腺上，使液态的有气味物质沿着刺的尖头细细地流淌，就像墨水沿着钢笔尖流淌一样（见图 53）。不过，蚂蚁所用的"墨水"不会在地面上画出连续的线条。原因在于：一方面，这样做太浪费；另一方面，穿过这条痕迹的蚂蚁将无法识别它们该沿着两个方向中的哪个走。这就是成功的觅食者会绘制阴影线的原因。阴影的每一部分的形状都像一个箭头，指向猎物所在的方向。当然，与人类用的路标不同的是，蚂蚁气味痕迹中的箭头并不是有意识地绘制的，而是由逐渐增强的压力和刺

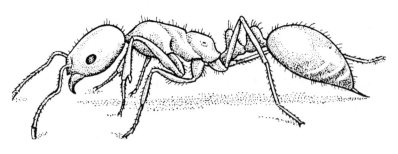

图 53　一只火蚁工蚁在用它的刺在地上"画"出一条气味痕迹

　　　　　　　　　　　　　　　　　　　　动物们的神奇感官

的突然上扬而形成的。但这才是更值得注意的：其他蚂蚁正确地理解了这种看不见而只能被嗅到的有气味的箭头。就像存在着天生的视觉识别模式一样（见第一章第八节"复眼"），显然也存在着天生的嗅觉识别模式。

从发丝那么细的痕迹线散发到空中的气味可吸引痕迹线两边最多相距 2 厘米范围内的其他蚂蚁。[47] 蚂蚁们首先直接奔向痕迹线，然后，精确地沿着气味标记线排成一行，直奔目标。然而，一只横穿火蚁痕迹线的红蚂蚁则会无所感觉地随意穿越它。每一种蚂蚁都有它自己的秘密的痕迹气味，这种气味是不能被其他陌生蚁种的成员所感知的。

火蚁的痕迹气味会在 2 分钟内蒸发掉。在这段时间中，火蚁最多只能爬行 40 厘米。因此，在某种意义上，它拖着一条永远都不会长于 40 厘米的气味"尾巴"。初看起来，这似乎是气味物质的一个巨大的技术缺陷，但实际上，它并不是一种缺陷。因为返巢的蚂蚁在试图使其痕迹线尽可能地保持平直。那些跟着它的探路者懂得这一点，它们不会让自己在到达气味蒸发的终点时感到困惑。在到达气味蒸发完的地方时，它们会继续沿着直线前行一小段路，因而也能到达目的地，除非路途实在过于遥远。此外，气味痕迹线也不一定要通达蚁巢内，它只需到达一条蚂蚁们经常走的路上，或到达有望在那里找到同一蚁丘的许多同居伙伴的周边地区。如果蚂蚁的气味痕迹持续时间更久，那么它实际上会是一个缺点。假如那条通往一只死蝴蝶的路上的痕迹气味能持续 1 小时，那么，就会有成千上万只蚂蚁持续不断地朝现场涌去，但实际上，只有第一批到来的蚂蚁才能找到自己想要的东西。

在此，自然以消耗最少的气味物质创造了一项集体行为经济合理化的奇迹：食物来源离下一个食物来源越远，食物体积越小，被食物发现者告知食物来源信息的工蚁数就越少。在每一种情况下，被告知食物来源信息的工蚁数量都只是为了搬运食物所必要的。

如果食物来源值得为之费时费力一番的话，那么通往食物来源的小路就会很快出现，一路上的气味标记则会持续不断地被无数蚂蚁所更新，并且，这种气味的浓度会高到足以引起大量蚂蚁的涌入。但一旦食物来源已被耗尽，那么，痕迹线上的气味就会消失掉，因为空手离开的蚂蚁不会在其身后留下更多的气味箭头。因此，由饥饿的蚂蚁构成的"溪流"就会立即干涸。

一个蚂蚁群落平均每天要消耗约 2 千克的昆虫——这是一个相当大的数量。为了在能量消耗不大于能量获得的前提下找到、猎取并收集到这些食物，蚂蚁有必要采取最精细的得失平衡策略。D. 伯奇（D. Botsch）博士[48] 曾把所有影响因素都纳入数学关系中，用数学方法对大自然的聪明才智进行了查验。他的计算结果是：蚂蚁能够以最经济的方式从事它们的工作，甚至连计算机也无法为它们设计出比它们所采用的更好的工作程序。

可怕的非洲行军蚁和南美行军蚁（这种蚁军在大地上漫游，以小到蚜虫大到蟒蛇的任何来不及逃走的东西为食）显然有复杂的气味通信网络。现在已经搞清楚的是，负责侦察工作的先锋蚁会留下一条气味踪迹线；据推测，蚁军主体会根据收到的气味信息来决定自己是否要等待、前进、包围猎物或进行其他行动。

在切叶蚁的地洞里，有通向地下蘑菇园的气味踪迹线，那些由工蚁们巧妙地"人工"培植出来的蘑菇是切叶蚁的主要食物来源。由于被不断地使用，这种有气味的"阿里阿德涅之线"成了一种可持续被使用几个月的设施。它们为蚁国的每个饥饿的"公民"指引着通往餐厅的道路。有着数百个隧道的迷宫内部的气味标记看来通常是一种路标，它们向"蚁民"们指示着哪一条是通向蚁后所在之处、通往繁殖群、通往外部世界的路。但在这个领域，我们还需要做许多的研究工作。

在蚂蚁群落中，气味物质也被用来发出警报。这些信息素在人闻起来是气味温和并令人愉快的，但它们却能激起大群蚂蚁立即采取激烈行动。但是，如果仅有一只蚂蚁受到攻击（如受到食肉甲虫的攻击），那么，因这点小事而扰动整个蚁群的做法并不可取。因此，威尔逊教授发现的蚁群的警报系统是以下述方式工作的：兴奋的蚂蚁会发出一种特殊的警报气味。有些种类的蚂蚁只是从某个腺体分泌出这种气味，并让其在身体表面蒸发。中欧的黑蚂蚁则低下头，将腹部陡直地朝上突出；液态的气味物质从腹部最高点冒出来并向四周扩散，从而起到警报效果。其他蚂蚁（黄蜂也一样）会将腹部朝前拱起到头部的下方，而后将警报物质准确地喷射到敌害身上，由此给敌害打上气味烙印。

警报气味均匀地向各个方向扩散。在距离警报发出者（或被打上气味烙印的敌害）4~5厘米的地方，因为信息素得到了很好的稀释，所以外层的气味只起到引起注意的信号的作用，并使所有在这一范围内的蚂蚁都奔向气味源。当蚂蚁进入距离警报气味源2.5厘米以内的地方时，它们才进入一个气味浓度很高的中心区域，并感受到该区域所释放的狂暴的警报气味；在这种高浓度警报气味的作用下，它们会释放出自己的警报物质，并变得具有高度的攻击性。

由此，小的局部骚乱也可在本地被很好地清除。与此同时，蚂蚁的奔跑速度、各层气味的传播速度以及气味的蒸发速度都能彼此很好地协调一致，并与蚂蚁的嗅觉阈值相匹配，因而，在预留一定保险系数的条件下，战斗部队的动员规模总是控制在克敌所需的范围之内。

尽管警报物质会使蚁巢内的蚂蚁产生攻击行为，但在蚁巢外面，这种物质则会让每一只嗅到它的蚂蚁开始逃跑。其他的信息素会刺激蚂蚁外出觅食、加大蚁巢的尺寸、给蚁后喂食、照顾雏蚁、清理同伴的身体、给某个乞讨者食物等。

已经死掉的蚂蚁仍然会产生一种非常重要的信息素。一只刚死亡的工蚁（其年龄可能会达到 10 岁）会得到其他工蚁的照顾，就像它仍然活着一样。它的一动不动和身体扭曲的样子并没有让其他蚂蚁对它别样相待，因为在冬季僵硬期，所有的蚂蚁都会发生这种情况。但在过了一两天之后，一种特殊的信息素就在尸体腐烂的过程中形成了；这种信息素会让活着的蚂蚁产生葬礼反应，它们会把那具尸体搬运到蚁巢外面的垃圾堆中。

当威尔逊教授将这种信息素喷洒在活着的工蚁身上时，它们也会被其他蚂蚁搬到那个墓地，尽管在一路上它们进行了勇敢的抵抗。它们会在墓地集合起来，赶回蚁巢，但又会立即被其他蚂蚁再次搬走。这种来来回回的"拉锯战"大约要重复 30 次，直到死亡的气味从它们身体上消失掉，这一过程才会终止。

威尔逊教授还发现了这样的迹象：蚂蚁可将各种气味物质混合成一种混合物，从而获得比其体内气味腺数量更多的信号词汇。蚂蚁们或许也能用不同的脉冲序列发送信息素，并通过改变它们的强度来修改它们，从而创造出一种代码。在这种情况下，至少，蚂蚁

动物们的神奇感官

的气味语言中存在着某种语法的可能性是存在的（见图54）。

　　另一种可能性是气味信号与声音信号的结合。许多蚂蚁通过将身体中的某个节片对着腹部一些类似搓衣板的特殊凹槽摩擦来发出吱吱嘎嘎的声音。它们还会用下颌骨发出噼噼啪啪的声音，并将头部对着石头做有节奏的敲击动作。加利福尼亚白蚁[49]会用头撞击白蚁巢顶部。在出现来自外界的骚扰或攻击时，它们就会用这种警告信号诱导同伴撤退到白蚁巢的深处。为了避免使这种警告信号与偶然的敲击声相混淆，白蚁会使用一种声音编码，即在每两个或三个彼此相继的敲击声中插入一个短暂的停顿（就像人类有意造成的中间有停顿并有节奏的敲门声一样）。

　　我们暂时还不了解蚂蚁和白蚁的声音的意义，但是，随着对它们的词汇含义的破译，我们大概会为它们的社会组织中存在的许多神秘现象、昆虫群落成员们的许多令人困惑的能力和行为模式找到令人惊讶的解释。

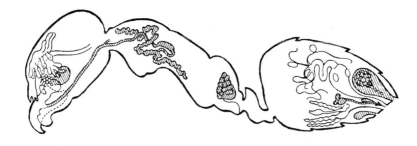

图54　蚂蚁所用的气味语言的"词汇"包含在几个气味腺中（图中用阴影表示的部分），气味腺产生各种信息素。每一种气味都有特定的信号含义。威尔逊教授认为，就像人类语言中的组词造句现象一样，蚂蚁们可能也会用两种或更多种气味的组合来传达某种不同的含义

第九节　改变身体结构的气味物质

一个受到敌人威胁的国家可能会以两种方式迎来它的厄运：如果没有足够数量的军人，那么国家就会在敌人的攻击下屈服；而如果军人太多，那么其经济就会被大量的非生产性成员所压垮。

白蚁王国也必须用军队来对抗肉食性蚂蚁从而保护自己。对它们来说，至关重要的事情也是：它们的不能自食其力的军队规模既不能太小也不能太大。白蚁王国是如何使它们的兵蚁招募规模恰好与它们的经济条件相适应的？大自然设计了一种在效果上类似于人类的思想的调节机制。

总的说来，白蚁中的所有工蚁都是潜在的兵蚁。[50—51] 若没有用来保持"社会"平衡的措施，那么白蚁王国就会崩溃。这就是兵蚁们会不断分泌一种被称为"小矮人"的特殊气味物质的原因，该气味物质对年轻一代的发育有着深远影响。只要该气味浓度超过一定阈值，幼虫的生长腺就会萎缩，它们就只会成为小巧而温和的工蚁，而不是成为有着巨大而吓人的钳子的可怕的巨"人"。但是，如果白蚁军队在与蚂蚁的战斗中遭受了严重损失，那么，白蚁群落中的兵蚁们分泌的"小矮人"气味的缺乏就会很快使许多矮小的工蚁变成体形巨大的兵蚁，而这些工蚁变成的兵蚁的数量正好能填补当时白蚁军队兵员的缺口。

由此可见：在白蚁王国中，蚁口普查工作总是持续不断地进行着。普查结果显示在蚁丘内气味物质的浓度上，它能够表明白蚁群中的兵蚁是太多还是太少。根据兵白蚁太多还是太少的情况，就会有较少或较多的新兵蚁成长起来。因此，白蚁军队的规模总是在经

动物们的神奇感官

济上最优的水平上下不断地波动。在演化的过程中，大自然已经确定了这个最优水平的具体数值，并通过协调白蚁个体的气味物质的分泌、蚁丘内空气中气味的稀释及生长腺对气味影响的敏感性，设定了相应的调控措施。

与其他实行社会等级制度（种姓制度）的国家一样，白蚁王国的"就业管理机构"也是以类似的方式运作的。

首先，研究者们相信：气味物质应该是同食物一起被白蚁们吃掉，然后才像激素一样发挥作用，并且会绕过神经系统直接控制蚁体发育，由此控制发育中的白蚁的大小、形状及其在生活中的功能。然而，1961 年，法国女科学家 J. 佩因（J. Pain）[52] 却发现了一些与此完全不同的东西，至少在蜜蜂中是这样。

在蜜蜂王国中，蜂王单独成为一个"种姓"或等级。因此，"她"通过下颌腺分泌的蜂王物质来阻止任何对手朝蜂王的方向生长。这种气味物质抑制了所有工蜂的卵巢发育，也会抑制蚂蚁、苍蝇和白蚁的卵巢发育，甚至会杀死蚊子。[53] 因此，在蜂巢中，它也可用作控制害虫的手段。

蜂王物质比任何人造的杀虫剂都更有优势，因为只需工蜂用触须闻到这种气味就足以抑制其卵巢发育。其他的一切都是通过神经系统的活动自动进行的。想象一下：如果通过不断嗅到某种香水的气味，人就会永远保持童颜且一辈子都不会发育成熟，那会是什么情形。

迁徙的蝗虫的信息素也可作为能改变身体结构的魔法香水。通常，这种能让许多国家陷入危机的昆虫的成员只是一些在这里或那里跳来跳去的无害小蚱蜢，不会表现出任何险恶的意图。

但是，突然之间，大规模的入侵就发生了。C. B. 威廉姆斯（C. B. Williams）教授[54] 是英国洛桑（Rothamsted）实验站的昆虫学家。他曾经在东非观察到过一个约有 100 亿只棕灰色飞虫的蝗虫群。那些蝗虫的翼展达 15 厘米。这个厚度超过 30 米、宽度达 2 千米的巨大的蝗虫群将太阳都遮住了。即使威廉姆斯教授设法每分钟摧毁 100 万只蝗虫，他也要七天七夜才能抵挡住这场入侵。当那块土地上的植物像被大火烧了一样被蝗虫吃得精光时，他不得不无奈地看着它。

　　那些通常令人难以察觉的蚱蜢是如何变成毁灭性如此强的蝗虫群的呢？这是由一种会导致紧密团结的气味所引起的。但是，由于这种信息素在开阔地带非常不稳定，所以它只能在昆虫之间相距 3~5 厘米的范围内起作用。在达到临界虫口密度前，什么事都不会发生，因为并非所有的相关条件都已具备。首先，气候与可供食用的食物的数量必须有利于蝗口数量的增加。其次，蝗虫们经常会被风吹走。在热带和亚热带的某些地区，南风与北风会互相冲突；在这种地方，仍然无害的蝗虫们在街角的旋风中被吹得像纸片一样随风飘荡。

　　这时，它们似乎有一个默契：树木和其他突出于地面的地标是它们的聚会点。因此，蝗虫们就会在这些地方逐渐聚集起来。信息素起作用所要求的临界距离就这样达到了，这时，蝗虫群中发生的事情与白蚁王国中兵蚁的自我限制完全相反：更多的蝗虫聚在一起，它们的繁殖力变得更加旺盛。在这种聚集地产生的第一代代表了一种过渡形式。在短到在沙漠地区通常没人注意到它们的时间内，规模大到令人难以想象的蝗口爆炸发生了。这时，在这种聚集地产生的第二代的蝗虫长成了与其祖父母一代不再有任何相似之处的长翅型的大型蝗虫。它们变成了迁徙性的昆虫。

在能飞行之前，蝗虫幼虫就形成了帮队。大量的蝗虫陷入了紧张不安的行动欲望中。分散的帮队互相融合成了一支军队。小蝗虫群的跳跃像波浪一样传遍了整个大蝗虫群，使得其他小蝗虫群也纷纷效仿。正如阿道夫·瑞曼（Adolf Remane）教授[55]所指出的那样：由此产生的均匀的运动节奏最终会在整个蝗虫群中导致一种朝着某个固定方向的强制性行军。

随后发生的事情被法国昆虫学家里米·肖万[56]在科西嘉岛上观察到了。数十亿只还不会飞行的迁徙性蝗虫组成了一支少年蝗虫大军，它们日复一日地坚持着同样的方向，进行着一路狼吞虎咽的越野行军。当蝗虫群来到陡到无法攀越的悬崖峭壁面前时，走在前面的那些蝗虫挤作一团，而大部队中的其余蝗虫仍然在不可遏制地向前挤压，由此形成一个由蝗虫的肉身叠成的坡道，所有其他的蝗虫都可以通过这个坡道越过障碍物。在遇到小水域时，蝗虫们也会以同样的方式构成肉身的桥梁。人们为了阻止蝗虫入侵而点燃的火焰被蝗虫的"先锋队员们"烧焦的尸体所扑灭，由此，火场形成了一个缺口，使所有后来的蝗虫们得以通过它继续前进。只是因为一种微妙的气味作怪，这种原本微不足道的昆虫就变成了一种大得可怕的力量。

在蝗虫这里，一种气味触发了蝗口爆炸；而在其他动物中，社会性气味物质则能防止物口过剩。

如果一只较大的蝌蚪被放在一个其中已经有一群小蝌蚪的水族箱里，那么，在那些小蝌蚪中，就会突然出现一种奇怪而致命的丧失食欲的现象。[57]虽然水族箱中有大量食物，但它们却突然停止进食，并且很快就死亡了。同样的事情也会在没有大蝌蚪的情况下发生：如果将一些大蝌蚪曾经在其中游动过的水倒入一些小蝌蚪所在的水族箱中，那么，那些小蝌蚪同样会厌食而死。由此可见：小蝌蚪厌食而死的现象肯定是由大蝌蚪产生的一种分泌物引起的；正是凭借着这种分泌物，大自然赋予了早出生者一种特权，即早出生者相对于后出生者的生存优先权。

就像白蚁兵蚁的"小矮人"气味一样，抑制性物质的分泌、这种物质被水所稀释和蝌蚪的敏感性彼此精密地协调，以至于产生了这种效果：在正常情况下，在一个水塘里从来不会出现比其中的食物所能养活的更多的青蛙。在这里，蛙口爆炸的危险被那种气味物质"消除"了。在这种情况下，人们几乎可以说，那是一种生理层面上的"天意"，因为在此，引发蛙口调控现象的并非蛙中当下存在的饥饿现实，而是未来将会出现的饥荒对蛙群生存的威胁。

这是一种非同寻常的现象。在过去，由饥饿、食肉动物、疾病和自然力（风、雷、雨等）所导致的死亡被视作维持自然平衡的仅有的调节因素。但其实这些只是次要的因素，在某些情况下，甚至只是偶然或不必要的因素。奇怪的是，在过去，动物数量的自我限制并未被看作防止物口过剩的决定因素；直到1962年，这种情况才得以改变，在那一年，避孕药第一次与其他节育措施一起在人口控制活动中崭露头角。

除了有避孕效果的气味及社会行为中精神压力和行为退化所产生的影响外，自然的物口控制措施包括下面提到的所有措施：从简单的生育节制、依据"名额限制"（物口控制原则）将多余的成员排除在繁殖事务之外、生存空间的瓜分、生长的抑制，直到同类相食。英国苏格兰动物学家、阿伯丁大学教授V. C.威恩-爱德华兹（V C.

Wynne-Edwards）[58] 认为：这一切都是广泛存在的自然法则。他也因为是世界上承认这一点的第一人而闻名于世。

在这方面，我将只论及气味物质在动物控制物口密度方面所起的作用。面粉甲虫就是一个令人印象非常深刻的恰当的例子。这种在全世界的面粉店铺里都有的令人厌恶的害虫繁殖速度很快。一旦虫口密度高于两只甲虫对一克面粉的比例，雌面粉甲虫就会立即吞下自己所产的卵。面粉甲虫的粪便中含有气味物质，这种气味物质在降低面粉店铺中所有面粉甲虫的繁殖力上具有累积效应。这也延长了幼虫发育成甲虫的时间，随着气味浓度的提高，雌面粉甲虫吃掉自己所产的卵的现象就会被触发。

自1955年以来，荷兰科学家S.范德·李（S. van der Lee）和L. M. 布特（L.M. Boot）做了许多关于家鼠信息素的嗅觉实验。他们发现：往一个圈养区中放入的雌家鼠越多，这些雌家鼠就会变得越来越没有生育能力。假怀孕案例会不断增多，直到月经周期完全被阻断。这种生育抑制现象可通过三种方法来消除：其一，手术切除气味腺；其二，将家鼠转移到彼此相距很远的一个个笼子中；其三，雄鼠与雌鼠混养。

然而，关于雄家鼠的气味，还存在着一些未解决的难题。英国伦敦国立医学研究所的海伦·布鲁斯（Helen Bruce）博士[59] 发现：只有当雄家鼠是雌家鼠的配偶时，雄家鼠的气味才能消除雌家鼠生育能力被抑制的状况。如果将一只陌生的雄家鼠放入一只已怀孕的雌家鼠的笼子里，那么，雄家鼠的气味就会导致这只雌家鼠已开始的胚胎发育被中断。父母间的不忠诚对家鼠胚胎来说是致命的。但配偶间的不忠也是一种退化的征兆，它总是出现在物口过剩的时候。

第十节　人造鼻子

没有一个实验者知道实验中将要出现的被试者是谁，除非被试者以前就在那里。他被放在一个担架上带到实验室中，并被蒙了面且戴上了头巾。他被推进一个长 1.8 米的横放着的大玻璃瓶中。在瓶盖被拧紧后，瓶中出现了嗡嗡声。一台通风机对着他吹风，使得他闻不到任何气味；而在瓶子的另一端，被人体的分泌物所污染的空气则被吸走并传送到一个"人造鼻子"——一台气相色谱仪——的面前。

大约半小时后，那台仪器将人体的气味分成了 24 个不同的部分，并确定了其中的每种气味物质的含量。现在，这个气味感受器可被用作一种个体识别标记，就像指纹或照片所起的标记作用一样。实验者们查看了气味分析数据，并将其与人们以前留下的气味分析记录相比对，而后很快就得出了结论：那个被"人造鼻子"嗅过的人只能是彼得·摩根先生。

在 1965 年秋天做了第一次实验之后，这一人造气味感受器的发明者安德鲁·德拉维尼克（Andrew Dravniek）博士[60]对它寄予厚望。他相信：美国芝加哥的伊利诺伊理工大学实验室很快就会推出这一机器的改进版。到时，警方就会有一种可供使用的手段，即依据窃贼在密闭房间里留下的气味"名片"从一些嫌疑者中找出真正的罪犯。由于有血缘关系的人有着相似的体味，因而，亲子鉴定也可由嗅探机来进行。

德拉维尼克博士认为：如果每一种疾病都伴随着特有的人体分泌物，那么，对病人的气味进行分析将可以提供一种可靠的早期诊断；因此，嗅探机在医疗中的应用将具有无法估量的优势。在另一个领域中，一艘猎潜艇可根据敌艇尾波中的回水气味来设定航向，这样，猎潜艇就能像雄抹香鲸跟踪雌抹香鲸的气味一样跟踪敌舰。

显然，人类嗅觉能力的人为改进具有革命性的重大意义；在此基础上，各种实际应用就很容易设想了。但同样清楚的是：人类技术在解决开发这种人造鼻子所涉及的问题上仍然十分笨拙。一只狗用其鼻子或一只蚊子用其触须在一秒钟内就可完成的事，一台嗅探机需要花上半小时才能完成；相对来说，嗅探机实在是一种过于耗时费力的昂贵设备。

嗅探机的工作原理与我们人类的嗅觉过程大不相同。人类迄今所使用的其他"电子跟踪狗"也是按"非自然的"原理工作的。自动气体探测仪可对燃料库、医院、矿场和船舱等地方冒出来的危险气体、水蒸气和烟雾发出警告，这种仪器吸入位于一盏紫外灯和一块光电池之间的空气；一旦感知到接收到的光线的强度变化，它就会发出警报。

大自然其实用了其他更好的方式，只是我们还不知道。塞维森的马克斯·普朗克行为生理学研究所所长迪特里希·施奈德（Dietrich Schneider）教授[61]这样描述目前的情况："迄今，我们只知道产生刺激的物质和我们的感知觉（嗅觉）；关于气味物质如何刺激感觉细胞的中间过程，我们仍然一无所知。"

关于这一点，有几十种理论，但据作者目前所知，还没有其中的任何一种已被证明与事实相符，甚至，在1964年曾经备受关注的3位美国科学家的假说也同样如此。这3位美国科学家是：约翰·E.阿穆尔（John E. Amoore）、詹姆斯·W.约翰斯顿（James W.

Johnston）和马丁·鲁宾（Martin Rubin）。[62]

　　这 3 位科学家认为：气味刺激嗅觉细胞根本不是化学过程，而是与气味分子的大小和形状有关。据他们说：人造气味感受器中存在着各种形状的小到连电子显微镜都无法显现出来的微孔，就像一把钥匙与一把锁的适配关系一样，相应类型的气味分子正好与这些微孔中的某一种类型的微孔相适配因而能进入这种微孔。他们说气味分子的基本形状如下：

　　球形的分子，如樟脑；

　　盘状的分子，如麝香；

　　带"尾巴"的盘状分子，如花香；

　　楔形的分子，如薄荷香；

　　棒状的分子，如乙醚。

　　许多其他的气味都是由这些基本气味组成的。就像任何颜色都可用三种基本色混合而成一样，许多气味都可由一些基本气味组合而成。但我们只需想一下具有辛辣或腐朽气味的物质就可以看出：并非所有的气味能都用这种办法来解释。

　　如果对嗅觉过程进行更仔细的研究，那么，上述假说的不足就会变得更明显。迪特里希·施奈德教授[63—64]在一只蝴蝶的触须上完成了这项任务，"因为从这里调查所有的东西要比在狗鼻子的黏膜上调查更简单"。

　　"调查更简单"的含义表现在这里：蚕蛾触须的茎只有 0.25 毫米厚，含有不下 4 万根纤维。其中 3.5 万根纤维将信号从嗅觉细胞传递到大脑，另外 5 000 根纤维则传递不同的感官信息。现在我们要做的事情是：当蚕蛾的触须被不同的气味物质所刺激时，用微电极对嗅觉神经中的单根纤维的活动进行记录，以便监听其中的信息（见图55）。

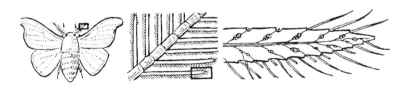

图 55　我们的感官研究者工作的世界是如此之小。左图中蝴蝶的触须被框住的部分在放大后显示为中图中被矩形框住的部分，这部分进一步放大后的样子显示在右图中。只有在最后一次的放大图中，蝴蝶触须中的一些感官细胞才变得可被看见；要监听这些感官细胞中发生和传递着的信息，就必须轻轻地叩击它们

　　在蝴蝶触须中的嗅觉细胞被轻轻叩击后，最初发生的事情与感光细胞中出现的信号代码有着惊人的相似性（见第一章第四节中的图 7 及其前后的相关内容）。3 个相邻的嗅觉细胞可能以完全不同的方式对同一种气味物质做出反应。细胞 A 加快了电脉冲的依次群发的速度，细胞 C 降低了这个速度，细胞 B 则根本没有反应（见图 56）。

　　在检查了几百个嗅觉细胞之后，施奈德教授发现：这些细胞中有极端的"专才"，也有"通才"。这些名称已经表明：要获得相关的确切知识，我们还有很长的路要走。"即使是那些我们可以相对清楚地理解的所谓'专才'细胞，也会给我们造成困难，"施奈德教授说，"为解决这些细胞功能差异化的问题而做出的技术投入稳步增长，我们整个研究团队都在为此而忙碌。在我们能对这一问题做出更为确切的论述之前，我们只能等待我们的进一步工作会带来什么新的见解。"因此，在此，我将只对截至本书撰写时已获得的研究进

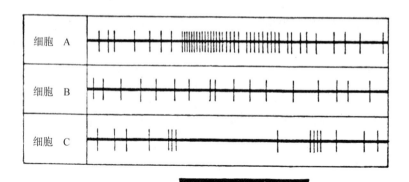

图 56　刺激的时段

展做一个简要概述。

　　"专才"细胞只对一种气味物质起反应，或仅对很小的一组气味起反应。在雄东亚蚕蛾中，这种感觉细胞只对雌东亚蚕蛾的性引诱物起反应，这种性引诱物在我们人类闻起来是没有气味的，而其他一些气味则对嗅觉细胞发出电脉冲的重复率有阻碍作用。

　　施奈德教授的学生法伊特·拉赫尔（Veit Lacher）博士[65]在蜜蜂的触须上发现了另一种这样的"专才"细胞。它的某些嗅觉细胞只对二氧化碳起反应。蜂巢内空气中二氧化碳含量在 0.5%~1% 之间的变化会导致这种嗅觉细胞发射电脉冲的速度加快到每秒 80 次。这表明：这种嗅觉细胞是一种特别敏锐的感受器；对于这种嗅觉细胞，我们只能假设它是帮助司通风职的蜜蜂调节巢内新鲜空气供应量的！顺便提一句，恒温动物和人类在脑干部位的动脉中有着类似的二氧化碳计量器。[66]它的作用是控制呼吸速率。

　　然而，（蜜蜂等昆虫的）"通才"型嗅觉细胞对气味起反应的通

　　　　　　　　　　　　　　　　　　动物们的神奇感官

用性之大则超出了我们的意料。图 57 显示了一些像人类的鼻子一样对多种气味刺激敏感的（蜜蜂或者说昆虫）嗅觉细胞的气味敏感性测试结果。

每一个嗅觉细胞都有多种它能对之起反应的气味。在尽可能多地检查嗅觉细胞后，我们未发现有 2 个嗅觉细胞的能产生反应的气味范围是完全相同的。一只蝴蝶的触须上有大约 2 万个通用型气味感受器，但它们中的每一个在通过兴奋、抑制或不起反应（没有反应）来对气味刺激做出应答上都可能有着不同特性。图 57 中的垂直列显示了这些特性。

从图 57 中的行上，我们可以看到：当一种特定的气味物质出现时，哪些信息会被一个个嗅觉细胞发送给脑。如果将这一表格扩大到包含成千上万个嗅觉细胞，那么，我们将会得到一个同时接收到混乱的兴奋与抑制性状的编码。我们有把握说：昆虫们能很好地识别这些气味，因而也能很好地理解这些编码。对蝴蝶或蜜蜂如何凭借它们的小脑袋破译这么一大堆信号的问题，我们仍然大感不解。

昆虫的感觉细胞是由它们身体的壳质表皮构成的。从触须的分支上伸展出来的长纤维通向脑部，短纤维则朝相反方向前进，与感觉纤毛、毛孔、感觉毛孔或其他类型的感受器接触。例如：短纤维与来自 2 个或 3 个其他感觉细胞的纤维一起进入一条感觉纤毛中，在那里分化为多个末端，而这些末端又通过纤毛的一些超细微孔将其终端（最终的微小尖端）暴露于环境之中。

据推测，感觉神经细胞的这些终端处可能是物理-化学刺激转化为生物刺激这一过程的发生地。只有解决了这些自然之谜，我们想要造出人造鼻子的梦想才有可能实现。

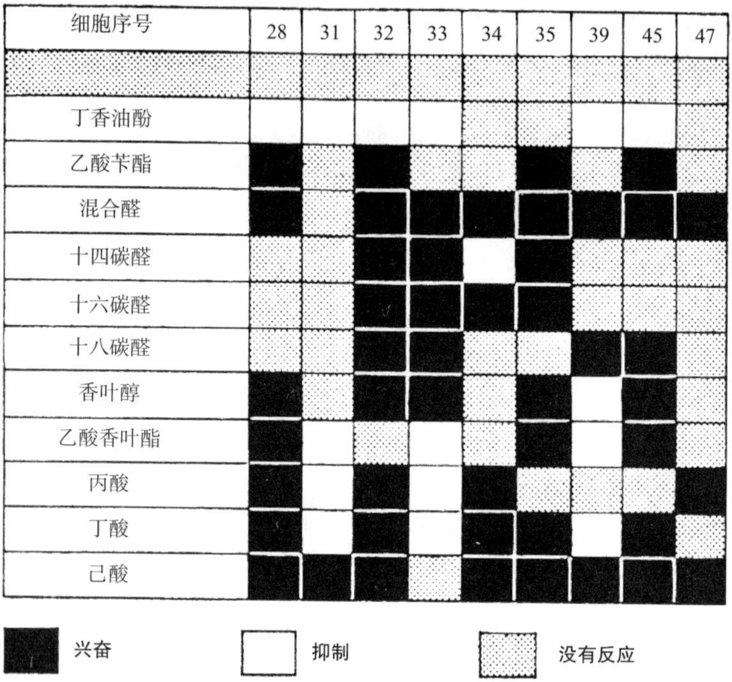

细胞序号	28	31	32	33	34	35	39	45	47
丁香油酚									
乙酸苄酯									
混合醛									
十四碳醛									
十六碳醛									
十八碳醛									
香叶醇									
乙酸香叶酯									
丙酸									
丁酸									
己酸									

■ 兴奋　　□ 抑制　　▦ 没有反应

图 57　昆虫嗅觉细胞的气味敏感性测试结果

第十一节　味觉

仅凭直觉，我们会倾向于认为：味觉肯定是与嗅觉相似的。对较低等动物，尤其是生活在水中的软体动物来说，这两种感官其实是相同的。它们只有一种统一的化学感。但是，对包括昆虫在内的所有较高等动物来说，大自然已对各种感觉进行了全面的划分。粗糙的"近距离感觉"是通过直接接触而起到检测食物的作用的，高度敏感的远距离感觉则甚至隔着很远的距离也能感觉到气味。

一个人若要能对某种东西产生最微弱的味觉，那他就需要有多达鼻子产生嗅觉所需的 2.5 万倍的分子数来作用于他的舌头。从质量上来讲，我们的有着甜、咸、酸、苦等基本类型的味觉也是很差的。在一次精致的正餐中，所有令人愉快的美味佳肴实际上只是非常粗略地被舌头所品尝。在进食时，我们所产生的愉快感主要来源于从口腔升腾而起并进入鼻子的食物气味，因而，美食所引起的愉快其实应该主要归功于鼻子对食物气味的嗅觉。在品尝美味时，味觉所起的作用其实是相当次要的。

舌头甚至不会告诉我们任何关于它所触碰之物的化学性质。对不同浓度的同一种物质，我们所产生的味觉可能会完全不同。例如：溴化钾这种盐在浓度为 0.01 摩 / 升时尝起来是甜的，在浓度为 0.02 摩 / 升时尝起来是苦中带甜的，在浓度为 0.04 摩 / 升时尝起来是咸中带苦的，在浓度为 0.2 摩 / 升时尝起来又是咸的。以前常用作泻药的另一种盐——硫酸镁——在舌尖处尝起来是咸的，在舌根处尝起来却又似乎是苦的。

我们不该对我们的味觉要求过于苛刻！这不仅因为味觉神经回路报告给脑的味觉信息要比舌头实际感受到的少得多，还因为通过反射机制，味觉神经对唾液的构成进行了最微妙的调控。根据进入口腔的食物的种类，我们的味觉神经会立即改变附近的唾液腺的生产方案，以便我们能最好地消化食物。在许多情况下，在我们凭主观的味觉经验注意到任何食物质量差异之前，唾液就已经发生了改变。

因此，我们应该意识到：除了味觉外，还有一个对我们来说更重要的唾液分泌反射系统；而且，幸运的是，这一反射系统的效率比味觉的更高；但它仍然在很大程度上尚未得到开发。

第五章

听　觉

第一节　听觉器官的适应形式

如果人能听到超声波，那么，在夜里，他肯定不得不用蜡把耳朵堵上。否则，至少在乡下，噪声将使他永远无法入睡，也不会再有诗人来赞美夜晚的宁静。他们的神经会深受不停的喊杀声、噼啪声和咔嗒声的折磨，从而不得不在别处寻找宁静；或许，他们只能在大城市常见的车水马龙中寻找相对的宁静。

夜间超声噪声的发出者是蝙蝠与夜蛾。我们应该庆幸的是：人耳是听不到超声波的。蝙蝠与夜蛾用武器、反制武器和反反制武器不断地互相作战，在战争过程中，它们还会监听敌"人"的"广播"，干扰无线电信号的传播，并且会采用其他更精良的措施。在这里，我们发现了以最令人吃惊的方式与敌"人"的技术发明相适应的感官和行为模式。正是这种适应方式才使生存成为可能。

虽然是黄昏时分出行的动物，但大多数果蝠或狐蝠并没有获得回声定位能力。伊万·T. 桑德森（Ivan T. Sanderson）[1] 将这一点描述如下：

> 果蝠通常群居在巨大的蝠群中，睡眠时也群集共眠。在黄

昏时分，它们会准时飞往离巢可能有 30 多千米远的进食场地。如果目的地是个岛屿的话，那么，它们的飞行甚至会穿越大海。它们组成密密麻麻的蝠群，像一条溪流一般在空中飘荡数小时；在傍晚的晴朗天空中，果蝠们慢慢地扇动着翅膀，并不注意它们下方的各种人类活动。在人类的热带旅程中，最令人印象深刻的事件之一就是能看到由数百万只果蝠组成的巨大的果蝠群。无论蝠群在哪里降落，总是会有一场关于进食场地的无休止的争吵。在进食时，果蝠会头朝下，这种姿势让它看起来有点儿像是一条火腿。它用一条后腿将自己挂在一根树枝上，用另一条后腿托着自己正在吃的水果。那些已找到进食位置的果蝠会用强有力的爪子击打并撕咬后来的果蝠，来抵御它们的侵占，以保卫自己的进食位置。清晨时分，当整个果蝠群飞回到它们宿营的树上时，先到与后到的果蝠之间也会发生同样程序的活动。

在黎明和黄昏时分，果蝠们通过它们特别大且敏感的眼睛来确定自己的方位。但在完全黑暗的情况下，它们的眼睛就根本派不上用场了。它们需要靠触觉和嗅觉来找到树上的水果。

相比之下，果蝠属中有尾果蝠的舌头发出的咔嗒声则意味着定位技术的一次重大进步。[2] 这种人耳也能听到的咔嗒声非常适合用来回声定位。因此，这种果蝠也能在黑夜里飞行并改换进食的地方。

这种简单的定位方式能否被盲人所用呢？有人做了为盲人装备响板的尝试，可惜不太成功。关于失败的原因，美国洛克菲勒大学的动物行为学教授唐纳德·R. 格里芬（Donald R. Griffin）博士[3-4]

解释道：蝙蝠脑中有一个听觉中心，这个听觉中心能将彼此间只隔0.001秒的声音脉冲识别为独立的声音。这意味着：蝙蝠在空中穿行时能将彼此间距只有33厘米的声音脉冲感知为彼此独立的声音。因此，单凭回声，蝙蝠就能区分两个彼此间距仅33厘米的物体。可见蝙蝠产生声觉印象的能力有多好。

此外，一只蝙蝠在发出一阵探测性噪声的0.001秒后，它的耳朵已能接收到第一个回声。这意味着：即使距离蝙蝠鼻子最多17.78厘米远的近距离物体也能被定位。这对蝙蝠捕捉昆虫来说特别重要。

因此，对回声定位来说，关键的因素不仅在于有发射器（无论是能发出咔嗒声的舌头还是响板），而且最重要的是要有合适的接收器。不幸的是，在人类的听觉系统中，这恰好是弱点；或者更确切地说，人类听觉的专长在其他方面，因为回声定位并不是人类生活所必需的技能。

人类的听觉神经对刺激起反应的灵敏度要低得多。尤其是，正如唐纳德·R. 格里芬的下述实验所表明的那样，我们人类不能在发出响亮的信号后马上感知到微弱的回声。

读者可以通过播放录有尖锐"嘀嗒"声并带有相应回声的录音来轻松地让自己了解这一点。录音应该在密闭的房间里进行。如果用物理仪器来检查声音，那么我们可以发现：每一次"嘀嗒"声后都跟着几个来自不同墙壁的回声。但我们的耳朵听不到这些。然而，如果倒着放同一盘磁带，那么，那些较弱的回声就总是会出现在"嘀嗒"声之前，在这种情况下，我们就能清楚地听到回声。

但是，与狐蝠相比，蝙蝠大大改善了它们的发射机。它们不是用舌头发出咔嗒声，而是在喉咙里发出超高强度的超声波，而后通过自己张开的嘴将这种超声波发射出去。棕色蝙蝠是中欧最大的蝙蝠，在飞行途中，这种蝙蝠通常每秒发射 12 次咔嗒声。当靠近目标时，棕色蝙蝠的超声波尖叫频率则会稳步提高，最终达到每秒 300 次，比机枪的射击频率还要高。

棕色蝙蝠发出的超声波的响度不比机枪所发出的声音小。格里芬在这种蝙蝠的嘴前方 10 厘米的地方测量了超声波的响度，结果显示有 100 分贝。（在道路上作业的气动钻头所产生的噪声有 90 分贝，当噪声达到 130 分贝时，我们的脑就会感到疼痛。）

为什么蝙蝠的声调会高到人类听不到的程度？并不只是因为这样可以让人类安然入睡！更重要的原因在于：超声波可以像探照灯光一样集束并发射，因此能产生比普通声波清晰得多的回声。棕色蝙蝠叫声的频率为每秒 5 万~10 万次，相当于波长为 3~6 毫米。这使得这种超声波即使在碰到小苍蝇和小蚊子时也能产生回声。它们对其振动波波长通常在 5~10 米的人体细胞根本就不会产生反射。

尚无人搞清楚这一点：为何在蝙蝠群内正常的嘈杂声中众多的蝙蝠不会互相刺激。例如，在美国得克萨斯州的奈伊洞穴中，单单一处蝙蝠穴居点就常常聚集着 2 000 万只蝙蝠。这个洞穴被人发现的原因如下：每天一到傍晚，蝙蝠们就会成群结队地飞离洞穴；远远望去，那个飞离洞穴的蝙蝠群就像一条巨大的烟柱；就像一大块乌云一样，那条由无数只蝙蝠组成的"烟柱"会使数千米内的天空都变得黯淡无光。

如果洞穴中的蝙蝠在白天被惊醒，那么，数以百万计的蝙蝠就会以密密麻麻的混乱队形飞起来。借助于红外线摄影技术，这一黑暗中的壮观景象已被拍成影片。影片呈现出了非常激动人心的景象：

有时，画面是全黑的，可见蝙蝠群中的蝙蝠密集到了什么程度！然而，在如此密集的蝙蝠群中，却没有发生过一次碰撞！

在这片由数百万只蝙蝠一起叫唤形成的地狱般的喧闹声中，每一只蝙蝠如何知道哪一种声音是自己的叫唤的回声呢？自己的声音如何才能不被混杂的声音所淹没呢？我们不知道。如果考虑到蝙蝠会被夜蛾相对简单的干扰装置彻底激怒，那么，这一点就更令人惊讶了！关于这一点，现在，我得多说一些话。

借助于这种异常的（超声）感觉，蝙蝠们把黑夜变成了"白天"。因此，它们几乎没有竞争地占据着富裕的生存空间——充满着吱吱声与嗡嗡作响的昆虫的夜晚。因此，也许有人会以为它们肯定生活在天堂般的世界中。但实际上，许多昆虫已演化出了众多的技巧和反制武器，从而使得蝙蝠的生活变得困难。

昆虫的第一个反制措施就是它自己的身体。因为，当蝙蝠吃昆虫时，昆虫的身体会有效地撑开蝙蝠的嘴，从而使得蝙蝠无法通过发声与回声而确定自己的方位。

但棕色蝙蝠对此有一种解决办法。在咀嚼和吞咽时，它们的牙齿之间仍然尽可能地保留着一点儿缝隙，通过这种缝隙它们仍然几乎可以像以往一样有力地"吹哨"。但是，如果那猎物太胖，那么，根据安东·科尔布（Anton Kolb）教授[5]的说法，这时，一种替代性发射器就会发挥作用：蝙蝠会用鼻子发出声音。尽管这种声音比较短促、音调较低沉、响度只有舌头发出的声音的一半，蝙蝠们至少可以凭之防止自己盲目地与树木或其他蝙蝠相撞。大耳蝠和宽耳蝠甚至做得更好。当它们想要这么做时，它们可以用鼻子发出像用嘴发出的一样刺耳的叫声。

马蹄蝙蝠则将其他蝙蝠的权宜之计变成了自己的长处。这种蝙蝠在所有情况下都只能用鼻子发出探测性的声音。为此，它们把嗅觉器官的外部变成了一种喇叭、一种扩音器。这种喇叭虽然只是马蹄形而非完美的圆形，但非常有效。这个像月球环形山似的凹形反射镜环绕着它们的鼻孔，就像雷达对电磁波所做的那样，马蹄蝙蝠用这个反射镜把声音聚焦在一起，并将超声波束直接射向某个目标。

德国蒂宾根大学的弗朗兹·P.莫赫雷斯（Franz P. Möhres）教授[6]写道："就如同在探照灯光的映照下夜晚的景观在人眼里会变得清晰可见那样，对蝙蝠来说，在其声音投射器的回声中，原本隐藏在黑暗中的环境也会变得明确可辨。"只是，使马蹄蝙蝠得以形成关于所在环境的可感印象的是声波而不是光波。事实就是如此，无论它们听起来多像科幻小说。

此外，大马蹄蝙蝠所使用的定位原理显然不同于前面所提到的那些蝙蝠的。大马蹄蝙蝠发出的并不是短促而大量的超声波，而是持续时间要长得多的一组组的纯超声波。这种超声波可能是整个动物界中能产生的最单纯、最不扭曲、最有规律的声音。大马蹄蝙蝠就这样发出技术上完美无瑕的频率为85千赫的声波，德国很常见的小马蹄蝙蝠发出的则是频率为110千赫的声波。根据莫赫雷斯教授的说法，这种夜行动物甚至可通过它们所发出的声波波长的微小差别来相互识别每一个个体（见图58）。

如果说采用简单定位机制的蝙蝠所发出的超声波只持续1~2毫秒，那么，马蹄蝙蝠所发出的定位声波的持续时间就是它的30~50倍。马蹄蝙蝠不会因其对所发现之物的兴趣大小而改变声波的频率，但它的确会（随着对物体的兴趣大小）尽可能控制前后声波间隔时间

图58 不同蝙蝠用来定向的声波差异甚大。上方的波形图显示的是一只扁平鼻蝙蝠的持续时间仅 1~2 毫秒的短促声波，下方的波形图显示的则是大马蹄蝙蝠的持续时间达 0.1 秒的长而纯净的音调

的长短。这意味着：它在尽可能地将自己所发出的噪声维持在一种近乎不变的音调上。当然，它不能完全抑制住（对超声波发送有所干扰的）正常呼吸。

那么，在此，回声几乎总是被还在发出的信号所淹没。因此，马蹄蝙蝠绝不可能像它们的发出咔嗒声的近亲蝙蝠们，以及人类所使用的雷达和声呐装置那样用时间差来定位。

从这一比较中，我们看到了探索马蹄蝙蝠的听觉"图像"的人类技术具有多么巨大的潜力。但我们几乎还完全不了解其中的原理，而只能冒险做一些猜测。大马蹄蝙蝠会随着超声波的传播而及时移动自己的外耳。对每次发出的呼叫，大马蹄蝙蝠都会进行一只耳朝前、另一只耳朝后的运动，而这一运动的频率达每秒 60 次。莫赫雷斯教授写道：

　　研究结果表明：这里用来定位的不是时间差，而是从环境中反射回来的回声的强度差异。马蹄蝙蝠可移动的耳朵就像测向仪一样工作。由于超声波是直线传播的，只有在外耳开口处精确地朝向回声所发出的位置时，外耳才能充分地捕捉到从环境中的那个点所传回的回声。可见，马蹄蝙蝠移动耳朵是为了对自己所在的环境做逐点扫描。

人很难想象用这种方式可获得逼真的图像。当环境被系统地扫描时（或许是逐行扫描的），蝙蝠的大脑会使得每个回声都成为其图像知觉的一个组成部分。只有当蝙蝠的听觉神经与指示耳朵当前位置的神经一起工作时，这才是可能的。感觉器官的神经与身体各部分位置指示器的神经差异很大，因而，它们会如此精确协调地工作听起来像是不太可能的。然而，在自然界，这样的合作却惊人地广泛存在着，任何人都可以通过自己的简单实验来发现这一点。

对着任何一个固定的对象看。现在，让你的眼球滚动几次或摇晃几下你的头。那个物体始终牢牢地固定在它自己的位置上——你永远不会失去这一正确的印象，尽管在此过程中它总是被投射到视网膜中的不同细胞上。因此，你本该期待它看起来就像是一个移动的物体。现在，把一只手放在你的一只眼睛上，用另一只手的手指从侧面轻轻而有节奏地按压那只睁开的眼睛的眼球，让它稍稍来回地移动一下。这时，你正在看的那个物体就似乎一下子发了疯似的跳了起来。

如果我们的脑在接收视觉神经所传递的信息时不曾提供一种将这种运动考虑在内的信息交换场所，那么，在出现任何头部或眼球运动时，都会这样。在用手指按住眼球时，我们已经避开了那个信息交换场所。往常我们完全当作理所当然的事情只是因为脑中存在非常复杂的装置才变得自然。

蝙蝠脑中的听觉神经和耳朵位置指示器可能会通过直接合作以

同样的方式形成常规图像，而且，就像人类可以看到 300 米外的东西的三维图像一样，在更近一点儿的听觉范围内，蝙蝠很可能会形成一种空间感。

因此，堵嘴（从而使蝙蝠不能发声进而无法定位）的武器已经被蝙蝠巧妙地避开了。由此，各种昆虫转而用另一种方式来保护自己：使自己变得不能被听见。除了自己不发出任何噪声之外，它们还将自己裹在一种"声音的迷彩服"即一种柔软而吸音的皮肤中，这种皮肤即使碰上敌害所发出的超声波也几乎不会产生任何的反射。

要捕捉那些吱吱、嗡嗡叫着的苍蝇和蚊子，蝙蝠根本用不着声波发射器。蝙蝠们听到这些昆虫从远处传来的飞行声，确定声音所在的位置，然后，嘿嘿！——那个暴露了自己的昆虫就已经碰上它承受不了的麻烦了。

蝙蝠用同样的方式确定甲虫、蜘蛛和其他奔跑或爬行的动物在走动时发出的噪声的位置。正如科尔布教授[7]所发现的：蝙蝠一半的食物就是这些昆虫；在春天的夜晚，当飞行的昆虫很少时，蝙蝠就只能吃这些不会飞的昆虫了。在确定目标所在的位置后，蝙蝠就会在草叶、台蝉或树叶上降落下来，降落地点通常在距离那些沙沙作响的昆虫约 1 厘米的地方，随即就当场吞食了昆虫。蝙蝠们甚至会在下垂的叶子附近盘旋，以便将那些正在那叶片上爬行的昆虫一网打尽。

然而，苍蝇和蚊子的繁殖是如此无穷无尽，以至于在物种生存的层面上来讲，由蝙蝠所造成的损失对这两种动物的威胁就像汽车挡风玻璃对它们的威胁一样小。但是，如果夜蛾没有通过演化出绝对无声（甚至连超声波都没有）的飞行来逃脱危险的话，那么，蝙蝠对夜蛾这一物种的生存就会造成严重威胁。

根据德国柏林生物物理学家海因里希·赫特尔（Heinrich Hertel）教授[8]的研究，这就是航空学中所说的无声飞行。飞蛾必须避免在翅膀边缘形成湍流。从逃脱天敌追踪的角度来看，这是一个紧迫的空气动力学问题。夜蛾用湍流区边缘的精细的流苏状毛发解决了这个问题（见图59）。那些小细毛长度约2毫米，直径为0.007毫米。就是这些小细毛消除了飞行中的夜蛾将自己暴露给敌害的隐患。

但对许多种类的夜蛾来说，这种飞行方式还是不够安静的。因此，夜蛾科（有2.5万种）、尺蛾科（有1.5万种）、虎蛾科（有6 000种）的动物都有专门用来监听敌害所发射的声波的耳朵。这样，相对于蝙蝠来说，它们就转而占据上风了；因为这样一来，发出（本来用来探测猎物的）超声波的蝙蝠反而暴露了自己。

这一伟大发现的故事开始于1956年的一个温暖夏日的晚上，当时，美国动物学家肯尼思·D. 罗德（Kenneth D. Roeder）[9—10] 在他家的阳台上举行了一个朋友聚会。他点燃了阳台上悬挂着的几个中国灯笼，很快，就有一群夜蛾围着那些灯笼打转。那个晚上，一位客

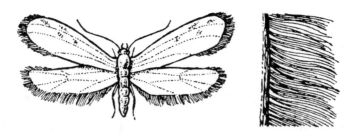

图59　飞蛾翅膀湍流区边缘的流苏状小细毛防止了会产生噪声的空气涡流的形成

动物们的神奇感官

人玩了一个颇受喝酒的人欢迎的把戏：他用一个潮湿的软木塞沿着玻璃杯边缘摩擦起来，结果引发了大家都熟悉的尖利摩擦声。那些正围着灯笼欢快地飞舞的飞蛾立即中风了似的应声倒在地上。起初，罗德教授以为那些夜蛾已经瘫痪了，甚至已经被那种折磨神经的刺耳的尖叫声杀死了。在动物界，高亢响亮的噪声引起动物惊厥的例子是屡见不鲜的。

但是，让现场的所有人惊讶的是，那些飞蛾其实还很活跃。它们沿着地面爬行了一小段路，然后又开始飞了。这种奇怪的行为其实早已被蝶类收藏家们所利用，他们用软木、酒杯、网或毯子来捕捉昼行蝴蝶的这些夜行的表亲动物。但由于上述事件，罗德教授及其同事阿舍·E.特里特（Asher E. Treat）博士决定对这一现象做一个彻底的科学研究。在马萨诸塞州梅德福市的塔夫茨大学做了多年研究后，最终，他们取得了超出他们最疯狂的预期的成绩。

他们发现：夜蛾的超声波耳朵位于靠近腰部的胸部两侧，这种耳朵是通过简单的结构获得极佳效果的一种卓越模型。乍一看，它就像是世界上最原始的耳朵。如图 60 所示，它由一片鼓膜、其后方的一个气囊以及一串含有两个神经细胞的精细组织构成。这两个听觉神经细胞分别有一条纤维连接到夜蛾的脑，有另外一条感受器纤维连接到鼓膜。除了第三条对声音不起反应的、作用不明的神经外，这就是夜蛾的超声波耳朵的全部构件。因此，在此，我们所看到的是一只实际上只有两条神经的耳朵。

因此，当一只蝙蝠一飞到距飞行中的夜蛾 30 米内的地方时，夜蛾耳朵的第一根高度敏感的神经马上就感知到了蝙蝠的叫声，并通过一系列信号对脑发出了预警。夜蛾立即转向了一条方向与蝙蝠相

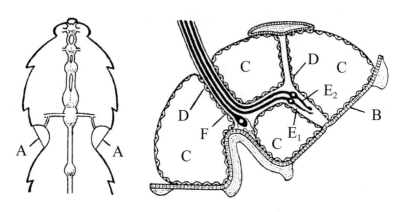

图 60　夜蛾的超声波耳朵（A）靠近腰部。单耳放大图（右图）：鼓膜（B）、气囊（C）、带有两根听觉神经（E_1 和 E_2）的支撑组织（D）以及非声觉神经（F）

反的回避路线。如果蝙蝠正好在其下方的话，飞蛾甚至会垂直上升。

　　虽然夜蛾比蝙蝠飞得慢得多，但事实证明：仅仅这样做往往就是一种救命策略，因为那时蝙蝠的声呐装置还没有找到飞蛾。由于夜蛾有吸声垫作为声学伪装，所以蝙蝠只有在 6 米的范围内才能觉察到目标。

　　无论蝙蝠飞到哪里，在离蝙蝠的回声定位器能起作用的距离还很远的地方，夜蛾们就会飞散开去。如果蝙蝠像燕子一样直线飞行，那么，它就几乎没有捉到夜蛾的可能。因此，蝙蝠演化出了一种反制战略——兜圈式的飞行。这种飞法看起来非常笨拙。一只带有两只伞形翅膀的蝙蝠飞起来有点儿像奥托·利林塔尔（Otto Lilienthal，"滑翔机之父"）的第一次飞行尝试。但那是一种错觉。所有奇怪的航线偏离轨迹实际上都是被蝙蝠突然中断的不同的几何曲线，那是它用来欺骗其猎物、使之产生关于其飞行方向的错觉的。

凭借这一计策，蝙蝠常常能设法在其声呐能起作用的6米的范围内接近目标。这时，它就能接收到来自夜蛾的第一个回声，这种音强为30分贝的回声大约相当于一台相当安静的汽车发动机所发出的噪声。这时，发生了两件事情：蝙蝠开始向夜蛾直线飞行；而在夜蛾的耳朵中，第二个听觉神经细胞开始发送信号——各就各位，预备……！

许多夜蛾会突然收起翅膀，并像炸弹一样落到地上，就像在罗德教授家的阳台聚会上发生的情景一样。但由于夜蛾们是按照一条精确的弹道曲线下落的，在经过练习后，蝙蝠们也就学会了跟踪这条曲线，它们捉住空中落下的夜蛾的成功率大约是50%。因此，有一半的夜蛾能幸存下来，这对夜蛾作为一个物种的生存来说是非常重要的。

但有些夜蛾能做出更加精妙的逃避捕捉的行动，因而处于好得多的位置。在探照灯的帮助下，罗德教授已经拍摄了数百次夜蛾的夜间行动。在人为产生的超声噪声中，一些夜蛾会将它们的路线曲折化——像野兔一样时而向左，时而向右；另一些夜蛾则打起了圈子——以螺旋形轨迹靠近地面，并迅速穿过蝙蝠飞行所形成的气流"尾波"，或将所有这些飞行特技结合起来以便躲过蝙蝠的追捕。为了应对这样的飞行高手，蝙蝠只剩下了一种技法：一旦进入自己的翅膀能触及夜蛾的范围内，蝙蝠就会努力用它的伞形翅膀网住夜蛾。

对神经生理学家来说，这是一个惊人的现象。两个总共只有4根听觉神经的原始耳朵将信息发送到微小的脑部，信息在脑中被转换成一种不同的代码并被传递到飞行肌，从而使飞行肌在任何特定情况下都能立即采取正确的行动。关于一种动物的神经系统结构与受其影响的本能行为之间的联系，它是最简单的案例之一。

然而，在这本书的框架中，与我们有关的问题是，只有如此简单的听觉装置的夜蛾是如何能识别蝙蝠是从左边还是右边、前方还是后方、上方还是下方朝自己靠近的。

对人来说，方向听觉也是一个很大的问题。但任何一个业余无线电爱好者都可以通过重复德国物理学家汉斯·基茨（Hans Kietz）博士[11]的实验来了解这一点。两根导线将由电动振动产生的嗡嗡声传送到一对耳机中。我们将一个相位置换器（一种可以使传到耳机的声音延迟几十分之一秒的装置）连接到两个导体之一中。通过旋转相位置换器上的旋钮，我们可以改变被延迟的时间长度。

如果振动同时到达两个耳机，那么，被试者就会感觉到声音来自正前方。右侧耳机收到的振动被延迟的时间越长，被试者就觉得声音传出的方位越左。这是极不寻常的，因为它证明了：我们的大脑能准确感知左右两耳听觉之间几十分之一秒的时间差，能对两耳的听觉进行比较，并由此形成方向感。

当然，这一实验并未告诉我们：人关于前后、上下的方向感是如何形成的。我们仍然不知道对人类来说这一过程是怎么回事。

让我们回到关于夜蛾的话题上来。这种昆虫首先通过不区别音高而大大简化了问题。那意味着夜蛾不能区分不同频率的声音。因此，对夜蛾来说，任何会在夜间产生刺耳噪声的事物都是"蝙蝠"——无论是真蝙蝠在以 110 千赫的频率叫喊，还是一个人在发出频率为 10 千赫的声音，这两种声音在夜蛾听起来是完全一样的。

通过记录夜蛾的听觉神经活动并监听神经信号的传递过程，罗德教授的同事罗杰·佩恩（Roger Payne）博士和乔舒亚·沃尔曼（Joshua

Wallman）博士发现：夜蛾对声音强度差异非常敏感。例如，如果一只蝙蝠在夜蛾右边约 18 米处发出叫声，那么，夜蛾右耳的第一根听觉神经就会向脑发出 3 次电脉冲，而它左耳的第一条神经则只发出 1 次电脉冲。

但是，单单这个代码就可能会导致致命的错误，因为蝙蝠在近处发出的短暂而响亮的咔嗒声与其在远处发出的悠长的咔嗒声会在夜蛾的神经中产生同一系列的电脉冲。夜蛾的神经系统已经考虑了对不同种类的蝙蝠的各不相同的定位方法，如图 61 所示，响亮的噪声不仅会引发更多电脉冲，还会引起神经细胞更迅速的反应。在综合了这两种形式的信息后，夜蛾就不会产生误解了。

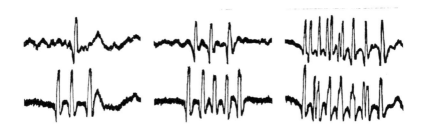

图 61　夜蛾的耳朵是如何觉察到蝙蝠靠近的。当蝙蝠在夜蛾右边较远的地方时，每当蝙蝠呼叫时，夜蛾右耳的第一根听觉神经就会以发出 3 次电脉冲做出反应，左耳的第一根听觉神经则以只发出 1 次电脉冲来做出反应（左图）。当敌蝠越来越近时，夜蛾右耳和左耳的放电次数分别变为 5 次和 3 次（中图）。当蝙蝠直冲到夜蛾的上方时，夜蛾两耳的听觉神经都以同样的强度连续放电（右图）

左右方向的问题就这样解决了。但是，夜蛾又是如何区分上下与前后的呢？佩恩博士找到了谜底：翅膀是夜蛾不可或缺的助听器。

如图 62 所示，这种吸音性能很好的薄膜位于耳朵稍前和稍后的地方。因此，蛾所接收到的声音的强度也随着翅膀的扇动位置而一

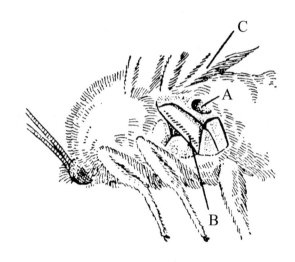

图 62　灯蛾亚科的蛾可借由翅膀拍打（C）打开或闭上它的超声波耳朵（A）和超声波干扰装置（B）

直在变化着，翅膀上下扇动的频率是每秒 30～40 次。

　　大致说来，它的工作原理是这样的：当蛾翅膀上扬时接收到的较强的声音意味着"敌害正在从前方和下方靠近"；当蛾翅膀下垂时接收到的较强的声音则意味着"危险来自前方和上方"；当翅膀上下扇动时若接收的声音在强度上没有变化，则意味着麻烦出现在后面。当这种探测方式与两只耳朵对声音感觉的左右差异相结合时，在其能探测的半径范围之内，夜蛾就能在每个方向上获得一个空间信息明确的声音"图像"。

　　刚开始时，似乎一切都很简单：只有 4 根听觉神经在向蛾脑传递所有的声觉信息。现在，我们又加上了翼位所表示的信息；这下子，我们就得立即面对一个复杂到几乎不可想象的神经信号处理方

动物们的神奇感官

案了。然而，夜蛾的脑却能准确无误地"理解"它，并在 0.01 秒内将空间信号转化成控制飞行肌运动的有意义的神经命令。可见，在与成千上万乃至数以百万计的神经联动着的其他动物的脑中，感觉印象的产生该有多么复杂！

电气工程师们可能会说：如果夜蛾中存在着一种如此优秀的信号系统，那么，将更多的防御武器连接起来应该会比较容易。灯蛾亚科中的许多夜蛾实际上已经这样做了。就像第二次世界大战中被敌方雷达发现后的轰炸机会做的那样，在"预备动作阶段"，这些夜蛾会开启自己的超声波干扰装置。

罗德教授的同事多萝西·C. 邓宁（Dorothy C. Dunning）博士[12]对相关细节进行了调查。她造了一把可以将面粉虫投向高空的喂食枪。那些被驯服的蝙蝠很快就学会了如何在飞行中捕捉这些美味佳肴。但若在蝙蝠正要朝面粉虫咬去时播放夜蛾所发出的超声波录音，那么，蝙蝠就会突然弃虫而去。

更令人惊讶的是，蝙蝠不会被任何其他的超声波搞糊涂，无论实验者播放的录音中是否有模拟的蝙蝠叫声，是否编排进了永久性（环境）噪声，或是否有编造的人为干扰性振动波。然而，夜蛾的超声波发射器是以人类所能想象的最简单方式工作的。从图 62 中可以看出：在它第三对腿与躯干交界处，在共鸣箱顶部两侧都有柔韧的角质槽板。当夜蛾交替着快速收缩腿部的肌肉时，槽板就开始在蝙蝠所能接收的波长范围内发出超声波振动。显然，蝙蝠把这种声音看作一种警告，但它被警告的具体内容是什么呢？

1968 年，多萝西·邓宁[13]发现：北美灯蛾和鹿蛾属的蛾有着非常令蝙蝠厌恶的气味和味道。蝙蝠如果误吞了它们，就会立即吐出来。为了避免猎手与其受害者之间的这种不愉快，这两属的蛾已经演化出了它们自己的超声波叫声，来作为对蝙蝠的一种远距离的早期警告信号。可以这么说：这些蛾的这种叫声就是将它们的不宜食性广而告之。

还有另一种蛾——灯蛾属的蛾——以这样一种聪明的方式从这一夜间宣传中获益：当有蝙蝠靠近时，它们也会发出超声波，并因此而幸免被吃。实际上，这种蛾没有丝毫难闻的气味和味道，因而，毫无疑问，蝙蝠原本是乐于以它为食的。

然而，美国夏威夷大学教授休伯特·弗林斯（Hubert Frings）[14]打算介入蝙蝠与夜蛾之间的声音战，因为许多夜蛾或其幼虫都是可怕的害虫。他希望用超声波"帘子"来保护受虫害威胁的地区，而不是用毒药来污染大片地区。那些"人造蝙蝠"——人听不见其声音的超声波喇叭——将会使任何一种蛾都应声坠落，并使之再也飞不起来。正如人们已注意到的那样，杀虫剂除了有危险的副作用外，其杀虫功效已变得相当低下。事实很可能将证明：人类根据昆虫的感觉和行为模式而采取的治虫方法将会更加成功。

第二节　水下的声音信号

1942 年 5 月，一个温暖的傍晚，美国海军大西洋沿岸各基地上空响起了警报声。在通往华盛顿和巴尔的摩的水道，即切萨皮克湾中，漂浮着一些有意布置的监听浮标，那是为了防止德国潜艇突袭而准备的一种保护措施。这些浮标可以发出关于入侵敌舰的螺旋桨噪声的信号。

当那些浮标就四面八方的水下噪声发出警报时，似乎地狱中所有的魔鬼都逃了出来。显然，有一大群"潜艇"正在驶往美国港口。驱逐舰和海岸警卫队舰艇着手用深水炸弹堵死那些通道。但结果并没有出现任何潜艇的碎片，甚至连浮油都没有。第二天早上，切萨皮克湾的水面上漂浮着数百万条身体碎裂、白肚朝上的死鱼。

与此同时，美国的太平洋沿岸也发生了同样的意外事件。为了防止再次发生珍珠港式事件，在那些沿岸港口的前方，美军布置了成批的声控水雷，那些水雷会受螺旋桨噪声的触发而爆炸。结果，所有的声控水雷都在一夜之间爆炸，但却未见一艘日本军舰。是什么引爆了那些声控水雷？不是人为的破坏，而是无数的黄花鱼的鳔所发出的声音。事实上，这样的局面是因为这一自以为是的信念：鱼是沉默的，水下的世界是静默的世界。

从那以后，人类才知道很少有鱼是不会发出声音的。1954 年，笔者（德国海军原水下探测工程师）为奥地利水下探险者和业余水肺潜水先驱汉斯·哈斯（Hans Hass）博士[15]制造了一部水下听音器。在加勒比海的一座珊瑚礁中，当他第一次在鱼群中放下这部水下听音器时，他的帆船甲板上的喇叭里就响起了各种各样的混杂在一起的奇怪声音。

那里有嗡嗡声、口哨声、有节奏的敲打声等各种各样的节奏，像沉重的链条发出的哐当声、隆隆声、噼啪声，像煎锅里的热油发出的噬噬声，等等。这些都是鱼的叫声。也许，那是它们发出的警报声、情歌声、求爱声、喊杀声或饥饿时发出的叫声。现在，我们还不清楚它们发出这些声音的目的。

居于水面之上的人们甚至潜水员在大多数情况下听不到这些声

音，因而，在缺乏相关知识的情况下，他们自然会以为鱼类是沉默不语的。那么，为什么人类听不到鱼发出的声音呢？

鱼类并不像蝙蝠或夜蛾那样发出超声波。相反，鱼类发出的声音的频率通常处在人类听觉的范围之内。然而，人类的耳朵只适合在空气中听声音。水中的听觉条件与空气中的大不相同，对水中的声音，我们人类缺乏合适的自然的收听装置，这只能通过水下听音器这样的技术来加以弥补。

这如何解释呢？从地球数十亿年的历史来看，人类的耳朵是由鱼类的耳朵演化而来的。现在，我将详尽地讲述这一感官——内耳。"耳蜗"（内耳中主管听觉的装置）一词的拉丁语词源的字面意义是蜗牛壳。耳蜗中充满了特殊液体，里面根本就没有空气。从其起源来看，从根本上说，耳蜗是用来听液体中而非空气中的声音的器官，这一点并不奇怪。[16] 如果不是因为有转换器在起作用，那么，在潜水时，我们人类本来很可能是能听到鱼所发出的声音的，但在干燥的陆地上，我们就会连其他人说的话也听不到了。

由外耳汇集并传入外耳道的声波使耳膜振动，但由此产生的振动波无法刺激我们的听觉神经。这就是我们人类在中耳、在所谓的鼓室中会有这样一个转换部件的原因，这一不可或缺的转换部件就是由（通过柄状体与耳膜相连的）锤骨、砧骨和镫骨所组成的气-液声音转换器。

这三块小骨头组成了传递声波振动的一连串杠杆。通过这一杠杆系统，这些骨头将空气中相对较宽但较弱的声波和耳膜的振幅转换为液体中相对较窄但有力的声波。声音入口（耳膜）的有效面积为 85 平方毫米，而中耳转换器的声音出口（充满液体的耳蜗中的椭圆形蜗窗）则只有 3~5 平方毫米。通过一种冲压运动，镫骨将其全部力量集中于此，从而将声波强度放大 20 倍，使耳蜗中的液体振动起来。若非如此，耳膜就会因力量太微弱而无法做到这一点（见图 63）。

对生活在水下的动物来说，事情正好相反。鱼发出的声音是通过水来传播的。但是，水中的声波虽然振动强烈但波宽太小，因而无法将同一节奏传给其听觉性能与这种声波不相适应的耳膜。这是人类无法听到鱼发出的声音的唯一原因。水中的声音——即使是由最喧闹的水生动物发出的声音——必须超过一定强度才有可能使人类能勉强听得清楚。

鲂鱼就是人类能够听到其所发出的声音的鱼类之一。当受到骚

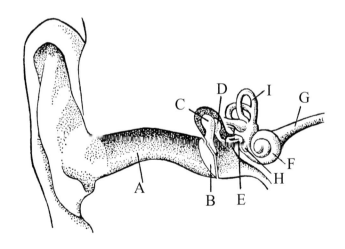

图 63　声波振动传递路径：经过外耳道（A），途经鼓膜（B）、锤骨（C）、砧骨（D）和镫骨（E），再通过椭圆形蜗窗进入充满液体的耳蜗（F）。从耳蜗里伸展出来的一条粗大的听觉神经束（G）连接到脑。蜗窗（H）平衡着耳蜗与充满空气的中耳之间的压力。I 表示的是平衡器官的三个半规管

扰时，鲂鱼总是会做出强烈的反应。鲂鱼似乎也是卓越的天气预报者：它的鳔可起到晴雨表的作用。反正，当听到它发出咕噜声时，地中海的渔民们就会立即返回港口。当有暴风雨正在天空中酝酿时，鲂鱼比任何人类气象学家都更加了解相关的情况。

汉斯·哈斯曾经让一条鲂鱼对着他的水下话筒发出声音。起先，那条鲂鱼好奇地探索了一下这个装置；然后，发出了一阵声音；那声音通过喇叭播放出来时，在人听起来就像是狮子的咆哮声。对其他鱼来说，这种声音听起来或许就像狮吼一样有威力。

蟾鱼是一种生活在北美洲和中美洲大西洋沿岸的鱼，这种鱼体长约 25 厘米，它能发出一种听起来可怕的喧闹声。德国蒂宾根大学的汉斯·施尼德尔（Hans Schnieder）博士 [17] 说：在交配季节里，雄蟾鱼每隔 30 秒钟就会像（船只上雾天报警用的）雾笛一样吼叫一声。这种叫春声是人耳也听得到的，当地的印第安人过去常常把这种声音当作精灵的声音。他们称：这是去年冬天的战场的声音，它原本已经被冻结在空气中，但现在被解冻了。一些作为蟾鱼的近亲的鱼类会发出尖锐的口哨声，因而被称为水手鱼。

5 厘米长的手枪虾会发出更大的声音。对此，艾雷尼厄斯·艾伯尔–艾伯斯费尔特（Irenaus Eibl-Eibesfeldt）博士 [18] 写道：

> 它们用几乎与身体等长的爪子打昏那将要成为其食物的鱼。它们用爪子指着鱼，就像是用手枪指着鱼。当这种虾离其受害者已足够近时，它们向上翘起的爪指就会迅速收拢；爪指的延长部分则会将水从相对的关节处压出来，并使之通过一个凹槽向前喷出。有时，这种振动会强到这种程度——连用来存放这

种虾的厚玻璃容器都会被震碎。手枪虾的活动使得它们栖身其中的珊瑚礁充满了沙沙声和噼啪声。

1942 年，在切萨皮克湾中以巨大的水下喧嚣声愚弄了美国海防部队的"罪犯们"，其实就是栖居在那里的数量巨大的石首鱼。据估计，仅在这个海湾，就有 3 亿只石首鱼产卵并发出有节奏的"恰克恰克"声：总是在 1.5 秒内发出 10 次"恰克"声，然后停顿 3~7 秒，接着又重新开始连续发声。威恩–爱德华兹（Wynne-Edwards）教授[19]认为：这是一种旨在限制繁殖的物口普查方式，类似于借助气味进行的物口控制方式。一条石首鱼听到的同种其他成员发出的"恰克"声越是响亮，它就越是会对自己的繁殖活动进行限制。

如前所述，几乎没有任何一种鱼是完全默不作声的。但是，不同种类的鱼对发声的热衷程度则有很大不同。海洋鱼比淡水鱼更"健谈"。在词汇的丰富性上，热带水域中的鱼要胜于非热带水域中的鱼。和人类一样，鱼类的声音也会随着年龄的增长而变得越来越低沉；只有鳟鱼例外，它们的声音终其一生都是"女高音"类型的。

罗斯托克公海捕捞和鱼类加工研究所的科学家们证实：就连鲱鱼也有一种语言。鲱鱼群以一种柔和的鸣叫方式发出一种信号代码。科学家们已经识别出鲱鱼的鸣叫时长在 0.05~0.4 秒之间的多种各不相同的信号。这些信号的意思如下：聚集起来形成队列；建立语音联系；警惕捕食者；注意，改变航向；等等。

求爱的雄海马会用"咔嗒咔嗒"声对着雌海马们演唱小夜曲。如果某个雌海马愿意，那么，"她"就会柔声地对"他"回唱。水手鱼甚至会对自己的"心上人"吹奏恋曲。这种鱼的雌雄双方会像鸟一样互相求爱。但如果有竞争对手靠近，那么，口哨声就会立即变成一种低沉的咕哝声。两个对手会展开它们的鳃盖，张开巨大的嘴巴，并朝对方游去。在大多数情况下，它们中的一个会被对方的咕哝声吓倒，因而，会在不再争斗的情况下将雌水手鱼留给对方：这是一场不流血的声音之战。

海葵鱼[20]也会试图通过威胁性的声音来吓跑同种竞争对手——如果它们跟自己争夺异性的话。如果这种威胁不起作用，那么，双方就会发生猛烈冲撞、用鳍击打、用嘴猛扯等形式的战斗。有趣的是，如果决斗是在鱼缸里进行因而失败者无法逃脱的话，那么，它还是会有办法来使自己免遭更强大者的进一步攻击：它会发出一种低声下气的表示求和的声音——一种拖得很长的"嘎嘎"声。于是，那个胜利者就会让它平平安安地待在一边。

很少有鱼会用嘴发出声音。扳机鱼（鳞鲀）、月亮鱼（翻车鲀）和大金鳞鱼通过摩擦它们突出的门牙来产生"嘎吱"之类的尖利声响。它们的牙齿有着类似于留声机唱片的纹路，能发出非常特别的声音。但大多数鱼是"打击乐手"，它们用自己的肌肉和韧带敲打自己的鳔，或将伸展到鳔的共鸣箱上的韧带当作一种弦乐器或弹拨乐器来用。

它们的听觉过程在我们看来也同样奇怪。想要在它们的身体表面上寻找耳朵是徒劳的。它们的耳朵深嵌在离脑很近的地方。这种耳朵是从一种与正常的声音感毫无关系的感官演变而来的，这种耳朵只能感受到水压的缓慢波动，听到一种对我们来说过于低沉因而无法听到的次声波。这种感官就是（介于鱼类背肌与腹肌之间鳞片之下的）侧线器官。

　　　　　　　　　　　　　动物们的神奇感官

第三节　听觉器官是怎样工作的？

汉斯·哈斯曾经在加勒比海做过一次危险的实验。此前，他一直在想：在他用鱼叉抓到鱼的几秒钟后，为什么几乎总是会有原先看不到的鲨鱼冲着他所抓到的鱼飞奔而来呢？鲨鱼是怎么知道远处有它想要的东西的呢？原因不可能是当时它看见了，因为鱼远在它所能看清东西的距离之外。原因也不可能是它闻到了血的气味，因为气味不可能以闪电般的速度传播。那么，难道是因为它听到了什么吗？

哈斯博士抓到了一条大鲈鱼，但这次是用吊索抓的。那鲈鱼立即开始挣扎，正如他所预料的，一条鲨鱼在几秒钟内就出现了。与此同时，他松开了吊索，因而，那鲈鱼平静了下来，并游开了，好像什么事都没有发生过似的。这时，那条鲨鱼看起来有点儿困惑；在没有受到攻击或骚扰的情况下，那条鲈鱼在附近游了几圈，然后就消失了。

显然，挣扎时疯狂拍打着鳍的鲈鱼在水下造成了一阵喧嚣，这种人类用肉耳听不见的声音将鲨鱼引向了那个地方，而那条鲨鱼当时的所作所为很像一个被召唤到发生骚乱之处的警察。当鲨鱼到达目的地时，那曾经引发了它的食欲的声音已经停息了，因而，它也就不再有任何进一步行动的动力。

顺便说一下，饥饿的鲨鱼是以别的方式捕猎的。它会从水下很深的地方突然往上冲，恰好到达某座珊瑚礁的峭壁之上，而后突然向鱼群发起进攻，将那些鱼从珊瑚礁的避难所里驱赶出来。然后，那条鲨鱼又将那些鱼赶到宽阔的水域，并在那里抓住它们。在鱼类丰富的区域，鲨鱼绝不会饿肚子。但在食物资源不丰富的地方，挣扎所造成的喧嚣和鲜血的气味就会唤起它们不可抗拒的摧毁伤病者的欲望。这就是鲨鱼也会对游泳者和沉船上的幸存者发起攻击的原因。但对未穿防护服而保持静止不动的潜水者，鲨鱼的反应通常与对被从吊索上松开的鲈鱼的反应一样。

这解释了声音刺激是如何引发攻击欲望的，但不能解释鲨鱼是如何迅速地找到不可见的声音源头的，因为埋在鲨鱼体内的耳朵最不适合分辨方向。因此，合乎逻辑的推论只能是：鱼类是用耳朵以外的其他感官来确定水中骚动所在的位置的，这种感官就是它们的侧线器官（见图64）。

在许多种鱼的头部两侧，我们都可看到一条通向尾巴的直线；

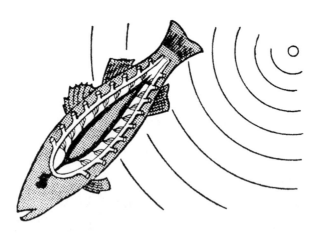

图64　鱼类的侧线器官（在此图中，该器官的相对尺寸已被放大）靠无数的"舷窗"（这里进行了简化处理）感知从身体四周流过的水的压力波。管道系统中的神经末梢（黑色）向脑部发出关于水的压力波的信号，鱼脑则根据时间差来判断波浪来自何处

看上去，鱼的鳞片是沿着这条线连在一起的。有些喜欢吃鱼的人甚至认为那两条线是在告诉我们：这里才是切鱼的最佳的地方！但事实上，这个外在标记掩盖了乌得勒支大学教授斯文·迪克格拉夫（Sven Dijkgraaf）[21] 在鲨鱼身上研究过的一种奇特的自然结构（鲨鱼的这一结构与其他鱼的有所不同）。

鱼类身体的每一侧都有一条埋在皮肤上的侧线下方的细管，细管内充满特殊液体。这两条管子在鱼头部汇合。从这两条静脉状的管子中伸展出许多短小的死胡同状的侧管，这些短小侧管的末端仅靠一层极薄的膜封闭着，并直接与周围的水接触：无数的这种"耳膜"排列成一排，组成了要用显微镜才能看得到的微小的"舷窗"。

水的振动波就这样部分地传到管道系统中的液体里。但是，在这里，管子内部各处都有精细的感觉纤毛，它们就像狂风中的玉米秆一样被波浪运动搅动着，并将这种刺激报告给鱼脑。它们其实是通过液压装置来完成全新任务的有触觉感知能力的毛发。然后，通过一种附加装置，纤毛的触觉（在鱼脑中）被转变成振动感，而这代表着听力的初级阶段。

根据到达前后左右的压力波的时间差，鱼能非常准确地确定波浪源头的方向。淡水鱼首先将这种定位技术用于识别河流或溪流中水流的方向，沿海的鱼则用其来识别潮水的方向；然后，这种定位技术被用于感知游动中的鱼所在的位置，就像人类所用的船一样，游动中的鱼也会产生在相当远的距离之内都很明显的压力波。这些鱼可以是邻近的鱼群的成员，但也可以是相距较远的猎物或敌鱼。最后，这些鱼会接收到它们自己在游泳时所产生的压力波在遇到障碍物时所产生的回波。

鱼类的振动感觉已演化到非常精妙的程度，以至于它们甚至可以用振动觉来代替眼睛的视觉。那些生活在无光的洞穴和地下水道中的永恒黑暗中的盲鱼就可以证明这一点。对这些鱼来说，侧线器官和鼻子就已经完全够用了，尽管盲鱼的这两种感觉并不比那些有视力的鱼的更有效。

自然将侧线器官演化为耳朵的方法是很令人震撼的。[22] 最初，耳石出现在侧线器官的主管道通向头部的地方。在声波的作用下，耳石会产生振动，从而在位于耳石下方的感觉纤毛垫上施加一种有节奏的刺激。每一次振动都会让每一个感觉细胞向脑部发出一个电脉冲。正如我们在鳐鱼（演化史上最古老的鱼种之一）中发现的那样（见图 65），由于敏感性差，这种类型的耳朵的一种早期模型只对非常低沉的声音有反应。这种构造的耳朵跟不上振动频率超过每秒 120

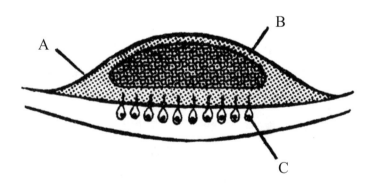

图 65　耳朵的"原始结构"：鳐鱼的耳石。耳石（B）嵌在凝胶状物质（A）中。当被声波所激发时，耳石会有节奏地刺激其下方的有感觉能力的毛丛（C）

动物们的神奇感官

次的声音；对鳝鱼来说，人类的语言是一种听不见的"超声波"。

鲤科和脂鲤科的鱼，以及泥鳅、裸臀鱼和鲇鱼等，就要好得多了。这些鱼的鳔是经由一串听小骨与耳石相连的。在鲤科中，米诺鱼的听力上限是 5~7 千赫的声波，侏儒鲇鱼的则达 13 千赫。

但是，问题在于：因为它们的听力器官只是由两块不灵敏的感觉细胞垫（一块用来感知较低沉的声音，另一块用来感知较高的音调）组成的，所以除了 400~800 赫兹的声波外，这些鱼并不能很好地辨别声音的频率。因此，在整个低频声谱中，这些鱼只能听到一小"段"固定不变的低沉音调；同样，在较高频声谱中，它们也只能听到一小"段"固定不变的高频音调。

我们能想象这一点，只是有点儿困难。因为人类所能听到的声波范围并不像一般所认为的那样是 16~20 000 赫兹。德国吕贝克大学耳鼻喉科专家汉斯·基茨博士和克劳斯·蒂姆（Claus Timm）博士[23] 已经证明：在声波发射器直接与颅骨接触而没有任何空气介入的情况下，我们人类能够听到所谓的超声波。但是，我们人类是将 20~176 千赫（蒂姆博士确定的人类听觉上限）之间任何数值的振动波感知为完全相同的音高的。虽然这个"超声范围"包含了 3 个八度音阶，但对我们人类来说，所有在物理学上可能的 36 种音调似乎是千篇一律的，它们听起来跟我们人以正常的方式听到的从空气中传来的最高音调完全一样。

因此，大自然得创造出一种特别出色的发明，以便赋予鸟类和人类及其他哺乳动物能够听到如此多样的音调的天赋。这一发明就是内耳的基底膜。

内耳到底是干什么的呢？让我们来假设我们听到了中央 C 音以

上的 3 个八度音阶，于是，我们耳中的镫骨在耳蜗的液柱上以每秒
2 048 次的频率振动起来。但若我们听到的是小提琴或长笛的声音，
那听起来就不一样了。其原因是，每种乐器的 2 048 赫兹的基本音调
被几个（4 096 赫兹、8 192 赫兹和 16 384 赫兹的）谐波振动所叠加了，
如此一来，一个纯音就变成了一种层次丰富的声音。

　　让我们用一次泛音与二次泛音来画出一种基本振动波。如图 66
所示，这时，如果我们改变相位关系，那么，我们就会得到一条完
全不同的组合曲线。在看这两条曲线时，有人可能会认为：在这两
种情况下，我们应该听到两种不同的声音。但事实上我们的耳朵没
有感觉到任何差异。

　　当我们的耳膜、听小骨和耳蜗中的液体按照合成曲线轨迹（就
像留声机唱片上的凹槽所显示的那样）振动时，耳朵中的某个地方肯

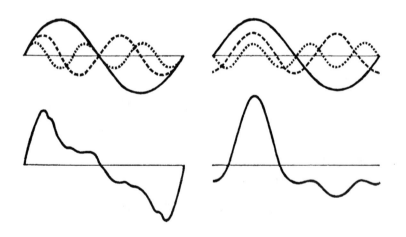

图 66　由同一基波和两个谐波构成的两种相位关系不同的声波

　　　　　　　　　　　　　　　　　　　动物们的神奇感官

定存在着一种机制可以将合成的曲线分解成它原本的组成部分，即一系列独立纯音（正弦振动波），一种基本音调和几个谐波音调。换言之，无论相位关系如何，在图 66 所示的这两种情况下，这种分解声音的机制都必须达到相同的结果。它不能像我们人的眼睛那样把这两条曲线看成两个不同的东西。

从理论上来讲，我们最好这样想象：在耳朵中的某个地方存在着类似于钢琴中的"琴弦"的东西。当图 66 中的振动击中这些"琴弦"时，在各种情况下，都会产生三种同样的振动波：基波、一次谐波和二次谐波。

有技术知识的人可能会说：就像舌头振动频率测量仪一样，耳朵必须能进行谐波或傅里叶分析（将复杂的合成波解析成简单正弦波的分析）。实际上，声波图像当然要比这里所图示的复杂得多，因为每个声音都包含着许多谐振波。例如，图 67 显示了哪些音调在什

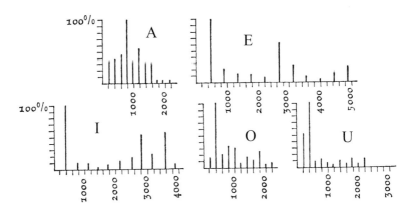

图 67　人类语言的元音是几种纯音的混合物。在此，我们看到了它们的构成（水平方向表示的是每秒的振动次数，即频率）和响度（垂直方向表示的是相对于最大音量的百分比）

么音量上会与人类语言中的元音共振。当我们在听交响乐团的演奏时，这种共振就会变得非常强烈。

在理论反思的基础上，物理学家赫尔曼·冯·赫姆霍尔茨（Hermann von Helmholtz）认为：我们肯定有一种设备可以用于分解我们耳中的声波。但在很长的一段时间内，科学家们并没有确定这个设备所在的位置及其工作方式。要找到这个分解设备，我们需要仔细地观察耳蜗的构造。

乍一看，这种骨骼结构的确与蜗牛壳有着惊人的相似之处。人类耳蜗的大小约为 0.5 立方厘米，有两个总长为 38 毫米的半螺旋。但耳蜗与蜗牛壳的关键区别在于其螺旋分为两条平行通道，即前庭和鼓室，这两部分由一层特殊的壁隔开。如图 68 所示，在耳蜗尖端，这两处合为一处。

振动波在耳蜗中的传播过程如下：通过密封的椭圆形前庭窗，振动的镫骨仅仅使前庭内的液柱产生运动。由此产生的冲击波一路蜿蜒上升到达耳蜗的尖端，在那里，冲击波又被转移到鼓室，又一路蜿蜒下降并顶在圆窗即蜗窗的膜上，由此，蜗窗对充满空气的中耳的压力做出了调节。

哈佛大学原任教授乔治·冯·贝克希（George von Bekesy）曾因阐明了这一过程中所发生的某些现象而被授予诺贝尔奖。例如，当耳朵收到一个完全的纯音时，前庭和鼓室之间的基底膜开始在蜗管中的某个特定位置振动（见图 69）。音调越高，振动点就越是靠近出入口；音调越低，机械性兴奋就向耳蜗尖端转移得越远。

在基底膜的那些振动点上，我们总算看到了那个声音分析装置。如图 66 所示，一个声音会使得基底膜上的 3 个不同的点振动起来；

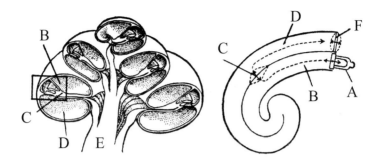

图 68　声音在耳蜗的横截面处被分解成其构成元素。镫骨（A）将声音振动波传到前庭管（B）的液柱上。基底膜（C）的一部分［前庭与鼓室（D）之间的那部分］开始振动（其振动次数与声波的振动次数相对应）。这一振动被神经细胞所感应并通过听觉神经束（E）发送给脑。振动液柱对充满空气的中耳的压力是由蜗窗（F）来调节的

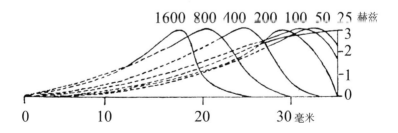

图 69　此图显示的是，在各种音高的纯音刺激下，耳蜗中的基底膜的哪些部分开始振动。图中，水平刻度表示的是离入口即椭圆形前庭窗的距离（以毫米为单位），垂直刻度表示的是振幅

按图 67 所示，元音 A 会使得 11 个不同的点振动起来。一个交响乐队所演奏的交响乐则会使得整堵墙都振动起来，只是，有些地方振动点多一些，另一些地方振动点少一些；而这一情况每隔 1/N 秒都会发生变化。最美的和声就这样被以最乏味的方式做物理分析，并被编排进无数听觉神经群发出的电脉冲之中。只有在我们的脑中，那些被分解了的声波才重新被构造成一种我们称为音乐的特别的感觉印象；我们称为语言或声音的东西也是这样被建构出来的。

听觉神经探测振动的方式非常清楚地表明：（人的）内耳起源于鱼的侧线器官。图 70 已经清楚地显示了这一点。在狭窄的通道中，

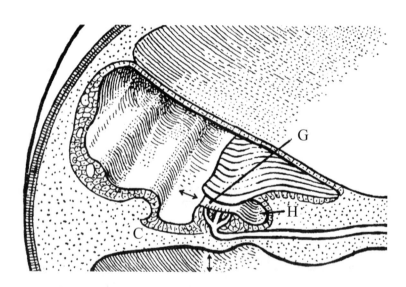

图 70　耳蜗部分的放大图。这一放大图显示了听觉神经被激发而进入兴奋状态的关键细节。被声音振动波传递到基底膜（C）上的最强振动所在的点位于垂直的双箭头上方。听觉介质液体被有节奏地从湾形空间（H）压出并进入狭窄通道（G），然后，又退回去。在狭窄通道里往返的强流流经一层有感觉能力的毛发细胞——内耳的螺旋器，刺激它们从而使之兴奋起来

通过有规律的挤压运动，通道壁的振动首先被转换成了介质液体的振动；这些振动又会倒过来刺激成群有听觉感受能力的毛发细胞。如果没有耳蜗中这一美妙的声音"解剖"设备，那么，鸟类和人类以及其他哺乳动物将无法感受各自丰富的声音世界。

此外，内耳在另一方面也与鱼类的侧线器官相似。神经细胞以放电的形式对振动波的起伏做出反应。但神经细胞的放电速度不能无限制地增加（对中央 C 音以上的 4 个八度的音，神经细胞每秒需发送 4 096 个电脉冲），所以，自然采用了分工的原理。在一组紧密相邻的神经细胞中，只有一个在任何给定的时间都有反应，而其他神经细胞则是惰性的。在面对下一个振动波时，则轮到另一个神经细胞做出反应，以此类推（见图 71）。

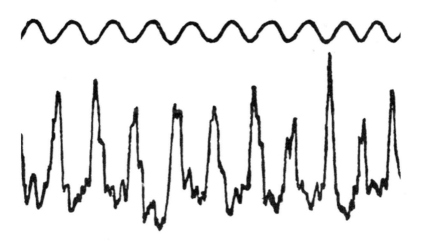

图 71　在 1 015 赫兹的纯正弦波（上部分）的刺激下，虎皮鹦鹉的听觉神经会发送这种刺激模式（下部分）。对声波的每一次起落，鹦鹉的神经细胞都有与之相对应的放电反应

这种通信技术最适合用来发送音高信号。关于声音响度的信息则表现得相当差，尽管可能声音越响亮，就有越多的听觉神经同时参与关于同一个振动的信号的发送。但当我们考虑到这一点，即人类可以分辨从轻柔的耳语到喷气式飞机发出的巨大轰鸣声的超过 350响度的声音时，下面这一点就变得很显然：对人类和其他哺乳动物来说，这种较低级脊椎动物和鸟类可能会将就着用的信号技术是不够用的。实际上，我们人类的内耳只有约 1/3 的听觉神经在以我刚才所描述的方式工作着。所有其他听觉神经的反应都是与刺激不同步的。它们是已经被高度调整过的响度测量表。

在所有这一切中，有件事似乎很奇怪。从图 69 中，人们可以得出结论：人类的耳朵只能非常粗略地区分不同的音高。当我们对听觉神经的灵敏度范围进行研究时，我们会形成相同的印象。如果我们对着螺旋通道中最大振动频率为 1 100 赫兹的那些振动点看，那么，我们就会发现：它们对 1 000 或 1 200 赫兹的振动数值做出的反应几乎无差异。

实际上，我们人类的耳朵有着好得多的分析能力，因为我们甚至能分辨出声音频率为 100.0 赫兹与 100.1 赫兹的区别，或 3 000 赫兹与 3 005 赫兹的区别。从原理上来解释这个令人惊奇的事实是简单的，但其细节则非常复杂：在神经系统对信号做统计处理时，耳蜗中听觉装置的粗糙度和神经的反应范围必须以极高的精度得到补偿。

德国斯图加特的 E. 兹维克（E. Zwicker）教授[24] 说："听觉可被看作一种即时进行数据处理的信号接收器。我们可设想这样一种电路，即这种电路只反应最大的兴奋状态而抑制与之同时振动的任何其他事物，但只有在它真正参与振动时才是这样。任何无论多么微

　　　　　　　　　　　　　　　动物们的神奇感官

妙的兴奋状态，其充分效果当然应得到另一种音调的和声的许可。

在此，我们再次碰上了一个前沿的未知领域。

所有这一切都更壮观，因为使我们能听到声音来自哪个方向的神经回路也是与之相连的。图 72 显示的是美国加利福尼亚大学心理学教授马克·R. 罗森兹维格（Mark R. Rosenzweig）[25] 绘制的从耳蜗到脑的听觉神经连接图。

如果声源恰好在一个人的相对于脸部正前方来说右侧 90° 的地方，那么，空气振动到达右耳的时间将比到达左边的时间早 0.5 毫

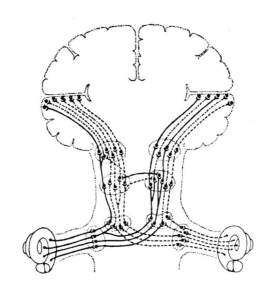

图 72　从耳蜗到脑的听觉神经连接让人想起电子计算机中的接线。在这里，0.1 毫秒的时间差被转换成了不同的响度，响度差又成了声音方位的量角器。该简化图显示了来自左耳、右耳和左右联合后的一些神经束（分别用实线、虚线和点划线表示）的走向

秒。如果声音来自一个人朝前右侧 5° 角的地方，即在声波几乎直线前进的情况下，那么，声波达到两耳的时间差就只有 0.04 毫秒。但神经信号从耳朵传到脑的时间需要 10 毫秒，即为上述时间差的 20 倍或 250 倍。如此迟钝的神经怎么能够感知这么小的时间差呢？几十年来，这一直被认为是不可能的。

但它们的确能。罗森兹维格教授以电子方式对被麻醉了的猫的听觉神经进行了追踪（见图 73），结果发现：关于左右两边声音的到达时间的比较不是在脑中发生的，而是在更早的时候在特殊的神经节中发生的。

图 72 显示了一些这种交换装置。根据罗森兹维格教授的理论可

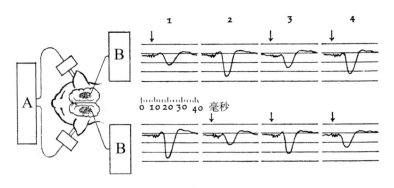

图73　被麻醉的猫的听觉脑区是如何对 4 种不同的声音刺激做出反应。当发声装置（A）向耳朵发送咔嗒声时，猫的脑电活动被电极所监测，并通过两个记录设备（B）而变得可见。

例 1：只朝右耳发出咔嗒声时，脑的左半球比右半球反应更强烈。

例 2：只朝左耳发出咔嗒声时，情况则相反。

例 3：如果同样响亮的咔嗒声指向两个耳朵，但到达右耳的咔嗒声比到达左耳的早 0.2 毫秒，那么，脑电脉冲的图形与（声音仅在右耳的）例 1 中的相似。

例 4：如果击中左耳的咔嗒声比击中右耳的咔嗒声早 0.2 毫秒，那么，就会产生相反的效果。

知，在每一个这种交换装置中，一个较早到达的刺激都会抑制在万分之几秒后到达的另一个刺激的传递。这是一种接力赛，其中，跑步者即电子信号都是一样快的，但它们所经过的路线的长度是不同的。它们以绕远路或走捷径的方式被发送出去。它们从右侧神经束转向左侧，有时又转回去。它们与最富于变化的伙伴们分开又合拢。

这产生了以下结果：如果声源在一个人的右侧，那么，脑左半球就会产生比右半球明显更强的电刺激。这样，极小的时间差就会被转换成实际上不存在但听觉上存在的响度差。左半脑感知到的声音越响，右半脑同时感知到的声音就越轻，声源就越靠右。

来自右边的声音对右耳的冲击当然也比对位于头部声影区的左耳的冲击更有力，而且，因为右耳的大部分听觉神经是连接到脑左半球的（见图72），所以左半脑就会受到更强烈的刺激。但是，实际上的响度差是微不足道的，因而，响度差本身根本不足以用来定位。由此，上述差异与转换只是对由时间差转换而来的响度差略有用处。这就是方向听觉的奥秘所在。

在此，我们又一次惊叹于我们的神经系统运作方式之奇妙，惊叹于长期以来都被认为不可能的自然掌控事物的原理之简单，惊叹于自然将这些原理付诸实施的技术之令人难以置信的复杂。当考虑到让所有这些无数的神经连接得以形成的成长过程时，我们会感到：与自然的杰作相比，人造的电脑中的布线就好像只是儿童的游戏。

第六章

触觉与振动觉

第一节　振动觉

"上午将近 10 点钟时，在智利太平洋沿岸的康塞普西翁上空，密集到将天空都遮得阴暗下来的巨大海鸟群尖叫着。11 点 30 分，家犬们纷纷从屋子里逃出。10 分钟后，一场地震就将这个地方摧毁了。"

这个 1835 年的报告来自英国气象学家罗伯特·菲茨罗伊（Robert Fitzroy）。在每次地震发生之后，我们都被告知：在地震发生前，马会不停地颤抖，狗会以一种特殊的方式狂吠，鸡则会惊慌失措地跑来跑去。1960 年前后，在阿加迪尔、斯科普里、智利和阿拉斯加州的地震灾难中，也发生了同样的情况。在意大利西西里岛上埃特纳火山的山坡上，农民们养猫，因为他们相信这种动物能预测火山爆发。当所有的猫都马上离开房子的时候，人们就会跟着冲出屋去。

这些说法是迷信性质的无稽之谈，还是其中也包含着真理的成分呢？目前，许多地球物理学家正努力打好地震预报的基础，因而对这一问题特别感兴趣。至少这一点是可信的：动物对导致地震的物理事件拥有某种感觉。

因此，1960 年，一位科学家第一次对这一奇怪的现象进行了调查。这位科学家就是在智利的瓦尔迪维亚大学任教的德国动物学家厄恩斯特·基利恩（Ernst Kilian）博士。[1]他希望能发现动物是否可用来预测地震，以及动物们能感受到哪些预兆。

由于人类也会感受到地震所造成的原始的惊慌性恐惧，所以对动物们的地震反应进行客观的观察是非常困难的。在主震摇撼着瓦尔迪维亚时，基利恩博士甚至不知道自己当时能否保持平衡，实际上他因为地震冲力而多次摔倒在地。但在1960年地震的11次大震和地震头三天后的100多次轻震过程中，他就能较好地做一些研究了。

大学马厩里的公马在每次震动前的5秒钟就开始发出嘶鸣声并颤抖起来。在一只雉鸡用响亮的"嘎咯"声来"宣布"每一次轻微地震的10秒钟之后，人类才能感觉到那一震动。那些根本就不会让基利恩博士担心的微震会对狗产生巨大的影响，以至于整个镇上的狗都会为之哀嚎上几分钟。然而，其他动物——羊、鸡和三头圈养的美洲狮——则无疑表现出了它们对微震的感觉迟钝。

由此，看起来可能性很大的情况是：对震动极为敏感的动物能通过人类几乎感觉不到的预震而受到"警告"，这种预震有时会在正式地震前好几天就预先出现。

但这还远不能解释地震预测的全部秘密。地球每年都要承受15万次轻震，但一场地震的预震有约20次。动物们也不会对地壳的轻微震动表现出丝毫的情绪反应，除非它们不久前曾经被强烈的震动所困扰过。

除轻震外，还有其他一些预示着地震的事件，如地磁暴；另外，因内部压力而产生的地壳爆裂有时也是由极高的大气压力引发的。这两种自然现象都应该是能被具有磁感和内部气压计的动物所感知

动物们的神奇感官

的。但是，在不大于十万分之一的概率下，这些现象后面才会伴有地震发生。

然而，基利恩博士认为：预震的某种震动模式或者它们和其他未知因素的某种特别的共存状态可能就是地震前奏的特征；因而，不同感觉印象的相应组合或许就具有唤醒动物脑中的恐惧中心的效果。

这一点尚未得到证明，因而可能看起来很奇怪。但从近年来关于动物感觉的所有发现来看，"天地之大，比你所能梦想到的多出更多"（莎士比亚《哈姆雷特》剧中著名台词）这一原则肯定适用。当然，某些动物能以最令人惊异的方式通过振动觉来了解震动。

例如，那些照料着自己的幼鱼的雄泰国斗鱼（五彩搏鱼）总是会遇到很多麻烦。在孵化出来两到三天后，小斗鱼就会离开鱼穴去看看南亚内陆湖的世界。成年雄斗鱼首先要努力做的事就是用嘴巴兜着这些"逃亡者"将它们带回鱼穴。因为后代数量众多，所以这件事情很快就变得比照看一大堆跳蚤更困难。

因此，那位厌倦了的斗鱼父亲开始了如下的行动 [引自沃尔夫迪特里希·屈梅（Wolfdietrich Kühme）博士的相关描述] [2]：

> 它漂浮在一个斜面上，嘴巴刚好在水面之下，猛烈地抖动着自己的胸鳍。40厘米之外的小斗鱼测定了振动中心所在的位置，并分批到达。那条成年雄斗鱼持续颤抖的时间越长（它最多可持续颤抖5分钟），它头部旁边所聚集的小斗鱼也就越多。它用了几次横向摆头动作将近旁的幼鱼吸入嘴中，又在不同的地方重复上述程序，而后在鱼穴处吐出了所有的小斗鱼。在小

斗鱼孵化出来 5 天左右，成年雄斗鱼用嘴来收集小斗鱼的活动就很快松懈下来。小斗鱼们在水面之下约 3 厘米深的地方游泳，不再能感知到它们父亲的抖动。

显然，振动持续时间的长短是区别制造了波浪的东西是坠入水中的物体还是父亲的召唤的唯一标准（振动持续时间长意味着该振动是斗鱼父亲有意发出的胸鳍振动）。

鱼类的交配行为也与此相似，因为（正如美国动物学家洛鲁斯和玛格丽·米尔恩所描述的那样）许多鱼在交配时并不互相接触，无论是 5 厘米长的棘背鱼还是 1 米长的鲑鱼，在交配时，雄鱼都只是在雌鱼附近猛烈颤抖，以使雌鱼能将卵产到水中。[3]

但是，如果一个人将一把桨放入水中，并设法让它在已准备好产卵的雌鲑鱼附近振动起来，那么，他就能引起同样的反应。动物们对自己的配偶的"想法"与人类的有很大不同。对许多鱼来说，除了其他东西外，这些"想法"（肯定）包括一种颤抖形式的兴奋状态，无论这种颤抖来源于哪里。

织网蜘蛛的振动感差异性更强。可以毫不夸张地说，蜘蛛网也可用作接收各种消息的电报线。所有的织网蜘蛛都生活在一个靠触觉来感知的世界中。织网蜘蛛的视觉很不发达，视觉在它们的生活中所起的作用很小。如果用不透明的面具来蒙住它们的 8 只眼睛，那么，它们仍然能跟有视力的蜘蛛一样生活、交配、进食和逃跑。但它们怎么知道自己所面对的是落入自己网中的猎物还是敌害，是一个向自己靠近的追求者还是一只正试图逃跑的年轻的蜘蛛？德国埃朗根-纽伦堡大学的欧文·特雷策尔（Erwin Tretzel）博士对这些问题进行了研究。[4]

雄园蛛会给自己选择的新娘"打电话"。"他"会把一根线连接到"她"的网上，而后以一定的节奏拉动那根线。相关的蜘蛛（雌蛛）会紧挨着这根线，以便用突然的快速弹击动作来使得那根线振动起来。根据雌蛛的反应方式以及"她"所发出的振动类型，雄蛛就能知道"他"被自己的新娘吃掉的风险有多大，或是否可以冒险与"她"交配。

蜘蛛母子之间的通信方式更有意思。漏斗形蜘蛛会在森林的地面上织一张水平铺开的网孔细小的大网，幼蛛们大多停留在 U 字形的管状生活区或特制的"托儿所"内。如果一只甲虫被蛛网捕住，那么，起初只有那个蜘蛛母亲会急匆匆地赶过来。当"她"分泌唾液并吸食猎物的血，或为了便于储存而将猎物包裹起来，或在做猎物的清洁工作时，"她"就会自动地使蛛网以轻微、柔和、低频的振动方式颤动起来。这种独特的蛛网振动方式就会被那些幼蛛理解为母亲让它们来参加盛宴的呼叫信号。

特雷策尔博士写道：与各种呼叫信号相比，蜘蛛母亲有一个标准化了的警告信号。具有呼唤效果的动作会使蛛网轻微柔和地振动，但警告则是由母蜘蛛的一只后腿的快速移动给蛛网造成的短暂而猛烈的晃动。这种警告的作用是告诫那些想要陪母亲攻击猎物的幼蛛们：赶紧回到安全的藏身之地去。母亲短暂地停下来，用一条后腿蹬着蛛网。看着那些顺从的幼蛛立即转身逃跑并匆匆返回藏身处，这真是一件有趣的事。只要一个被蛛网捕住的猎物仍在苦苦挣扎，幼蛛就会被要求回到藏身处。

由此看来，蜘蛛母亲的行为是非常合情合理的。我们得到的印象是，"她"在警告自己的幼崽：危险即将到来。但在对这种行为进行仔细研究后，所得到的证据却都不支持蜘蛛母亲具有对自己幼崽所面临的危险的意识。这是因为，在用实验方法制造出来的其他危险情形中，"她"会忘了发出警告；这一人为制造出来的危险情形是，当蜘蛛母亲和"她"的幼崽正在伸展开的蛛网上食用猎物时，实验者将第二个活着的猎物放在了蛛网上离它们不远的地方。

蜘蛛母亲对这第二个活着的猎物发起了攻击，但并没有事先把幼蛛送回到作为庇护所的管状生活区。在这种情况下，由于第二只猎物对蛛网所造成的猛烈冲击，"她"的幼崽们坐着不动，这对"她"来说就已经足够了。除非有幼崽突然心血来潮地想要陪伴"她"，否则"她"不会发出警告。所有的观察结果都指向这一结论：只有在蜘蛛母亲被急匆匆地跟在"她"身后的幼崽所妨碍而被困在猎物所在的位置时，"她"才会发出警告。

鸟类也能正确地理解某些冲击。在夜里，当一只知更鸟站在一根树枝上睡觉时，无论摇动树枝的风有多猛，它都不会注意。但如果知更鸟所感觉到的是由貂爬树所引起的非常轻微的典型的振动，那么，它就会动身逃跑，并常常能成功逃脱。

在蜂巢中，蜜蜂有一种固定的振动信号系统。我们经常听到蜂巢附近的嗡嗡声。蜜蜂感知不到这种空气中的声音，但它们的脚底却能感觉到同一蜂巢中其他蜜蜂扇翅所造成的蜂房振动。

众所周知，老蜂王与躺在蜂王室中的刚孵化出来的幼蜂之间会出现一种二重唱式的呼呼声和嗡嗡声。美国的阿德里安·M.温纳（Adrian M. Wenner）教授[5]对这种声音进行了详细的调查研究。

在危险的情况下，蜜蜂间会出现一种警报声，这种警报声会促

　　　　　　　　　　　　　　动物们的神奇感官

使所有的蜜蜂都处于一种激昂、狂怒的情绪之中。如果入侵者（比如说黄蜂）在飞行出入口出现，那么，卫兵就会用腿猛地跳上前去，并以每隔 2~3 秒重复一次的频率发出一种短促的声音信号，历时约 10 分钟。如果整个蜂巢被摇动，那么，就会有数百只蜜蜂同时发出同样的信号，这时，入侵者赶紧离开才是明智的。一旦侵扰结束，在几分钟内，蜂巢中就会弥漫着一种短促的吱吱声：警报解除了！于是，一切又都安静了下来。美国养蜂人用贴附在蜂巢上的电蜂鸣器人为地制造出了这种会使蜜蜂进入平静心情并阻止它们继续攻击的振动信号。这样，他们便可以在蜂巢里工作而不会被蜇伤。

被温纳教授称作奇怪的"合唱"的声音是在蜜蜂群集前响起的，因而，这是一种"准备群集"的信号。1959 年，一名美国工程师在蜂巢内设置了一个会对"合唱"性振动做出反应的警报装置，如此一来，养蜂人便可以知道即将发生的群集事件，并迅速赶上蜂群。

返回蜂巢的工蜂们能够通过振动告诉那些待在蜂巢中的蜜蜂它们去过的花地上花蜜质量如何。一只成功的工蜂会用摇尾舞告诉留在蜂巢中的蜜蜂采食地的方向和距离；在此期间，正如慕尼黑大学的哈拉尔德·埃施（Harald Esch）博士[6-7]所发现的那样，那些"舞者"会通过翅膀发出多种咔嗒声。花蜜或花粉的质量越好、数量越多、距离越近，工蜂发出咔嗒声的速度就越快。如果采食地点较近，那么，收集到的食物的质量变化会通过各不相同的振动次数被显示出来；如果采食地点很远，那么，收集到的食物的质量变化则会通过振动间隔时间的长短被显示出来。例如，在千米之外的一个采食场所中，糖溶液浓度从 0.5 摩 / 升到 2 摩 / 升的提高使得振动间隔时间从 50 毫秒缩短到 33 毫秒。

由此看来，蜜蜂是把食物的距离和质量放进一种很容易感觉到的（合算与否的）经济关系中去的。在蜜蜂们看来：距离很远的优质采食场所与距离较近但食物较贫瘠的采食场所在利用价值上是相等的。因此，那些在蜂巢中"待业"的蜜蜂可仅仅通过给花蜜"做广告"的工蜂所发出的振动来搞清楚哪些工蜂提供的备选采食地是最佳选择，在此基础上，进一步收集关于备选目标的飞行方向和距离的更详细的信息才是最明智的。

人类也有振动觉，而且，按约翰·林维尔（John Linvill）教授[8]的说法，人的振动觉要比通常所认为的好。自 1964 年开始，他一直在美国加利福尼亚州斯坦福大学为他的盲人女儿开发一种工具，这种工具能将光转化为振动，从而使人可凭振动觉感知到普通的印刷品。

这种盲人阅读器由一些小片的光电池拼接而成，这些光电池在印刷文本中一个字母接一个字母地扫过。所有位于黑点之上的光电池都会使压电晶体振动起来。可用指尖来触摸的压电晶体被置于同样放大的马赛克中。经过一番练习，那个当时 12 岁的女孩能根据不同的振动模式来识别不同的字母，并且能做到平均每分钟阅读 20 个单词。

第二节　触觉

蜂巢险些发生一场灾难。在那些繁忙的建筑者刚建造完一堵（储蜜）蜂窝墙时，R. 达尔钦（R. Darchen）教授把蜂巢箱倾斜了起来。老墙仍然坚硬，但还软着的新墙则慢慢地耷拉下来，并且快要堵住它下面的蜂窝状繁殖室的入口了。那会导致正在其中成长的一窝幼蜂死亡。

但那些蜜蜂立即采取有效措施将耷拉下来的墙支撑了起来，而且，顷刻间，数百只蜜蜂就在墙耷拉得最低的地方组成了一条活的柱状链条。蜜蜂们向前或向后伸出一双双腿，用自己的身体顶住了塌墙的压力，挡开了相当重的墙体。与此同时，其他建造蜂开始用蜂蜡做柱子，柱子做成后就可以完全接替那些"活柱"来承担顶墙工作了。[9]

我们很难不把这种维修工作看作理性的行为。里米·肖万教授发表了如下评论：

> 达尔钦的论文很有趣，因为蜜蜂的行为表明：那些关于动物只是受本能支配的传统观点并不符合事实。因此，蜜蜂就像预先设置好的机器一样工作的观点已被证明是完全错误的。事实上，情况要复杂得多。我们所面对的是一个能识别困难并解决问题的社群。因此，它们这种行为不是依赖于本能的机械的过程，而是一种更高级的活动。然而，在这种情况下，我也不想谈论智力，因为对这种现象，还需要一些其他东西来解释。[10]

然而，这一点已确定无疑：蜜蜂对建筑上的一些需要测量的东西（包括两个相邻蜂室须有的间距）是非常敏感的。一旦这个距离发生了变化，蜜蜂就会用尽一切办法（包括与矿工支撑洞顶相类似的方法）来恢复正常状态。

蜜蜂对蜂房六边形横截面的尺寸也有可靠的感知力。为雄幼蜂设计的蜂房要比为工蜂设计的大。因此，每次在产卵之前，蜂王都会用其有触觉的腹刚毛来做测量，以弄清某个或某些空蜂房是属于哪一种类型的。如果面对的是小蜂房，那么，"她"就会打开自己腹部上的一个类似于阀门的开关，让卵子滑出来，并使它受精。如果"她"发现面前的蜂房较大，那么，"她"就不会让卵子受精；这意味着它将变成一只"雄蜂"。蜂王对蜂房大小的测量能精确到 0.1毫米。

D. 梅里尔（D. Merrill）博士在密歇根大学做了一些有趣的实验，他用石蚕腹部的类似的毛发来测量长度。这种幼虫生活在流动的内陆水体中，不仅能筑巢，还能建造一种类似于蜗牛壳的带在身上的非常精巧的盒子。它们用尾巴顶端有感觉能力的毛发来感知那个管状盒子大小是否合适。在梅里尔博士把这些小毛发从幼虫身上切掉之后，它们会继续不停地建造盒子，就像一个在看引人入胜的电视节目的女人在编织一个过长的袖套。即使那个点缀着石头和树叶的丝质结构物已达到所需长度的 3 倍，并且可能已重到令它们无法前行，它们仍然没有停下来。[11]

在向受害者注射卵之前，北非蠓蝇也能搞清楚受害者的尺寸。从较大的粉虫蛹中孵化出来的北非蠓蝇总是雌蝇，而雄蝇则是从较小的粉虫蛹中孵化出来的。

长期以来，专家们一直对这一点感到困惑：猎胡蜂总是能以万无一失的方式找到猎物的薄弱之处。作为食肉的挖掘者，这种黄蜂会在飞行途中攻击蜜蜂，将它们抛到地上，用快速叮刺的方法使之麻痹，然后载着它们一起飞向自己的巢穴。

奇怪的是，猎胡蜂的毒刺无法穿透蜜蜂的盔甲。但是，在蜜蜂腹部第一双腿后面，有一块很小的很难被看见的柔软的地方，捕食者必须快如闪电地发现并击中它，才能置蜜蜂于死地。1962 年，W. 拉斯麦尔（W. Rathmayer）博士发现了这一秘密。猎胡蜂的刺鞘上有一个专门用来定位蜜蜂的这一未设防部位的高度特化的触觉器官。一旦猎胡蜂发现了那个未设防的部位，它就会刺过去。[12]

单单这些事例就已经可以让我们对触觉运用的多种不同方式有所了解。毫无疑问，触觉的主要功能是感知碰撞和接触，但它也已演化成一种能识别特定和一般形式的长度和形状的感官。

许多水栖动物也具有可被用于攻击的扩展性触觉。一种名叫"葡萄牙战舰水母"的动物有着长达 30 多米的钓丝（触须），考虑到它的行为，这一名称可谓名副其实。一旦一条鲭鱼大小的鱼被那些触须抓住，那些"葡萄牙战舰水母"便会向其连珠炮式地发射具有麻痹效果的荨麻类毒液，并将其拽到自己进食的息肉上。但如果它感觉到圆鲹属的鱼在它的钓丝上，那么，它会克制住所有的敌对行动。

深海鱼类的巨大触须可用来定位正在游动的猎物，这种触须也像蜘蛛网式的神经纤维。其他的长距离感觉器还有螃蟹和虾及鲇鱼的触须，这种触须使它们能够通过触摸来确定方位，而且，这种定位法的效果非常好。猫也能在黑暗中识别出它们用胡须所触碰到的物体，就像人用指尖来感知东西一样。只是，猫的这种感觉更精密，感知速度也更快。例如，根据洛鲁斯·米尔恩和玛格丽·米尔恩的研究，如果猫的胡须触碰到老鼠，那么，猫就会以捕鼠器的速度和精确度做出反应。[13]

沙漠跳鼠的超长胡须起着盲目着陆仪的作用。这种动物是在夜间活动的，它能用两条巨大的后腿像袋鼠一样跳跃。它的跳跃速度如此之快，以至于在汽车大灯射出的光束中，它看起来像是一支从地面上飞过的箭。如果地面崎岖不平，那么，它就很可能在黑暗中跌跌撞撞。奥地利维也纳大学的动物学家奥托·科尼格（Otto Koenig）教授描述了跳鼠是如何防止这一点的：

在跳跃时，跳鼠将两条几乎与躯干一样长的胡须朝向下方，因而，它总是能与地面保持触觉沟通。借助于这种方法，它就能为跳过任何坑洞、石头或灌木做好准备；如果有必要的话，它还能把其长长的尾巴当"垂直方向舵"用，在悬在空中时就突然改变方向（它的长尾巴也是与地面保持持久接触的）。[14]

第三节　方向感和风速感

做动物解剖学研究的科学家会时不时地发现一些其用途一时难以搞清楚的奇怪的感官。1957 年，在德国维尔茨堡大学的动物学研究所，神经生理学家迪特里希·伯克哈特（Dietrich Burkhardt）博士和冈特·施奈德（Gunter Schneider）博士 [15—16] 在研究一种寻常的动物——丽蝇——时就碰上了这种情况。

众所周知，在许多昆虫中，在连接触须与头部的两个关节中有少量感觉神经细胞，但它们的用途并不为人所知。为了发现它，这两位科学家进行了一项实验。

他们用一条特别的"带子"把一只丽蝇绑起来，将它放到一个小风洞里。事先，他们将用显微镜才能看得见的小电极插入触须接头处的单个感觉神经细胞中，以截取从那里发送到蝇脑的神经信号。

在风力为零时，触须神经处于完全沉默状态。但一旦有微风吹过，那些感觉神经细胞就开始以固定的时间间隔传送电脉冲。随着风速的加快，电脉冲的传送速度也稳步加快。

由此可见，在丽蝇的触须接头处有一个高效的风力指示器。气流逆对着肌肉的张力向后压迫着两条触须。触须接头处的感觉细胞记录下触须的倾斜情况，并将其转换成一系列相应的群发性神经信号。

下一个实验确认了这一发现。在一个无风的日子里，这两位科学家用一把镊子将丽蝇的两条触须往后压。这时，接头处的感觉细胞立即向丽蝇的脑部发出了与触须被风吹斜时同样的信号。丽蝇的反应也一样：它的翅膀摆出了飞行姿态——人们可能会用"它收起了起落架"这样的说法来描述这种状况；而且，根据触须被向后压的程度，在有规律的跳动期间，它还改变了其两个翼尖构成的"8"数字图案的形状和翅膀的起始角度。这两者都是苍蝇为改变飞行速度或浮力而采取的措施。

为了探索这一风力指示器在实际飞行过程中是如何运行的，那两位科学家又把丽蝇的触须压了回去，并将其牢牢固定在那个位置上。然后，在实验室里，他们让那只丽蝇在一条朝向窗户的"赛道"上飞了一段。他们确定：丽蝇的触须被朝后掰得越多，它的飞行速度就越慢。触须被压住后，神经电信号就会向蝇脑报告错误的飞行速度。丽蝇以为自己的飞行速度太快，因而调整了自己的拍翅频率，从而减慢自己的飞行速度。所有这一切都证实了这一假说：丽蝇是根据风速指示器的指示来决定自己的飞行速度的——这个结论并不像最初出现时那样明显，因为风速指示器对许多其他的昆虫来说有着不同的用途。

对某些昆虫来说，从"私人气象站"获得关于风速的信息也很重要。金蝇（丽蝇的一种近亲昆虫）在起飞前会用自己的触须感觉一下风速是否超过了每秒 2.5 米，如果是，那么它就不会起飞。由于它总是要迎着风飞以飞向散发着气味的地方，因此当风速快于其能向前飞的程度时，它越飞只能离目标越远。蝴蝶的行为也与此类似。

在动物界，长着长腿的屎壳郎（粪金龟）在社交方面是相当受认可的，但它的"抓路性能"并不好，对侧面风也十分敏感。因此，对它来说风力和风向指示器是非常有用的。在一系列有趣的实验中，德国蒂宾根大学动物研究所的乔治·比鲁科夫（Georg Birukow）教授发现了这一点。如果风从前面吹过来，那么，屎壳郎就会向前低下它的头；如果风从后面吹过来，那么，它就会将头昂得高高的。如果风从侧面吹过来，那么，它就会围绕着它的纵向轴线倾斜自己的身体，让它光滑的背对着风，看起来就像船"侧翻"的样子。风力越大，它为了将对风的阻力降到最低限度和提高腿的拉力所采取的那种姿态就越是明显而激昂。[17]

当蜜蜂正在朝着一个已知的蜜源方向飞去时，如果侧面风要迫使它偏离航线的话，那么，问题的处理就要更复杂些。1964 年，奥地利格拉茨大学的赫伯特·赫兰教授确定：蜜蜂触须接头处的风力指示器所测量的是其相对于周围空气的飞行速度，而复眼中的小眼面和特定的神经回路则通过类似的地面探测术确定了蜜蜂相对于地面的飞行速度。根据这两个速度值，蜜蜂就可以本能地计算出自己应取的相对于风向的角度，从而不会偏离航向。[18]

此外，在返巢时，蜜蜂还记得飞行时所要保持的角度，它会用自己的航线相对于太阳的角度进行计算，从而确定正确的飞行方向，这个飞行方向是指无风条件下本该采取的方向，而不是出行时实际

动物们的神奇感官

风况下所应采取的方向。由于风速和风向可能随时会发生变化，任何"在家待岗"的蜜蜂都必须向成功归巢的觅食者学习未经偏离的准确航线，然后重新计算它自己飞行时必须采取的相对于风向的飞行角度——这一飞行角度总是取决于当时的风况。

　　风实际上常常是阵风，因而，这一过程似乎是很复杂的。但是，1965 年，德国法兰克福大学马丁·林道尔教授的学生沃尔克·尼斯（Volker Neese）的发现带来了一个非常好的解决方案。在高倍放大镜下，人可以看到从蜜蜂的小眼面中伸展出许多细小的毛发（见图74）。这些都是有感觉能力的毛发，它们可以像操作杆一样被任何一阵风吹成弯曲状。这些眼部细毛使蜜蜂能测量阵风及其力量对自己的任何影响，从而通过快如闪电的飞行操控动作来平衡阵风对飞行的影响。[19]

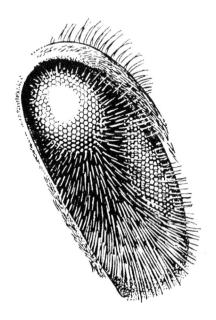

图 74　蜜蜂的眼睛上有一层毛茸茸的细毛！在构成其复眼的 2 500 个小眼面之间，有许多有感觉能力的精细毛发伸向空中。它们的排列方式使得它们不会阻挡蜜蜂的视线，而且，它们能对每阵风做出测量，这样，蜜蜂就可以用闪电般的飞行操控动作做出反应，以免被吹得偏离了航线。人只能在两个有光被反射出来的地方看到蜜蜂复眼的六边形图案

第七章

重力感、饥饿感与电感

第一节　重力感与平衡感

美国的心理学家们可通过一个人将挂歪的图片摆正的方式来收集关于一个人的性格的信息。这与我们判断我们站得是否直、其他物体是否处于与其所立平面垂直位置上的两种不同感觉有关。一种是内在的重力感和平衡感，另一种是对我们关于环境印象的视觉比较。在不同程度上，每个人都喜欢采取其中一种或另一种方式来定位。选择何种定位方式是无意识地发生的，它会反映出人格的本质特征。与视觉和痛觉一样，我们发现感觉印象是部分受性格支配的。

然而，初看起来，重力感是一种不受任何因素影响的精确的物理衡量过程。

就这一过程，大自然已经准备了两种不同类型的构造物。在人类、鸟类、鱼类和蠕虫以及原始软体动物和其他哺乳动物中，我们可以发现第一种的各种变种。第二种则是昆虫所专有的。

双壳类动物的这种感官是由最巧妙的简单方式构造而成的。在将自己埋进沙里，尤其是从沙里出来时，这些软体动物也必须确切地知道自己在什么方位。这些信息是由一个里面长满了有感觉能力的精细毛发细胞的空心球来提供的。在那个空心球中，有一块可以慢慢地在充满了制动液的空腔中滚动的小圆石。在地球引力的作用下，小圆石总是滚动到那个叫作平衡囊的囊式感官的最低点，并刺激那里的有感觉能力的毛发细胞（见图75）。

显然，在受到刺激时一些有感觉能力的毛发细胞会告诉蛤蜊："现在你的身体正处于适当的位置。保持这样的状态吧。"所有其他的毛发细胞在受到刺激时会立即触发运动，以便尽可能快地将蛤蜊移回到恰当的位置。

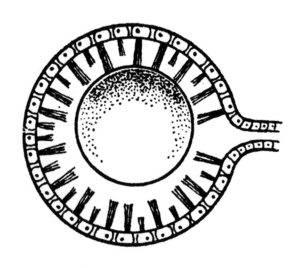

图75　扇贝的平衡感觉器官即所谓的平衡囊是一种简单而巧妙的装置。在长满有感觉能力的毛发细胞的腔体中，如果小圆石碰到特定的毛发细胞，那么，它们所发出的电脉冲就会被神经系统当作贝体处于平衡状态的信息。来自所有其他有感觉能力的毛发的电脉冲则总是旨在使贝壳尽快回到平衡状态

　　　　　　　　　　　　　　　动物们的神奇感官

在 1958 年以前，科学家们在昆虫身体上寻找这种平衡感觉器官或类似感官的努力都落空了。然而，毫无疑问，昆虫也能感知重力。直到 1965 年，德特勒夫·比克曼（Detlef Bückmann）博士 [1] 仍然认为：要解决这个问题，要找到一种具有某种已知功能的尚不为人所知的感官。

科学家们之所以在寻找这种感官上花了那么长时间，是因为他们很少关注昆虫身体上的一个特点：几个地方的细毛。不过，1958 年，U. 巴斯勒（U. Bassler）博士 [2] 在蚊子身上发现了答案；一年后，马丁·林道尔博士和 J. O. 内德尔（J. O. Nedel）博士 [3] 在蜜蜂身上发现了同样的答案；林道尔的助手休伯特·马克尔（Hubert Markl）博士 [4] 于 1962 年在红蚁身上也发现了同样的答案。这一答案就是：昆虫肢体关节处由有感觉能力的毛发构成的精细毛垫（见图 76）。它们起的作用与平衡囊内有感觉能力的毛发起的作用基本上一样，只是，平衡囊内刺激毛发的那部分摆锤在此被肢体取而代之了。

严格地说，这是对肢体位置的一种指示，它在向这种昆虫告知其头部、触须、腿和腹部的位置信息。但当多条肢体以同样的方式向正常肌肉张力的反方向偏离时，即被重力向下拉时，蚂蚁的脑会由此搞清楚重力的方向。没有这些信息，在迷宫般的蚁丘中，蚂蚁就几乎不可能找到它的路。

图 77 是一个较简单的例子。蚂蚁的腹部向侧面偏转 20° 是在提示蚂蚁：其身体轴线与垂直线成 45° 角。但是，如上所述，这一信息首先必须通过其他连带位置的指示值来确认。否则，蚂蚁就会以不同的方式解读这一信息，例如，解读为它所承载的重负所带来的影响。

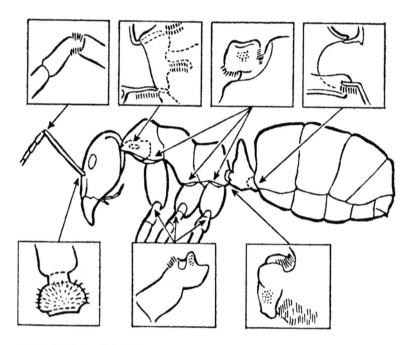

图76　如图中放大的部分所示，蚂蚁的所有关节处都有由有感觉能力的细毛构成的精细毛垫。身体离正常位置越远，它所刺激的毛发也就越多。毛发通过神经纤维向脑发送每条肢体的位置信息

　　在人类的身体中，这一切又是如何工作的呢？我们的平衡器官与内耳紧密相连，图78是其所有基本部件的示意图。

　　在两个前庭囊中的每个囊即椭圆囊和球囊中，都有大片有感觉能力的细毛细胞。正如麦秆承受着其顶部沉重的麦穗一样，那些有感觉能力的毛发细胞顶着微小的钙质结晶。在重力的作用下，这些结晶体使毛发细胞发生弯曲，并以特有的方式刺激着它们。这大致上是蛤蜊平衡囊的一种精制版，是平衡感觉器官的典型代表。

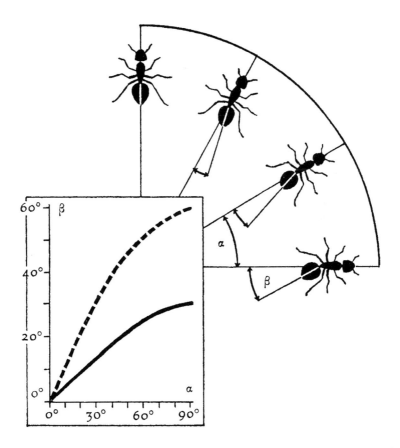

图 77　由重力引起的腹部偏斜被蚂蚁的脑用作身体相对于垂直线角度的量角器。根据腹部（与身体中轴线）偏斜的角度（β），蚂蚁总是能识别自己与垂直线偏离的角度。如果将那些有感觉能力的毛发移除，那么，在蚂蚁的认知中，这一偏离的角度就会增加到原来的两倍（见虚线图）

图 78 错综复杂的平衡器官。在充满液体的前庭中的椭圆囊（A）和
球囊（B）中，有作为实际平衡装置的成片的、有感觉能力的毛发细
胞。三条半规管（C）入口处成排的、有感觉能力的毛发细胞感知着
头部的每一个动作。神经束（D）直接通向眼神经系统和脑。E 表示
锤骨、砧骨和镫骨，F 表示内耳的耳蜗

　　这三条半规管起着不同的作用。它们也充满了内耳液——内淋
巴液。在每条半规管入口处都有一排有感觉能力的毛发。如果一个
人转动或摆动其头部，那么，那些半规管中就会发生某种在任何一
杯茶中都可观察到的事情：液体（似乎）不参与运动。但是，因为半

　　　　　　　　　　　　　　　　　　　　动物们的神奇感官

规管在移动，所以那些有感觉能力的毛发也能感知到刺激。

由此可见，这里有精确的三维几何学在起着作用。所有三条半规管都相互垂直，因而可以将头部的任何运动都分成三个部分，即（长度意义上的）水平部分、（高度意义上的）纵向垂直部分和横向垂直部分（与长度方向在同一水平面上互相垂直的宽度意义上的水平部分）。

这一复杂机制起着什么作用呢？对此，德国波恩大学医院的首席内科医师赫尔穆特·德谢尔（Hellmuth Decher）博士[5]给出了令人印象非常深刻的描述：

从平衡感觉器官和半规管到大脑、小脑、脑干、脊髓以及眼肌，或许还有神经系统的其他区域，有着无数的神经连接。在此，到底有多少感官与神经功能密切相关是一件令人困惑的事。

我们可能会有关于上下感的意识，但与此同时，上下感也是在无意识地起作用的。一旦站立的人将要脱离其所站的位置（从静态的角度来看是不稳定的，并且这种情况一直在发生），那么，平衡感觉器官就会立即将腿、躯干和手臂的肌肉群动员起来，以抵抗身体要倒下的倾向。

然而，身体控制系统也必须能够区分单纯的点头和整个人的翻滚运动。这就是半规管所要完成的任务。

即使在头部受到震动时，还是会有一幅图像固定的视觉印象被保存下来——当你读到这样的内容时，你可能会感到相当怀疑。我提到的是一种将视觉神经信息与头部位置声明进行比较的神秘的计算机制。在半规管的感觉神经中和这些感觉神经与视觉神经的合作中，我们就遇到了这一计算机制。

目前我们只能假设半规管的感觉神经也与听觉神经相连接。在没有回声的开阔环境中，我们能立即识别出声音是来自右方还是左方——我已经详细讨论过方向听力。但是，如果在听的时候我们不在某种程度上前后晃动我们的头，那么，我们也许就无法判断是否有来自前方或后方的声音。由此，我们至少可以这样想象：头部在不同位置时声音的响度变化是互相映衬的，从而让我们产生声音"在前"或"在后"的印象。

如果平衡神经和半规管神经因某些疾病而不起作用，那么，我们就会被眩晕所压倒。我们倒下了，图像在我们眼前摇晃，我们不再能听得出声音是从哪个方向传来的。没有什么比这种能力的失效更能体现出一种感觉的价值了。

在德谢尔博士做相关的实验前，任何东西看起来都像物理学和"神经数学"一样精确，但他的实验所得出的结果则使他开始重新思考这个问题，这也是美国纽约州立大学南部医学中心教授赫尔曼·A.威特金（Herman A.Witkin）[6] 的观点。

他告诉自己：除了平衡感外，眼睛也在不停地看我们在空间中的位置。眼睛根据房间的角落、树、它所习惯的线条、地平线和其他可能的线索来确定方位。无可否认，在没有眼睛的情况下，平衡感也能独立运作，例如：当我们合上眼睑时，我们也能产生平衡与否的感觉。但只要我们一睁开眼睛，它们就开始对平衡感这种内部感觉起协助作用。

这两种感官对直立感的总体印象的贡献有多大呢？为了解决这个问题，威特金教授在他的实验室里创造了一个非常不自然的世界，在这个世界中，这两种感官不再互补，而是相互作对。

动物们的神奇感官

威特金用图 79 所示的实验装置扭曲了眼睛对直立感的影响。在实验中，受试者被绑在一把可向左侧或右侧倾斜任何距离的椅子上。受试者可看到的所有的东西就是一个没有第四堵墙的小房间的内部。这个房间也可独立于椅子向侧面倾斜。在房间和椅子这两者都在黑暗中被倾斜后，灯光亮了起来，这时，实验者可以调整椅子，直到受试者觉得他笔直地坐着。

　　事实上，这种情况非常罕见。那时，有些受试者其实是以 35°倾斜的方式悬挂着。在一个极端情况下，实验者问："这是你在餐桌前吃饭时的体位吗？"受试者回答："是。"但当时，他的身体的倾

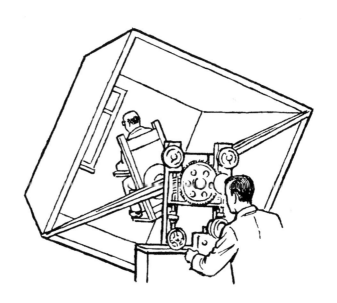

图 79　混淆人类平衡感的实验装置。被测试的人被绑在椅子上，那把椅子可向侧面倾斜；椅子位于房间正中间，房间也可独立于椅子向侧面倾斜。在这种实验中，许多人失去了直立感

斜度实际上达到了 52°。

在这种情况下，受试者是在不自觉地依赖于自己的眼睛而不是内在的平衡感来进行体位判断的。但是，一旦闭上眼睛，他们就会突然感觉到自己倾斜了；这时，只有遵从自己的重力感，他们才能精确地将自己调整到一个真正直立的体位。

后来威特金教授又做了第二个系列的测试，这个系列的测试要揭示的是：同一个受试者是如何根据自己的重力感或其对环境的视觉印象来判断其他物体直立与否的。他们再次坐在了可倾斜的椅子上，在完全黑暗的实验室里，只剩下两件东西要给他们看：其中一个是上面刷了荧光涂料的框架，另一个是放置在那个框架中的一根荧光棒。荧光棒是以完全直立的状态被放置在框架中的。

实验再次证明了：许多受试者都或多或少地要么依据环境（即框架的位置），要么依据他们自己的重力感来进行体位判断。但令威特金教授感到困惑的是：虽然不同的人的反应有着很大差异，但每个人在两种实验中都产生了完全一致的结果，即同样的倾斜角度！在第一种测试中，每个人都是在 32%、68% 的比例上分别依据其对环境的视觉印象和内部重力感进行定位的；在第二种测试中，这个比例是一样的。

人类感知自己身体位置的方式与其感知身外之物（如悬挂在墙上的照片）位置的方式是一样的，这是令人惊异的。通过测量，在此，我们可以计算出一个用百分比表示的"人格常数"。我们借之形成对自己和环境的印象，对一个想对这一基础性心理过程做出推测的心理学家来说，这当然是诱人的。

借助于一系列的心理学实验，威特金教授通过排除法系统地确

动物们的神奇感官

认了他的直觉的正确性。在此，我们不可能描述他做的心理学实验的所有过程，但我们可给出他的研究结论：一个人感知直立与否状态的方式与他的个人特质确实有着直接的关系。[7]

我们可以把所有的人分为"不依赖视野的人"和"依赖视野的人"，以及介于这两个极端之间的包含范围很广的中间类型。不依赖视野的人擅长解决难题，因为他们能够较容易地从复杂的相关事物中找出基本要素，并将这些基本要素与其他要素结合起来从而形成一种新的面貌；而那些完全依赖于视野的人，就像那些在身体严重倾斜时仍然相信自己坐得笔直的被试者，则很少有这样的分析和创造能力。

此外，这两种人在社会关系和社会行为方面的差异也很明显。那些不依赖自己视野的人也是相当独立于他们的环境和其他人的。他们不容易成为顺从社会习俗的人，他们不跟随时尚潮流。但是，在极端情况下，这种人是不善交际、不合群或怪异的。而那些依赖自己视野的人即因循守旧的人，则总是依据自己的环境，以纯粹的物理感觉去确定自己的方位。在定位方面，平均而言，女人的视觉依赖性比男人的强。*

小孩子几乎完全依赖自己的视野来定位。在 8 岁左右，孩子才开始出现不完全依赖视野来定位的独立倾向；然后，这种独立倾向会加速发展，加速的快慢则随孩子自身的天赋和教育的不同而有所不同。这种独立倾向在 13 岁时达到一个暂时的顶峰状态。这 水平一直保持到会出现意外的 17 岁。对大多数处于青春期的人来说，这

---

* 原文如此。结论的可靠性请具备相关知识和经验的读者自己判断。——译者注

种独立倾向会发生逆转。来自外部的要使他们合群、服从、适应工作和社会的强迫都有其心理效应。相对说来，在青春期仍在继续发展个体的独立倾向的人则很少。

所有这一切都能从人们感知直立与否状态的方式中被敏锐地观察到。

第二节　饥饿感与饱足感

许多超重的人处在一种两难的可怕处境中。他们要么吃得太多（公开地或偷偷地吃），要么以忍受持续不断的饥饿之痛的高昂代价来减肥。

对他们来说，将自己的苦难归咎于某种腺体或代谢的缺陷是会令其感到安慰的；当然，有时情况的确是这样，病因如此的肥胖也较容易被治愈。但不幸的是，截至本书写作时科学家们并没有发现任何可被看作肥胖的普遍原因的单一的代谢过程。

也许，问题的根源不在于身体的食物加工装置，而在于那些超重的人对所需饮食的评估，即在根据饥饿感与饱足感来进行的错误评估中。

这种隐隐的饥饿感到底是怎么回事？它又源自何处呢？在第一次世界大战之前，这似乎是一个容易回答的问题。美国人 W. B. 坎农（W. B. Cannon）博士和 A. L. 沃什伯恩（A. L. Washburn）博士 [8] 在狗的胃里面塞入了一个气球，他们不断地将气球吹鼓起来，然后又将里面的气放掉。当气球膨胀时，狗总是表现得好像完全满足的样子；即使几天没有吃东西，它也不会碰一下一盘食物。几秒钟后，球里

　　　　　　　　　　　　　动物们的神奇感官

的空气一放掉，它就会大口地吞食起那盘食物来。

由此可见，饱足感肯定与胃的扩张程度有关。胃壁上的肌肉组织实际上布满了对扩张做出反应并向大脑发送紧张状态信号的感觉神经（顺便说一下，几乎所有其他肌肉组织也都一样）。

除此之外还有更多情况。法国斯特拉斯堡的 C. 凯泽（C. Kayser）教授[9]描述了这样一个有趣的实验：在这个实验中，一只狗不是用嘴进食，而是通过一根从外面插入的塑料管直接将食物送进胃。这只狗需要吃几乎是平常食量两倍的食物才会出现饱了的迹象。因此，凯泽教授总结道：除胃扩张外，食物通过口腔、喉咙和食道的滑动也对饱足感的形成起了作用。

除了以上两方面，还有其他的因素。毕竟，大家都知道：熏肉和鸡蛋显然要比等量的水更容易填饱肚子。因此，身体肯定还有对所摄入食物的营养价值进行衡量的另一种标准。

这种营养价值衡量机制是怎么起作用的呢？脑外科医生发现：在脑的下半部分、下丘脑的中央位置，有一个可被称为饱感中枢的地方。它紧靠在控制体温的"恒温调节器"和感知血浆中盐分浓度的渴觉中枢旁，因此，控制着水的排泄和饮水欲望。

科学家们破坏了野鼠、家鼠、猫、狗和猴的饱感中枢，其结果都是一样的：这些动物都出现了可怕的贪食现象。在手术后的第一个月中，它们的体重就翻了一番。不过，一切都有其限度，在长得如此巨肥之后，它们的体重就不再增加。

两个事实由此暴露了出来。首先，下丘脑中的饱感中枢本质上是一种反过食机关。其次，我们有保证，如果这一抑制机制失效，那么，身体仍然有一种紧急"刹车"系统，这一"刹车"系统显然是一种更深层次的饱感中枢，它会被告知身体的脂肪储量。

除了饱感中枢，是否还有饥感中枢（摄食中枢）呢？是的。饥感中枢也位于下丘脑，它距离饱感中枢约有 0.5 毫米（见图 80）。如果这一饥饿警报器被破坏了，那么，就会发生相反的事情：那些实验动物会拒绝任何食物，而且不久就会在没有饥饿感的情况下饿死。在做了手术 9 天后，野鼠的体重减轻了 45%。可见，这一体重下降速度比饱感中枢被破坏后的增肥速度还要快。

怎样才能让饥感中枢和饱感中枢了解身体的营养状况呢？目前，有很多证据支持 J. 迈耶（J. Mayer）教授 [10] 的理论，这一理论大致如下：

就其本质来说，每个神经细胞本身就已经是血液中糖含量的一种测量仪器。与肌肉细胞不同的是，神经细胞并不储存糖，尽管若要能起作用它们就不断地需要糖分。因此，神经细胞必须不断地从

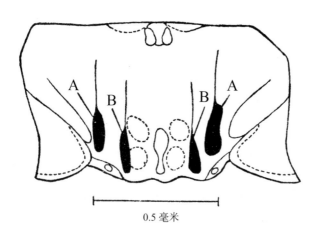

0.5 毫米

图 80　野鼠下丘脑中部前切面显示的饥感中枢（A）和饱感中枢（B）

　　　　　　　　　　　　　动物们的神奇感官

血液中获取糖分。如果血液中的糖分太少，那么，神经就不能很好地完成自己的任务。任何一个曾经真正长时间饥饿过的人都能够证实：饥饿状态会让思维瘫痪。但少量的葡萄糖就立即能使思维恢复正常。

饱感中枢的神经表现出了对糖特别敏感的反应，饱感中枢因此变成了测糖仪。饱感中枢的这些特殊神经产生了对糖的巨大渴求，它们从血液中所摄取的糖分要比饥感中枢的神经所摄取的多得多。这一点已在活体动物中得到证明：大量的糖分增加了饱感中枢的神经发送电脉冲的速率，并抑制了饥感中枢中的电活动。

准确地说，这两种互补的效应并不是对血糖绝对含量的量度，而是对动脉血和静脉血的血糖水平差异的量度；因为在这种情况下，糖尿病患者完全不应该感到饥饿。毫无疑问，这是非常复杂的，然而任何更简单的解决方案都会危及我们的生存。

但还有更多的因素要考虑。我们的饥感和饱感构成了一个预报部门。人与动物在炎热天气中为了保持体温而需要的"燃料"自然比在寒冷天气中所需的要少。然而，前面所描述的信使服务要在延迟一段时间后——也许甚至要到温度条件再次改变的时候——才会通知饱感中枢和饥感中枢关于变化了的"燃料"需求的信息。

因此，来自恒温调节器（就在饱感中枢和饥感中枢旁边）的直接消息服务提供了温度预报，这个预报向这两个中枢预告了关于身体所需糖分将要开始变化的信息。显然，恒温调节器的变化方式会影响到食欲的调节，因此，因体内温度升高而可节省的食物的准确数量将会事先被自动感受到。

科学家们用一只山羊来做的实验证实了这一点。他们可以随意地交替增加和减少动物的食欲：首先，通过一根插入的水管冷却恒温调节器；然后，又给它加温。

一位美国科学家（这里暂隐其名）将这些发现应用到他并不欢迎但又不得不邀请的客人身上：他在过热的房间里接待他们，因为那样一来，他们在吃饭时就不会多吃了！

即使到这一步，我们仍然没能详尽地探讨饥饿现象，因为来自其他脑区的神经也在调节中心会合。例如，其中一些神经来自负责与自我保护或物种存续有关的行为的脑区。广泛存在的食物竞争就是由这种神经交会所产生的现象之一。

此外，饱感和饥感与快感和不快感（泛指一切正面与负面情感）有关，愉快与不愉快的情感是在脑部中间系统（介于大脑皮质与爬虫类神经复合体及神经基底组织之间，包括下丘脑、丘脑、杏仁核、扣带回、海马体在内）中产生的。因此，科学家们也对这个区域中的神经通道进行了追踪，以便搞清楚心理过程是如何经由这些通道影响到身体的物理过程的。

许多过于肥胖的人不喜欢这种想法，因为（正如医生们所知道的那样），一些超重的病人宁愿将自己的肥胖归咎于器质性的而非心理性的原因。但是，从我在本节中的所有论述来看，显然，食欲的控制会受到许多方面的干扰。因此，至少从理论上说，过度肥胖的原因是多种多样的；其中，有些原因是心理性的。

德国汉堡大学医院的阿瑟·乔雷斯（Arthur Jores）教授[11]及其助手阿道夫·厄恩斯特·迈耶（Adolf Ernst Meyer）、赫伯特·迈施（Herbert Maisch）和弗雷贝格（Freyberger）博士对肥胖的心理病因进行了全面深入的研究。他们发现：那些过度肥胖的人在童年时期经

　　　　　　　　　　　　动物们的神奇感官

常从父母那里得到食物或糖果，以便用饮食来帮助自己摆脱情绪困扰。这样，饮食就逐渐成了他们消除负面情感的一种手段。

在一个实验中，汉堡大学医院的这些医生们将 40 个超重 50%~90% 的病人牢牢地绑住。过了一会儿，他们中的一半人就抱怨说感到忧郁和焦虑，但一旦重新开始吃食物，这些负面情绪就立即消失了。对至少一半受试者来说，吸收食物显然是为了摆脱不愉快的情感。

不幸的是，这一结论在实践中还没有太大用处。在精神治疗师的沙发上治疗肥胖症只在令人沮丧的少数例外情况下取得了成功；根据汉堡大学医院的那些医生的说法，童年时期形成的错误行为太根深蒂固了。

第三节　到底有多少种感官？

到底有多少种感官呢？读者可能会发现：在看完这本书之后，将其中讲到的各种感官全部加起来是一件有趣的事。但请不要忘记：这里提到的感官只是顺带提及的，比如会使人产生渴觉的器官和能使蜜蜂感受到二氧化碳的器官。

任何试图计算感官种数的人都会很快遇到很大的困难。人类的相机式眼睛、青蛙的相机式眼睛、蜜蜂的小眼面和蜜蜂的眼点——我们要将它们看作一种、两种、三种还是四种感官吗？或者，甚至五种感官？因为要看到光和色彩，必须有两种完全不同类型的神经、视杆细胞和视锥细胞。

也许，我们的听觉是由多种感官——感知响度、（声源）方向、音高的器官以及理解语言和音乐的器官——协同作用产生的。我们吃东西时出现的对胃扩张程度的测量、食物从食管下滑的感觉、对食物的营养价值和血糖水平的测量——这些是四种还是两种感觉，或者也许只是一种感觉？

我们要根据什么来对感官或感觉进行分类和计算？难道是依据感觉细胞受刺激的方式，并将触觉、听觉、重力感和疼痛感或者还应包括嗅觉和味觉都列在"机械感觉"的名目下？这是一种过于草率因而毫无价值的处理方式。或者，我们应该以感觉细胞的各种"配件"——所有的那些细毛、膜、毛孔、充满液体的管子、迷路（迷宫式通道）、螺旋等——为感官或感觉的分类标准？但这些"配件"的结构类型实在太多样了。或者，我们是否应该将大脑处理刺激的方式看作可作为分类依据的基本特征？但是，这将是一个更加不可能完成的任务。

此外，还有许多我此前完全没有提到过的感官，比如：蜜蜂的大气湿度计[12]、苍蝇感知与调节方向的陀螺仪、肾脏中的压力表[13]。如果要讨论身体的所有内在感官的话，那么，这本书的厚度就至少要加倍。这些内在感官有：与大血管扩缩、毛细血管开合[14]、淋巴液调节、心脏跳动、窒息与呼吸驱动[15—16]、激素分泌的激活和抑制、肌肉紧张状况[17]、异物识别和抗体生产控制[18]等相关的感知与调节装置。

在这本书的框架内，我只能论及其中一小部分。在直接接受外物刺激的感官及其感觉中，我将只论述一种——最不寻常的电觉器官及其电感。

除了直接定位法外，动物界还有另外一种与此完全不同的方法，即"路标定位"。对我们人类来说，它总是显得特别令人羡慕。当鹳

　　　　　　　　　　　　　　　动物们的神奇感官

或莺从欧洲飞到遥远的非洲时，它们既看不到，也听不到，既触不到，也不能以其他方式直接觉察到它们的飞行目标。它们必须根据其他线索和路标来调整飞行路线。我们将在讨论完电感后再来讨论这个问题。

第四节　电感

我们可以用磁铁来抓鱼吗？当我这样说的时候，我所指的不是那些有着金属嘴的用硬纸板做的鱼，如儿童游戏套装里的纸板身金属嘴的假鱼，而是真正的活鱼。这听起来根本不可能，但这种钓鱼法的确已获得成功。首先做成这件事的是英国剑桥大学的动物学家H.W. 利斯曼（H. W. Lissmann）博士。[19]

在非洲内陆航道的一艘手划船上漂流时，他发现了一条长 1.5 米多的甚为壮观的裸臀鱼。当他在离那条鱼不到 0.5 米的范围内时，他在水面上方举着一块蹄形强磁铁。就像是被磁铁吸引着一样，那条大食肉鱼向磁铁靠近，并将其头部停在了磁铁正下方。当他来回移动磁铁时，那条鱼会慢慢地跟随着磁铁而动。后来，那位教授又用梳头发的方式让一把硬质橡胶梳子带上了电，然后用那把带电的梳子去靠近那条鱼，结果，那条鱼对那把梳子做出了与对磁铁所做的同样的反应，尽管在反应强度上要弱些。

这种令人惊异的把戏只对非洲裸臀鱼、非洲象鱼和南美魔鬼刀鱼（线翎电鳗）有效，对梭鱼或其他大多数鱼类则无效。这该怎么解释呢？

裸臀鱼是少数视力与听力都很差，也不依靠侧线器官的压力波接收器来感知环境的鱼种之一。它们用一种最奇特的方式——使自己所在环境通电——来给自己定位：如果环境中有东西扭曲了它们所产生的电场的电场线，并使之偏离了在不受干扰的情况下会采取的航线，那么，它们就能搞清楚周围发生了什么事（见图 81）。对我们人类来说，这可能是最奇怪、最难理解的感觉世界。它是如此不同寻常，以至于即使是在测量技术上也没有真正的可比性。它与雷达或声呐毫无共同之处，也与蝙蝠和海豚的超声波的世界有着根本的不同。那些带电的鱼不接收回声，也不测量时间间隔。

它们拥有一种我们完全缺乏的感觉。在学校里，科学教师总是难以讲明白电场的概念。毕竟，我们很容易通过铁屑来使磁场变得

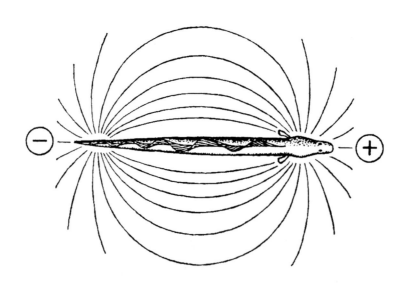

图 81　裸臀鱼所产生的电场的电场线就如棒状磁铁的磁力线。当周围出现异物时，电场线会发生扭曲（裸臀鱼就会由此感知到周围的事物）

　　　　　　　　　　　　　　　　　　　　　　动物们的神奇感官

可见。用类似的方法来显示电场则还是不要做的好，因为可能需要会引起危险的几千伏的高压电。

因此，对我们来说，电场线仍然是一个有点儿神秘的抽象概念。我们无法怀疑它们的存在，但我们不能以任何其他方式看到、听到、尝到、触到或体验到它们。然而，对裸臀鱼来说，电场线就是信息的主要媒介，就像光是人类获得信息的主要媒介一样。

不过，裸臀鱼并不像一个科学老师那样用高电压工作。裸臀鱼所产生的电不像电鳗的有 500~800 伏，也不像鲇鱼的有 450 伏，也不像电子射线的有 50 伏。依其体形大小，裸臀鱼在自身的"活体电池"中所产生的电只有 3~10 伏，那是一种脉冲式的直流电。裸臀鱼身体作为"活体电池"其正极在头部，负极在尾部。

裸臀鱼发出电脉冲的频率很高。在几乎终其一生的时间中，无论白天还是黑夜，无论醒着还是睡着了，这种鱼的电器官都在以每秒钟 300 次的频率不断地发出电脉冲。这种以固定频率不断发出电脉冲的现象就像是心跳，只是比心跳快得多。

然而，这种连续发送电脉冲的特性会产生一种不愉快的结果。如果两条相邻的裸臀鱼侵入对方的电场区域，那么，就像两部无线电发射机以同样的波长发送节目一样，它们会互相干扰对方的接收。但与无线电工程师相比，正如利斯曼博士所确定的那样，对该怎么应对这种情况，裸臀鱼要清楚得多。[20] 在干扰刚刚产生时，裸臀鱼就会暂停发送电脉冲；然后，它们就会突然改变电脉冲的发射频率，使各自以不同的频率工作，从而将对方的电脉冲与自己的区别开来。

如图 81 所示，每个电脉冲都会在鱼的周围产生一个球形的电场。

然而，水中的每个物体——任何植物、石头、陌生的鱼，或利斯曼教授所用的磁铁和带电的梳子——都会扭曲这种正常的电场线模式。那些导电性比水更好的物体会使电场线聚合，那些导电性比水差的东西则会使电场线散开。如图 82 所示，这种情况也改变了进入或离开裸臀鱼身体的电场线的密度。

如此一来，这种鱼就能感知电场线密度，并据之就它周围 90～180 厘米范围内发生的事情得出正确的结论。由此，它能识别出直径只有两毫米的玻璃棒，也能识别出两个形状相同但材料不同的物体。

利斯曼教授曾经展示过裸臀鱼对电的极端敏感性。即使电压只有每厘米一亿分之三伏（相当于电流密度仅为每平方厘米一亿分之四安培）的微小下降，这种鱼仍然会有反应。裸臀鱼能感知的这种电压或电流的变化实在太微小了，以至于无法对之进行具体的比较。

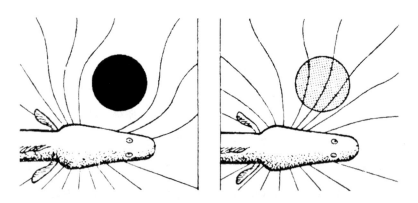

图 82　裸臀鱼只能按照电场线进入其头部的不同方式来识别它周围的环境。一种不良导体（左图中的黑球）会使电场线散开，而一种良导体（右图中的虚线球）则会使电场线聚在一起

　　　　　　　　　　　　　　　　　　　动物们的神奇感官

但有人可能会说：这种电感觉的灵敏度相当于可被单个光子激发的眼睛对光的灵敏度，或相当于能感知亚原子级振动的耳朵的灵敏度，或相当于能对单个分子做出嗅觉反应的蝴蝶的触须的灵敏度。

这种感觉如此卓越不凡，不仅应归功于裸臀鱼对电场变化的感知，也要归功于裸臀鱼对整个身体所接收到的电场强度的正确解读。我们应该记住：这种场强差异样式对裸臀鱼来说是环境中的唯一刺激。

例如，让我们来看看图82中的左图。在一个不良导体两侧放两个良导体可实现与一个不良导体引起的电场线偏离几乎相同的效果。由此可见，两个完全不同的东西可产生几乎（是几乎而不是完全）相同的刺激。裸臀鱼得靠这种极小的差异来识别完全改变了的环境：就鱼脑而言，这是几乎令人难以置信的。

裸臀鱼的脑的确完成了这个任务。说目前的发现而言，裸臀鱼脑中最大的区块只与电觉刺激的处理有关。生活在非洲内陆水域的象鱼也是用电场来定位的，就像人的大脑皮质比整个脑其余各部分的总和还要大一样，象鱼脑中的电觉区也已比其余脑区的总和还要大。

顺便说一下，象鱼是唯一像海豚一样具有明显游戏冲动的鱼。由于玩耍是需要较高智力的，因而，象鱼的脑似乎也有能力取得较高层次的成就。

然而，裸臀鱼必须对其测量技术进行彻底的简化。在游动的过程中，如果它像所有不带电的鱼一样做出曲折的动作，那么，它的脑就不可能判断出所接收到的电场的强度。因此，所有轻微带电的鱼——裸臀鱼、象鱼（约100种）和南美魔鬼刀鱼等——游动时的身体姿态都好像吞了一把扫帚一样僵硬。即使在转弯时，它们的脊椎仍然是僵直的。它们的身体是靠长鳍的波浪式运动来推进的（见图 83）。

　　然而，最重要的问题的答案仍是模糊的：这些鱼是如何产生电流的 [21]，它们又是通过什么手段来感知电流的？

　　利斯曼教授发现：在裸臀鱼身体的所有部位——头部、腹部和背部——的皮肤上都有精细的感觉微孔，它们以相当规则的方式排列着，彼此间相距约 2 毫米。从外表上来看，它们与味觉器官是难

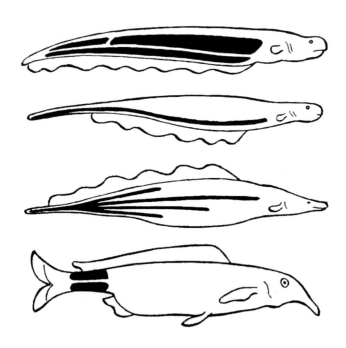

图 83　4 种不同的电鱼中的"活的发电机"（黑色）。从上到下：拥有 3 个独立发电器官的电鳗、南美魔鬼刀鱼、利斯曼教授研究过的非洲裸臀鱼、象鱼

　　　　　　　　　　　　　　　　　　　　　　　　　　动物们的神奇感官

以区分的；对鱼来说，味觉器官不仅在口腔中也在外表皮上。但是，这种电觉器官只有在被电场所激发时才会向脑发出信号。这种电觉器官的微孔是一根微型管子的入口，里面充满了胶状物质。这种胶状物质的导电性特别好，因此，它能像透镜一样将电场线聚集起来。在0.1毫米之下，这根微型管子进入了一个其底部分布着神经细胞的球形腔体（见图84）。

电刺激在这里是如何转化为神经电信号的呢？科学家们发现：这跟视觉、触觉、听觉、嗅觉和其他感觉细胞中刺激的转化一样难以解释。

为什么电鱼会有这种复杂而奇特的感觉呢？为什么它们不像其他的鱼一样使用眼睛或侧线器官呢？

图84　裸臀鱼的嵌在皮肤中的电觉器官。一个在显微镜下才能被看见的小管从外部通向里边的一个腔体。小管和腔体中都充满了可像透镜一样将电场线聚集起来的胶状物质。腔体底部分布着一些神经细胞

实际上，电鱼的眼睛只能用来感知某个时刻是白天还是黑夜。由于这种鱼生活在极其浑浊的水域中，因而，实际上它们很难用眼睛看清楚任何东西。另外，它们通常是在夜里觅食和狩猎的。但这仍然不是它们必须有电觉的理由。我们知道，在永久黑暗的地下水体中，那些没有视觉能力的鱼可用其侧线器官的压力波接收器很好地应对自己所处的环境。

这是另一个关键事实：几乎所有的微电鱼都生活在快速流动、水流湍急甚至波涛汹涌的溪流与河流中。在这种环境中，压力波感觉是注定要失效的。如果一种鱼想要征服这样一种生存空间，那么它就需要一种全新的秘密武器。

南美魔鬼刀鱼已经成功地演化出了对这种环境的一种非常惊人的特别的适应方式。这一鱼科的成员并不像裸臀鱼那样每秒钟发射300次电脉冲。有些种的南美魔鬼刀鱼发射电脉冲的频率很低，大概每秒只有两次；另一些种的南美魔鬼刀鱼会每秒钟发射1 600次电脉冲，在这两个极端之间还有很多中间或过渡形式。在河流的急流险滩区域中，通常生活着属于该科的几种鱼，那些电脉冲发射频率低的鱼在水流相对温和的地方安家，而那些电脉冲发射频率高的鱼则会去那些水流湍急且水势最为浩大的地方。

此外，电脉冲的发射也可被用作一种通信手段。有些过群居生活的象鱼用电信号来维持鱼群的聚集状态。但大多数象鱼都是攻击性强的独居鱼种。因此，这些鱼会把电用于相反的目的——标出自己所占据的河流中"疆域"的边界线。德国蒂宾根大学的弗朗兹·P.莫赫雷斯教授[22]描述了两个"对手"间的富于戏剧性的电力对决。

如果同种的另一个雄性侵入一块已被其他雄性占据的领地，那

动物们的神奇感官

么，那个入侵者离那个占有者越近就会越多地感知到占有者所放出的电流。但是，那块领地的占有者也会觉察到入侵者的靠近。在通常情况下，双方都会通过加速并加强放电来应对敌方的信号。除非它们中的一个退出，否则，就会发生一场放电战。这很快就演变成一场以暴怒的猛击和狠咬进行的真正的战斗。

然而，在大多数情况下，由威胁性放电模式所表明的"政治高度紧张状态"就足以促使其中的一个打斗者撤出。图85记录了这样一场限于放电的领域（领水）战争。首先，这幅图显示了水域所有者的放电模式；然后，显示的是争吵的开始阶段；那些放电动作很快就会相互紧跟，以至于达到无法再发出每个都明显相对独立的电脉冲的程度。不过，莫赫雷斯教授注意到：争斗双方间的"放电战"会逐渐变成其中一方的"独白"。最后，我们会看到：那个胜利了

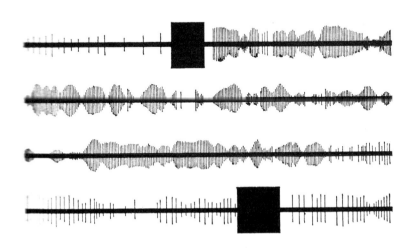

图85 示波器所显示的两条象鱼为争夺领地而进行的放电战

的水域主人逐渐平静了下来。

在这个例子中，象鱼的放电与鸟类的所谓领地战歌显然起着同样的作用。鱼的领地范围就是其所放的电可在水下被（别的鱼）感知到的距离，对那些夜间活动并生活在基本混浊的水域中的动物来说，这是一种非常实用的领水划分方法。

我们想要知道的还有更多的事情。当然，在产卵时节，如果象鱼要作为一个物种生存下去的话，那么，它就必须暂时搁置自己的独居性。已做好繁殖准备的状态是否会显示在放电行为的变化中呢？或者，是否甚至可能有"放电形式的交配歌曲"呢？这并不会令人惊讶。

但这并未穷尽所有的可能性。正如莫赫雷斯教授的同事威廉·哈德（Wilhelm Harder）博士[23]所指出的那样，电鳗有可能是在用电脉冲来吸引其所需要的鱼，即在进行常规的电诱式捕鱼。

利用金枪鱼行为中的一种迄今未能得到解释的现象，渔民们可以轻易地将金枪鱼吸引到钓线和渔网附近：金枪鱼会游到一个正在发出特定强度和发射频率的直流电脉冲的地方。电鳗是否也利用了这种现代技术手段并自古以来就是这么做的呢？这一点目前还没有定论。但它肯定拥有三种不同类型的电脉冲发射器（见图83）。电鳗用低压电器官以与刚才描述过的那些带微电的鱼一样的方式来确定物体的方位。电鳗身上的第二种"活体电池"会产生电击，在电脉冲的形状与持续时间上，这种电击与那些给用电捕鱼的渔民们带来最好收获的电流具有惊人的一致性。

最后，我们可以在电鳗的第三个电器官上"贴上"这样一个布告：当心，高压危险！根据体形大小不同，电鳗会产生 300~800 伏的电压。一旦它所捕食的鱼已经在足够近的距离之内，电鳗就会用电脉冲对它进行常规性的攻击。由于猎物的导电性比周围的淡水好得多，它就像避雷针一样吸引了敌鱼的放电。受害者立即开始扭动起身子来。它的肌肉在收缩，好像在抽搐、颤抖和震颤。在被电晕因而毫无防卫能力的情况下，它只能任由那个气势汹汹的猎手摆布，并且会立即被其所吞食。

第八章

迁 徙

第一节　鸟的迁徙

如果没有地图或路标，没有知道路线的旅伴或者能事先告诉他如何到达目的地的人，谁敢从德国前往南非而后又返回呢？但这正是数以百万计的候鸟每年都要做的事情，包括找到并回到它们确切的出生地——比如说，某个特定城镇中的 Z 区、Y 街、X 号的房子的后花园中的左边第二棵橡树。当想到其中所涉及的成就时，我们就会惊讶得喘不过气来。但在世界上的其他地方，鸟类迁徙所采取的形式甚至比欧非两洲间的空中旅行更为惊人（见图 86）。

当欧洲杜鹃迁徙到中非时，其新西兰亲属——青铜杜鹃——也为它们的幼崽留下了一个时间表。E. 托马斯·吉利亚德（E. Thomas Gilliard）博士[1]报告说：一旦雌青铜杜鹃把蛋下在了其他小鸟的巢中，它就会奔向自己的冬季寓所。过了一个月之后，它的那些由陌生的养母满怀慈爱地养大的幼崽就会在没有它指导的情况下，从这里自行跟上它的迁徙旅程。

首先，它们向西飞行 2 000 千米到澳大利亚，这条路线要跨越没有任何岛屿的巨大的海洋。在澳大利亚为休息与进食而作短暂停留后，它们又继续沿着整个海岸线北行，穿越新几内亚岛，到达俾斯麦群岛。在飞行了总共将近 6 500 千米的路程后，它们终于在这里与此前从未谋面，也不会认作家庭成员的父母会合了。然而，正是这些父母，在它们甚至还未被孵化出来时，就已给了它们"机票"。

再来看看每年在太平洋上空飞行的长着细长的喙的剪嘴鸥。1798 年，当弗林德斯（Flinders）船长和他的随船医生巴斯（Bass）博士第一次越过澳大利亚大陆和塔斯马尼亚岛之间的海峡时，他们报告说："一个约 300 米宽的密集鸟群从我们的船上方飞过，且连续飞了 90 分钟。我们估计这群鸟的数目为 1.51 亿只。

今天的估计也会给出同样的数字，尽管几十年来许多剪嘴鸥已被射杀并被做成了鸟肉罐头。无论如何，这群剪嘴鸥的数量都是十分巨大的。但它们来自何处又飞向哪里呢？为了探明这一点，在 20 世纪 60 年代早期，动物学家约翰·沃勒姆（John Warham）和 D. L. 瑟文蒂（D. L. Serventy）博士[2] 给 3.2 万只鸟戴上了脚环。由此，他们得以追踪这些剪嘴鸥的飞行路线，并确立了以下的环球飞行时间表：

这群鸟是在 9 月 26 日和 27 日夜间抵达塔斯马尼亚州的岛上繁殖基地的。在经过几天的求爱和交配后，所有的鸟再次消失在茫茫大海中。但在 11 月 19 日，这个数量达数百万只的鸟群突然又回到了繁殖基地，并将鸟蛋下在土沟里。起初，雄鸟用两周的时间来孵蛋，雌鸟则在 1 000 千米外的海域捕鱼。然后，鸟夫妻在巢中轮值 11~14 天。1 月中旬，雏鸟纷纷出壳；于是，鸟父母又给它们喂食，直到 4 月中旬。

这时，伟大的航程开始了。这个数量达数百万只的鸟群首先向北飞行约 1 万千米，穿越太平洋中的珊瑚海，再经美拉尼西亚群岛和密克罗尼西亚群岛，穿越朝鲜海峡进入日本海。

　　　　　　　　　　　　　　　动物们的神奇感官

6 月份，这群鸟出现在西伯利亚和阿拉斯加之间的白令海上空；8 月份，它们沿着加拿大太平洋沿岸向南飞。在加拿大和美国之间的边界纬度线附近，这群剪嘴鸥又转向西南航线，并经过夏威夷群岛和斐济群岛，穿越整个中太平洋；在经过总航程超过 3.2 万千米的飞行后，它们终于在 9 月 26 日和 27 日再次准时到达塔斯马尼亚海岸。

　　迄今，科学家们假定：动物尤其是候鸟是用白昼长度来标示其"内部日历"的。然而，在剪嘴鸥在穿越不同纬度的航线上飞行几天的情况下，它们每天所经历的白昼时间长度是相差很大的。因而，在这种情况下，这种时间测量装置似乎是不会起作用的。由此，目前，鸟类到底用什么日历才能使其按照如此精确的时间表实现迁徙——这仍然是一个谜。

　　剪嘴鸥的西方亲属鸟——大剪嘴鸥每年的迁徙行程只有 2.4 万千米。但它也实现了一种飞行奇迹：从斯堪的纳维亚起飞，经过格陵兰岛、冰岛和纽芬兰岛，几乎完全在海上飞行；然后，找到通往南大西洋中部偏远的特里斯坦-达库尼亚群岛的路，在那个群岛上，400 万只大剪嘴鸥一起筑巢。大剪嘴鸥似乎对自己的迁徙路线有绝对的把握，因为在公海上它们就已经开始求爱。

　　永恒的夏日和阳光是北极燕鸥的梦想，这种鸟是在南北两极之间来回迁徙、无法安宁的流浪者。在午夜的太阳即将沉没到格陵兰岛西部和加拿大北部岛屿的地平线下时，这种鸟就再次开始了飞向格陵兰岛南端的旅程；然后，继续飞往西欧海岸，在那里，与来自冰岛的同种成员会合。

　　它们一起飞往非洲海岸。在塞内加尔达喀尔所在的纬度上，整个鸟群分成了两部分。其中一部分飞往南非开普敦，然后，穿越当时刚入夏的南极大陆。其余的鸟沿着从欧洲到巴西海岸的正常航线穿越大西洋。从那里，它们经火地岛或马尔维纳斯群岛（英称福克兰群岛）向南转到南极半岛；在南极洲，它们与从阿拉斯加半岛起飞沿着北南美洲太平洋沿岸一路飞过来的同种其他成员会合。

海鸟能穿越海洋也许并不奇怪，看起来相当不可思议的是：那些做出了长途跨洋飞行之举的居然是不会游泳的鸟。我已提到过青铜杜鹃长达 2 000 千米的空中航程，但美洲金鸻（凤头麦鸡的亲戚，比鸽子略小一点）的航程则远远地超过了青铜杜鹃的。金鸻从阿拉斯加半岛起飞，中途一站都不停歇地直飞夏威夷群岛，航程长达 4 000千米。它们中的一部分在夏威夷群岛过冬，其他的金鸻则又飞行同样的距离到太平洋中的马克萨斯群岛。

蒙古沙鸻每年从西伯利亚起飞，经马来半岛和印度尼西亚群岛，飞往澳大利亚；或经印度，然后飞行近 5 000 千米、穿越印度洋，到达南非。顺便说一下，这条路线也是在中国出生的小杜鹃鸟所采用的飞行路线。

世界巡回飞行的"王中王"是一种翼展达 2.7~4 米的白色海鸟，即漂泊信天翁。据记载，信天翁的飞行速度达每小时 80 千米，却不用扇动一次翅膀。这种鸟是我们人类迄今尚未能够模仿的动态滑翔技术方面的大师。它紧贴着海面不断滑翔，利用风力的变化来提供升力。借助于"动态滑翔"法，信天翁在很大程度上避免了动力飞行的必要性。

信天翁飞得那么远，而且是在海上杳无人迹的地方飞，因此，无人能追踪其飞行路线。但服务于美国海军的科学家们所做的一次实验则取得了惊人的成果。在中途岛中的一个岛上，黑背信天翁的

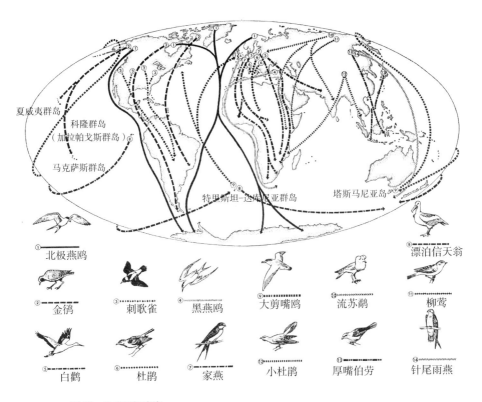

图 86　鸟类迁徙路线

① 北极燕鸥

② 金鸻　　　③ 刺歌雀　　　④ 黑燕鸥　　　⑨ 大剪嘴鸥　　　⑩ 流苏鹬　　　⑪ 柳莺

⑧ 漂泊信天翁

⑤ 白鹳　　　⑥ 杜鹃　　　⑦ 家燕　　　⑫ 小杜鹃　　　⑬ 厚嘴伯劳　　　⑭ 针尾雨燕

夏威夷群岛

科隆群岛
（加拉帕戈斯群岛）

马克萨斯群岛

特里斯坦-达库尼亚群岛　　　塔斯马尼亚岛

　　　一个繁殖群体干扰了一个美军新空军基地的飞行。因此，动物学家们想要把那些鸟转移到一个它们肯定不会再回到中途岛来的地方。

　　　在一项测试中，18 只成年信天翁被从中途岛用飞机分别送往华盛顿、阿拉斯加、日本、新儿内亚岛和萨摩亚，这些飞机的行程接近或超过 5 000 千米。结果，实验完全失败。在很短的时间内，14 只信天翁从所有上述太平洋沿岸地区返回中途岛，最快的那只在 10 天之后就返回了！这实在是一个会让获奖信鸽的饲养者深感嫉妒的归巢壮举。

然而，信天翁并未保持住速度纪录。在非洲南部过冬的仓燕也能达到同样的速度；欧洲雨燕甚至更快，其飞行速度在每分钟 1.5 千米左右。目前，世界上飞得最快的鸟被认为是雨燕的东亚亲戚——针尾雨燕。针尾雨燕迁徙时的行程是：从西伯利亚东部起飞，经日本、太平洋、新几内亚岛和澳大利亚飞往塔斯马尼亚岛。这种鸟的有记录的最高速度是每小时 145 千米——尽管一只鸟所能达到的最大速度与其平均迁徙速度无关。

关于候鸟的飞行高度，我们知之甚少。厄恩斯特·许茨（Ernst Schüz）教授[3]编写了一些有趣的观察资料。如果天气晴好，它们往往飞得很高，以至于人类肉眼无法看到。在西欧北部、大西洋东北部的北海和英吉利海峡（法国称拉芒什海峡）上空，有人在飞行高度为 1 800~3 600 米的飞机上看到了一些"大鸟"（但不知其为何种鸟）。

在德国旺格岛上的北海水疗中心东面的梅卢姆岛上，在用一架小型防空测距仪进行观测后，H. 瑞廷豪斯（H. Rittinghaus）博士[4]报告说，在那个地方，他没有看到过百灵鸟或金鸻的飞行高度有超过 365 米的。据瑞廷豪斯表述，他在那里所看到的凤头麦鸡和冠鸦很少会升到 450 米以上，寒鸦最多飞到 640 米的高度，秃鼻乌鸦则最多飞到 680 米的高度。

看来，这通常就是对鸟最有利的高度。从 640 米高的空中，从理论上来说，鸟可以看到 120 千米以内的东西。而且，在这一高度上，气温也不是太冷，空气中仍然含有大量氧气。

但是，西伯利亚鹤（白鹤）和流苏鹬则要飞越喜马拉雅山脉众多白雪覆顶的山峰。有可靠的观察表明：在这样做时，它们必须爬升到 5 500 米的高度才能通过某个垭口飞向温暖的印度。

　　　　　　　　　　　　　　　动物们的神奇感官

第二节　鲸和鱼的游走路线

曾经，连接智利沿海城镇和秘鲁的深海电缆多年间运作良好，据估计，这种情况还将持续数十年。但突然间，电报联系中断了，没有一个专家知道碰上什么麻烦了。

铺缆船唯一要做的事就是再次抬起从卡亚俄港口起铺的宝贵电缆。在距离港口约 96 千米的地方，船员们找到了故障。从 1 143 米深的地方，铺缆船拉上来一条长达 20 米的抹香鲸，它的身上到处都是电线造成的伤痕。这证明了抹香鲸可潜入任何常规潜艇都会被压坏的海洋深处。

它们潜到那么深的地方去做什么呢？为了搞清楚这个问题，汉斯·哈斯博士想出了一个大胆的计划：将一个耐压的胶卷照相机和反射器组合套件放在一只曾浮出水面的抹香鲸肚子上，然后让它潜入水中；当它重新出现时，取下那个已曝光的胶卷。

如果我们还记得帆船时代捕鲸者的完全真实的故事的话，那么，我们就知道：这样做是非常危险的。1820 年，从楠塔基特岛开出的"埃塞克斯号"捕鲸船正在太平洋中的一群抹香鲸中巡航。一头大雄抹香鲸偶然碰上了这艘船。船漏了，水开始涌入，船员们只得用泵来抽水。那头抹香鲸似乎也在碰撞中严重受伤，因为它在水里扭动着，仿佛被击晕了一样。

过了一段时间，它又恢复了。这时，它故意且狂怒地朝那艘大船冲了过去，它的冲击力是如此巨大，以至于船体一侧厚厚的橡木板被完全撞断了，船立刻沉了下去，20 名船员只得登上捕鲸小艇并努力寻找上岸的路。整整 3 个月后，被发现并得到救援的船员只剩下了 8 名。

这种致命的碰撞绝不是孤立事件。1867 年，一艘捕鲸船毫不费力地抓住一头体形异常大的鲸，那头鲸的身上有两把鱼叉，头部有巨大的伤口，伤口中有被撞木船的木料残桩朝外伸出来。

据报道，已受伤的老雄鲸在避开捕鲸者的攻击方面表现出了惊人的技巧。一头老雄鲸成功地摧毁了 4 艘鱼叉快艇（用鱼叉捕鱼的小船），并用强有力的尾鳍逐一砸碎了它们，或用巨嘴嚼碎了它们。对海员们来说，这种经验丰富的独居老鲸是众所周知的；海员们畏惧它们，将它们称作"撕咬鲸"或"战斗鲸"。就像梅尔维尔（Melville）在其小说中虚构的"莫比·迪克"（Moby Dick）一样，有些老雄鲸是有其作为个体的美名或恶名的。

据德国动物学家埃里克·道特（Erich Dautert）教授[5]说：其中一例是一头时常在新西兰周围水域中出现的被称为"新西兰汤姆"的巨大抹香鲸。据说，它通过蓄意袭击破坏了许多渔船，并杀死了船上的船员。为了结束其行径，有几艘帆船最终联合起来追捕它。为了自卫，那头巨鲸很快就砸烂了 9 条船，并杀死了 4 名男子。那个捕鲸队不得不放弃战斗，而那头鲸逃走了。

这就是汉斯·哈斯曾计划在其腹部绑上一个反射器和胶卷照相机的那种庞然大物。在请求一些本地捕鲸人打开一头抹香鲸的胃之后，他对大西洋中的亚速尔群岛产生了不愉快的震撼感。在那个被打开的胃中，除了别的东西之外，还有 3 头几乎还没有消化的鲨鱼尸体，其中最大的那头有 24 米多长。那几头鲨鱼显然是被抹香鲸意外吞下的。在经历这次事件后，哈斯博士的探险队成员中没有一个想要面对《圣经》中的约拿的命运，因而，他不得不放弃了他的计划。

动物们的神奇感官

因此，我们现在暂时还要依靠抹香鲸胃里的东西来帮助我们把海洋深处发生的事情拼凑起来。抹香鲸胃里的遗留物大部分是鱿鱼，这种动物也栖息在深海里。有些鱿鱼体长达 1.8 米，眼睛直径达 30 厘米；触手长 7.6 米，粗如人的大腿，其上长有吸盘。鱿鱼正是抹香鲸最喜欢的小菜，那头卷入了秘鲁海底电缆事件的鲸显然是把电缆误当作了大鱿鱼的触手。

几乎所有的抹香鲸头部都有深深的伤痕，那些伤是鱿鱼造成的，鱿鱼甚至能用吸盘撕下抹香鲸的皮肤。在被捕捉到的抹香鲸中，每 60 头中就有 1 头是脊椎严重扭曲的，捕鲸人汉诺·西利埃克斯（Hanno Ciliax）博士[6] 推测说：在水下黑暗的深处发生的战斗有时甚至会对鲸造成致命的伤害，尤其是在鲸还年轻的时候。

鱿鱼有时会聚集成巨大的群体，在海洋里漫游，也猎取食物。它们会被抹香鲸追捕，这就是鲸每年也都要按照固定的时间表参加海洋世界巡游的原因。

从 1800 年到 1860 年，在原先的捕鲸岁月中，那些海船船长可能比我们今天的科学家更了解抹香鲸的巡游路线。但他们中的一些人把自己的相关知识留给了自己，也把这些秘密带进了自己的坟墓。后来，美国石油工业的兴起大大减少了对鲸油的需求。

在 1955 年到 1958 年期间，为了支持科学研究，海船船长们再次对抹香鲸的巡游路线产生了兴趣。在阿姆斯特丹大学 E.J. 斯里帕（E. J. Slijper）教授[7—8] 的请求下，约 100 名荷兰（货轮、客轮和军舰的）船员在那段时间中观察了 1.1 万头鲸。当然，他们不能跟踪那些鲸，因此，就像玩拼图玩具一样，那些来自个人报告的相关事实得被拼接在一起（才能形成一幅相对完整的图景），而这一艰苦的合成工作得花上多年时间。

综合各种报告而最终形成的图景是这样的：在一年中的部分时间，雄抹香鲸是生活在封闭的雄性社会中的，它们在海洋中的巡游路线是不同于雌抹香鲸和未成年抹香鲸的。在太平洋地区，不同的抹香鲸团体显然每年会在某些地方"会聚"两次；在此，我不会透露那些聚集点，因为鲸已受到来自人类捕鲸队的灭绝性威胁。

"聚会"不久后，大鲸群就会再次分开几个星期时间，形成一些小鲸群。这时，雄鲸、雌鲸和未成年鲸会一起穿越海洋。通常，鲸的游速为每小时 16 千米。但鲸的肌肉力量是人类的千倍，如果有危险的话，它们可以使自己巨大的身躯以每小时约 30 千米的速度在大海中劈波斩浪。曾在几艘捕鲸船上航行的赫尔曼·梅尔维尔对穿越苏门答腊岛与爪哇岛之间的巽他海峡的一个鲸群进行了非常生动的描述。

但是，"部落"全体成员似乎都在旧捕鲸船的著名狩猎场中举行一年一度的庞大而松散的"集会"。我们还不知道这是由于那时在海洋深处聚集了大批鱿鱼，还是由于社交欲求。

长须鲸（鳍鲸）似乎也很清楚经印度尼西亚连接太平洋和印度洋的最佳路线。这种长达 25 米的庞然大物以极地海域中丰富的甲壳类动物为食，但它也会经常袭击鲱鱼群，并用它那张得大大的嘴像网兜一样地在拥挤的鲱鱼群中随意捕捞。

长须鲸每年都会改变自己经常出没的地方：从白令海到印度洋。每年春天，美国科学家们[9]都会在加利福尼亚州和俄勒冈州海岸边观察到长须鲸"舰队"。它们向北"航行"，经加拿大温哥华岛，向着富含浮游生物的极地水域方向发展。秋天，它们突然又回到俄勒

　　　　　　　　　　　　　动物们的神奇感官

冈州和加利福尼亚州海岸边，最后消失在茫茫的太平洋中。

它们是否的确是在几星期后途经印度尼西亚的鲸尚待密切调查。现已查明：长须鲸在体内积累了放射性锌同位素。（这给跟踪研究长须鲸带来了条件。）因此，科学家们将给它们喂更多但仍在安全剂量范围内的放射性锌同位素，以期配置了高灵敏度盖革-米勒计数器的科学调查船能与它们保持不间断的联系，并能对它们的全球巡游路线进行跟踪。

跟那些大型海洋哺乳动物一样，许多小得多的鱼也能在相当大范围内的海上航行。北海鳕鱼就是其中之一。[10] 以前，人们普遍认为：这种鱼是一生都待在北海中的。但是，1962 年，一些钓鱼专家用刻有数字的金属和塑料圆盘在北海鳕鱼的鳍上做了标记，结果证明：上述想法是错误的。诚然，在 2 月份，大部分鳕鱼聚集在多格浅滩的西南部，一到 4 月份就在那里产卵，然后再次分散到整个北海各处。但至少有一些被做了标记的北海鳕鱼穿过大西洋，到了加拿大纽芬兰岛沿岸的水域中猎食。

在本书成书不久前，金枪鱼[11] 出人意料地改变了它们的习惯。在第二次世界大战后，大群的金枪鱼突然出现在北海和（瑞典和丹麦之间的）卡特加特海峡，许多鲱鱼捕捉者转而开始捕捉这种高价鱼。德国迈尔·瓦登（Meyer Waarden）教授发现了这种人们意想不到的能让人发横财的鱼的巡游路线。

这种长达 1.8 米的巨型鲭科鱼在四五月份从摩洛哥和西班牙出发，首先到意大利西西里岛产卵。然后，它们从直布罗陀海峡离开地中海，经过爱尔兰西部，绕过苏格兰北端，转而向南行，然后及时到达多格浅滩，正好赶上那里的夏天鲱鱼季。后来，它们又沿着原先的路线返回地中海。

然而，一些年来，一场跨大西洋的"鱼口交换"事件发生了。[12] 出于尚不清楚的原因，金枪鱼突然大批地从大西洋欧洲近岸海域转移到大西洋美洲近岸海域，反向的转移同样存在。在太平洋中似乎也有"四海为家"的金枪鱼，因为科学家们借助于跟踪技术发现：美国加利福尼亚的鱼到了日本近岸海域。

自 1956 年以来，欧洲北海的金枪鱼就在莫名其妙地变得越来越少。如今，这些水域的金枪鱼捕捞已经停止，渔民们又在试图重新捕捞鲱鱼。

尽管如此，鲱鱼也给我们带来了问题。自 1959 年以来，鲱鱼的渔获量已经大大下降，以至于挪威的渔民已经在担忧生计问题。然而，导致这种现象的原因似乎并不是过度捕捞，而是大致一个多世纪以来发生的鲱鱼迁徙路线方面的一种奇怪的循环（见图 87）。

德国基尔海洋生物研究所的 G. 亨佩尔（G.Hempel）博士[13] 写道：

通过使用科学调查船、潜水艇、飞机和给数十万条鲱鱼做上的标记，关于挪威鲱鱼在冰岛东北部靠近北极前沿的摄食水域和挪威海岸边的产卵水域之间约 1 000 千米的迁徙路线，现在已经被调查得相当清楚。在夏天的觅食期结束之后，鲱鱼会撤退到冰岛东部的冷水中过几个月的冬休日子。1 月份，它们开始穿越大西洋东北部，在 180 多米的海洋深处向东前进。鲱鱼群通常会在黑暗降临时分散开来，但这里的鲱鱼却在没有光照的情况下仍然聚集在一起；在黑暗的遮蔽下，它们日行 75 千米。

　　　　　　　　　动物们的神奇感官

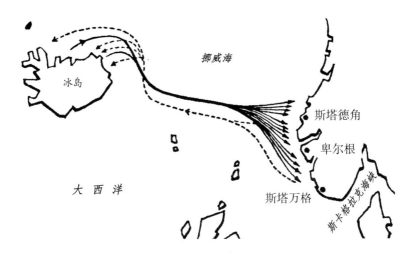

图 87　挪威鲱鱼的迁徙路线：从冰岛附近的摄食水域到挪威海岸边的产卵水域。但是，鲱鱼的产卵水域是随着迄今未知的自然规律而改变的。在 19 世纪末，鲱鱼的产卵水域是（位于丹麦日德兰半岛与挪威南部之间的）斯卡格拉克海峡；在 20 世纪后期，则是在斯塔德角北部。这一循环大约每 100 年重复一次

鲱鱼的目的地也受制于一些奇怪的变化。亨佩尔博士说：

　　现在正在消失的鲱鱼捕捞期开始于 19 世纪末，那时，渔民们可在斯卡格拉克海峡收获大量的鲱鱼。随着时间的推移，原本在挪威南部岸边海域的鲱鱼产卵地越来越多地向西部和北部移动。在第一次世界大战后，鲱鱼的主要产卵活动从挪威南部岸边海域转移到了西部岸边海域即斯塔万格周围的海域。在第二次世界大战中，鲱鱼的产卵活动又主要发生在卑尔根周围的海域。20世纪 60 年代末，鲱鱼的产卵区又转移到了靠近奥勒松和克里斯蒂安松的斯塔德角北部岸边海域。与此同时，随着产卵地点的转移，产卵时间也在推迟，从 12 月～1 月份推迟到了 3 月初。

以往的相关记录显示：在过去的几个世纪里也发生过类似的情况。事实上，挪威海洋生物学家 F. 迪沃德（F. Devoid）乐观地预测：目前的鲱鱼量衰退绝非预示着挪威鲱鱼捕捞业的终结，而是意味着它的一个新繁荣期即将开始。

此前，当鲱鱼产卵地从卡特加特海峡转移到斯塔德角时，渔民的渔获量也大量减少过："在一些年内，在罗弗敦群岛附近捕捞大鲱鱼为渔民们提供了一些补偿。但后来，斯卡格拉克海峡之内和挪威南部岸边海域的鲱鱼捕捞量恢复到了新捕捞期初始的水平，这给挪威从事鲱鱼捕捞的渔民们的艰难时期画上了句号。"

对我们来说，挪威的鲱鱼为何会以每隔约 100 年循环一次的方式改变其产卵区仍然是一个谜。正如相关史料所显示的，这一现象显然不能归咎于人类的捕捞。也许，其原因与其他喜食这种美味的鱼的"贪食者"有关，这些鲱鱼"贪食者"有：长须鲸、鳕鱼、金枪鱼以及多刺的点纹斑竹鲨（狗鲨）等。

北海盛产的这种鲨鱼（狗鲨）长不到 1 米。鱼贩售卖这种鲨鱼时会将其两个背脊连同容易伤人的尖刺去掉。吃这种鱼的人也不必担心自己有间接食人嫌疑，因为它绝不会袭击游泳者或沉船落水者，而只会袭击鲱鱼。

跟渔民一样，多刺的狗鲨也喜欢在鲱鱼聚集地出现。为了猎食鲱鱼，狗鲨会长途旅行，尤其是沿着大西洋北美沿岸海域旅行。正如美国南卡罗来纳康威斯学院沃尔特·N. 赫斯（Walter N. Hess）教授[14] 所确认的那样，每年春天，每群常常多达 1 000 条的狗鲨结队从卡罗来纳和弗吉尼亚近岸水域游到加拿大的拉布拉多；每年秋季，它们又会回到冬季栖息地。

对于鲸如何能找到巽他海峡、金枪鱼如何能找到直布罗陀海峡、鲱鱼如何能找到自己的产卵场所，如果我们还没有适当的解释的话，那么，目前对我们来说，鳗鱼的旅行路线就显得更神秘了。

人们过去关于这一点的想法比较简单。鳗鱼是在马尾藻海中产卵的，北大西洋中的马尾藻海位于亚速尔群岛、百慕大群岛和西印度群岛之间，这片海域中长满了漂浮的海藻，尤其是马尾藻，马尾藻海这个名字就是这样来的。这里的海流环绕着海藻流动，因此，海藻不会被冲走。有时，海藻会覆盖大面积海域，以至于船只会因为担心被卡住而避开这片海域。

小鳗鱼在这里出生。它们用某种方法从马尾藻海中冲了出来，然后，让自己随着水流漂流。在随着墨西哥湾暖流漂流的过程中，一些鳗鱼被带到了美洲，另一些则被带到了欧洲。它们需要 3 年时间来完成这个约 5 000 千米的旅程。幼鳗只有 7~8 厘米长，在春季，它们开始了逆河流而上的旅程。在通过莱茵河后，它们甚至可以到达 3 000 多米高的瑞士阿尔卑斯山脉。

在这些内陆水体中，雄鳗鱼会待上 3~5 年时间，雌鳗鱼则会待上 9 年。然后，那些已长得大而胖且有光泽的银色鳗鱼会离开欧洲的河流。1959 年以来，现在所发生的事情一直是科学家们激烈争论的话题，这些问题尚无确切的答案，因为没有人能在公海上跟踪成年鳗鱼的旅行路线。

首先，有人想当然地认为鳗鱼回到了它们所出生的地方，即马尾藻海，在那里产卵，然后死亡。但是，这一假设的麻烦是，当它们进入马尾藻海时，它们的肛门是紧闭的。从那时候起，在不进任何食物的情况下，鳗鱼们需要逆着墨西哥湾暖流，用约一年的时间游上约5 000千米；在此期间，它们是仅靠消耗自身体内的脂肪而活着的。

就如此漫长的旅程而言，它们的能量储备是远远不够的。这是D. W. 塔克（D. W. Tucker）博士[15]于1959年通过计算所得出的结论。基于此，他认为：欧洲的鳗鱼在海上的某个地方死亡了。因此，他称欧洲鳗鱼"只是美洲鳗鱼的一种无用的副产品"；要论找到马尾藻海并到达那里，美洲鳗鱼要比欧洲鳗鱼容易得多，也到达得更快。

但海洋学家们[16]后来发现：在墨西哥湾暖流的下方，有一条在更深处由西向东逆行的从欧洲通向马尾藻海的洋流。也许，就是这条洋流像一股顺风一样加快了鳗鱼的艰辛旅程，同时，它也起到了路标的作用。

即使如此，鳗鱼能够找到遥远的目的地仍然是一个奇迹。想象一下：一个潜水员沉入一条河的深处，在几个月内，除了水，他看不到周围的任何东西；他的上方有微光，下方是黑暗的深渊；在夜间，他体会到彻底的孤独感，在白天，他得逃避敌害。在这种情况下，他怎么能找得到马尾藻海呢？

第三节 昆虫的迁徙

1月中的一天，马赛平原的中部，交通十分繁忙，比英国伦敦的皮卡迪利广场或美国纽约的时代广场更繁忙；不过，不是人类的交通，而是数以百万计的飞行昆虫的"交通"。

目击者卡林顿·B. 威廉姆斯（Carrington B. Williams）教授[17]报告道：

对于某些种类的蝴蝶和蝗虫保持自择航线的特定方式，也可以通过对不同物种同时在同一地区但不同方向的迁徙的观察来加以说明。1929 年 1 月，在（坦桑尼亚）坦噶尼喀东北部，我看到了一个特别有趣的相关例子：在每个晴朗日子的上午 11 点到下午 3 点之间，有两条固定不变的蝴蝶流，一条是飞往东北方向的体形较大的黄色碎斑迁粉蝶，另一条是飞往西南方向的体形较小的塞内加尔黄粉蝶。

威廉姆斯教授写道：在不同日子进行的观察期间，这些蝴蝶在一个约 30 米宽的范围内彼此横穿对方的飞行路线。1 月 29 日，有数以百万计的蝗虫飞往东南方向，这使得问题变得更加复杂。这几种昆虫的飞行高度几乎都离地面不到 3 米，它们的飞行路线在空中交错着，但每一种昆虫的飞行对其他昆虫的飞行方向并没有明显的影响。

　　这些昆虫避免与其他昆虫相撞的闪电般的反应能力实在令人嫉妒。以密集群体的形式迁徙的候鸟也具有同样的能力。几秒钟之内，成千上万只鸟就能从前到后相继完成转向动作。目前尚不清楚这种现象是由几乎直接一对一的鸟际反应传播引起的，还是涉及特定的命令。

　　在任何情况下，都没有人曾观察到鸟群中的碰撞、突然跌落或摇晃现象，尽管它们在以箭一般的高速前进并做着各种飞行控制动作。在这方面，燕子与椋鸟的技术要比人类驾驶员们高超得多。从生物学层面上来讲，人作为驾驶员的麻烦是，其反应时间是与步行的速度相适应的。行人也像蝴蝶、蝗虫和鸟类一样几乎不需要交通规则，因为行人之间相撞的概率与上述飞行动物之间相撞的概率一样低，除非有人在行走时不看周围的情况。

大家都知道，交通规则并不能充分弥补驾驶员在生物特性和其他方面的缺点。因此，即使是逐渐变得越来越严厉的法律与惩罚也不可能使事故发生率有显著的减少。唯一真正的补救办法看来就是开发能以燕子的速度做出反应的人工感官，比如雷达控制的刹车和其他驾驶辅助设备（参阅第一章第六节"电子蛙眼"）。

让我们回到马赛平原上方的昆虫们繁忙的交通问题上去：那些数以百万计的蝴蝶是从哪里来的，又飞往哪里去呢？

在笔者撰写本书的最近几年里，动物学家已经开始调查昆虫世界中的某些与鸟的迁徙具有惊人相似性的现象。蝴蝶会飞行 3 000 多千米，蛾会结成巨大的群体跨越海洋；食蚜蝇和蚊子会经由山口成功地越过山脉；瓢虫和蜻蜓能穿越整个欧洲大陆。

在某些年份，赤蛱蝶会穿越地中海。在一艘距离北非海岸约 50 千米的船上，威廉姆斯教授看到了数以百万计的这种蝴蝶向北飞行，它们飞行时排成的（左右向而非前后向）一字形队伍宽达约 160 千米。这个赤蛱蝶群很可能就是后来被一些人看到正在穿越阿尔卑斯山脉的同一个蝴蝶群。山谷使得松散的横向队列转变成了紧凑的纵向队列。当它们到达山北面的平原时，一种整合性社会力量使它们仍紧紧地靠在一起。因此，在纳沙泰尔湖附近的开阔地带，它们仍以宽 3~5 米的队列向北飞行，而穿越那片开阔地带需要花 2 小时。

在多年不受限制的大规模繁殖中，来自北欧波罗的海地区的如厚厚的云层般的菜白蝶群，像飘浮的雪花般穿越北海到了英格兰。生活在非洲热带地区的天蛾——它们有着在困境中发出吱吱声的奇

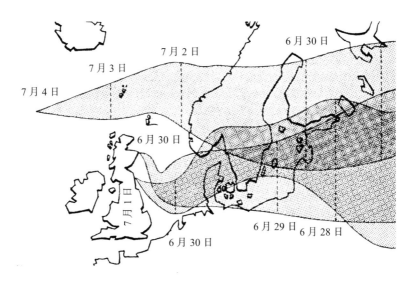

图 88　1958 年，在英格兰北海沿岸的两个地方以及公海上的一艘气象船上，有人看到了大量小菜蛾。曲线区表示裹挟着小菜蛾的气团。它们很可能来自三个曲线区重叠的那个地区

异能力——也飞过地中海，到达法国、德国、瑞典和芬兰，有时甚至会到达冰岛。

在从冰岛到爱尔兰的一条航线西侧的一块海域中，一艘英国气象船上的科学家们[18]看到一群小菜蛾（见图 88），两天前，它们刚刚随着一股强劲的东风从约 1 500 千米外的挪威离开。这群小菜蛾是否到达过美洲——这一点尚无人知道。

铜色的北美帝王蝶（黑脉金斑蝶）做出了最伟大的壮举。这种蝴蝶在加利福尼亚、墨西哥、路易斯安那和佛罗里达过冬。有时，成千上万只帝王蝶会以一种类似于冬眠的半睡半醒的状态停留在同一棵"蝴蝶树"上，从而形成一种让游客惊叹的景观。

大约 3 月底，随着春天的开始，这些帝王蝶从麻痹状态中醒来。首先，它们以小群为单位在冬栖树附近飞上一小段，以寻找食物。渐渐地，一只只帝王蝶脱离了群体，朝北方飞去。

在蝶口密度适中的年份，从大西洋到太平洋跨越整个欧亚大陆的只有单独飞行的帝王蝶。两个月后，它们会到达加拿大和哈得孙湾。一般人不会意识到这些单飞的个别的迁徙者，因为他只是偶尔会看到一只蝴蝶，并不会特别注意它，除非他是一个蝴蝶收藏者。但是，那些抓住了身上被打了标记（翅膀上有压印）的蝴蝶的昆虫学家则能重构蝴蝶迁徙的确切路线。

然而，在帝王蝶的生活史中，也存在着一些显然无所限制的大规模繁殖期。这时，帝王蝶就会成群结队地进行它们的长途迁徙。一份 1885 年的报告曾这样表述：一个帝王蝶群在新泽西州北部休息，它们的休息区有 180 米宽、3.2 千米长；在那个休息区中，帝王蝶们翅膀挨着翅膀密密麻麻地覆盖在每一棵树的每一根树枝上。

从 9 月起，帝王蝶又会回到温暖的南方。虽然它们不是春天出发北上的那些蝴蝶，但它们是大致知道上一代帝王蝶的家的。但在秋天从哈得孙湾飞往佛罗里达的那些帝王蝶中，已经确定的是：在那里过冬后，相当多的帝王蝶会在下一个春天沿着一样的路线重新回到遥远的北方。因此，在其一生中，这些帝王蝶至少要飞行 4 000千米。

科学家们在其他会飞的昆虫中也注意到了一种明显的倾向，即它们在春天往北飞，在秋天往南飞；这些昆虫有优红蛱蝶、珍眼蝶、欧洲粉蝶、红点豆粉蝶、爪哇贝粉蝶（Weißen Kapernfalter）和一些夜蛾等。我们关于昆虫迁徙的知识还很不完善，但已经很清楚这一点：这种迁徙飞行绝非例外或偶然现象。

　　费劲而危险的旅程肯定不是由于食物短缺或生活条件恶化而引起的。在离寒冷天气开始还很早的时候，帝王蝶、瓢虫、食蚜蝇和夜蛾就已开始返回它们的冬季栖息地。就像候鸟一样，这些昆虫有一种奇特的天生的迁徙冲动，这种冲动迫使这些昆虫离开它们现在所在的地方，起飞，并在飞行中保持某个方向。鸟类的迁徙冲动总是在一年一度的同一个时期由与某种"内在的日历"相关的激素引发，但是，多种蝴蝶只有在多年蝶口过剩的情况下才成为迁徙者。就像蝗虫和旅鼠一样，蝶类的迁徙冲动似乎是由某种气味物质或心理压力触发的。

　　这方面的最早迹象是由 K. 伯曼（K. Burmann）博士[19]观察到的，在奥地利蒂罗尔州看到大量松线小卷蛾群体飞行时，他发现了这一点。

　　1964 年 6 月底，在特伦蒂尼地区（Trentini Gebiet）的一次控制性捕捉中，成千上万只这种小型夜蛾奔向 500 瓦的灯光陷阱，看上去就像是一个会动的密集大雪堆。那些夜蛾飞来飞去，彼此交错重叠成了一个两三厘米厚的"云"层。它们主要是雌蛾，而且都身怀着卵子。这些雌蛾都本能地避免把蛾卵下在被毛毛虫毁坏的落叶松树枝上，它们形成迁徙群体，向着落叶松完好无损的地区出发。

　　但这个说法只够用来解释迁徙冲动的触发：它最多只能解释迁徙是为了找到与不适宜栖息地区很靠近的适宜栖息地区，而不能解释像帝王蝶那样跨越海洋和大洲的迁徙冲动。也许，我们不得不承认：昆虫的迁徙中有一些强迫性因素的存在，这些强迫性因素使昆虫像鸟类和鱼类一样"踏"上了那种似乎比必要的路程长得多的旅途。这种冲动与它们拥有和使用头或腿一样是它们的生活的一部分；至少从起源上来讲，它肯定是为某种目的服务的。也许，C. G. 约翰逊（C. G. Johnson）博士已经在蜻蜓中找到了这个目的的线索。

在蜻蜓目的 4 500 种蜻蜓中，有些种类的蜻蜓显然是地方性的（只在某个区域内栖居）。它们沿着河流栖居，甚至会保卫自己的猎场，使之不受同种竞争对手的侵犯。但非定居即漫游型的蜻蜓的行为却与此相当不同。例如，秋天，成千上万只漫游型蜻蜓会穿越比利牛斯山脉的加瓦尔尼山口（高 1 500 米）飞往西班牙。它们生活在水池边，即在可能会周期性地干涸的水体附近生活。

永久性定域栖居的蜻蜓根本不会在这样的水池边定居，因为第一次干旱就会让它们全部死光。寻找附近的其他水池对它们来说也几乎毫无用处，因为在更长时间的干旱中，这些水池也会干涸。因此，它们要做的唯一的事情就是尽可能远离干旱区，到 100 千米以外甚至更远的地方去，而且，在飞行途中不要停下来四处张望。这样，它们至少会有机会到达一个雨水会始终使池子蓄满水的地区。

因此，有着天生的迁徙冲动的蜻蜓种类要在蜻蜓能占领新的生存空间、新的生态位（一个种群在生态系统中所占的时空位置）前演化出来。蝴蝶的迁徙冲动可为物种的生存提供同样的好处。

顺便说一下，对许多害虫来说，农作物的轮作就相当于水池干涸之于蝴蝶。因此，它们也显然是迁徙性昆虫——这一点也就不足为奇了。有时，来自远方的害虫们直到深夜才会到达目的地，而截至本书成书时，我们尚无任何关于那些支配着它们的迁徙的规律的确切知识。

但是，那些想要在春天飞往北方的蝴蝶是怎么知道哪个方向是北方的呢？美国阿拉斯加的金鸻是如何找到夏威夷群岛中某个遥远的岛屿的呢？鲸和鱼是如何在公海上航行的呢？我将在下一章中讨论这些问题。

第九章

动物们怎样给自己导航

第一节　以太阳为罗盘

有人可能会认为：一个自由的动物会凭借自由的奔跑、飞行或游动有时到一个地方，有时到另一个地方。但实际情况并非如此。许多生活在陆地上、水体中和空中的动物会受到不可抗拒的冲动支配，它们只能朝某个确定的方向出发，并始终只能沿着那个方向前进。蛾无法阻止自己飞向光明，而在那种地方它们可能会被烧死。蜜蜂会被直接引导到蜜源所在地，并重新返巢。同样的冲动也在控制着水蚤、虾和屎壳郎。

水蚤[1]会直接游向明亮的光源，即白天时游向太阳所在的方向或夜晚时游向明亮的灯光所在的地方。如果未因阻碍（如被鱼缸壁挡住、碰上障碍物、被食物所诱惑、碰上敌害）而转向，那么它们就不禁要这样做，并且总是以让照在自己复眼上的光线是从正前方直射过来的方式来确定自己的体位。如果不受干扰的话，那么在整个白天中，它们就会由此在湖中形成一个半圆形。在太阳升起的早晨，它们会向东游；然后，它们会稳稳地跟着太阳的运行路线，在中午时向南游，在傍晚时向西游。

对我们来说，这样的行为似乎是没什么意义的。然而，水蚤的这一能力——用其复眼稳定地看到太阳并始终保持一条明确路线——却以原始形式展现了动物定向中最令人惊异的现象之一：以太阳为罗盘。在这方面，信天翁、返巢的鸽子以及鲑鱼与水蚤的区别仅仅在于它们改进了瞄准太阳的原理和方式。

在这方面，一种长约 2.5 厘米的甲壳类动物[2]显现出了最早的进步，它能保持两种不同的看太阳的视线角度：一种是像水蚤一样眼睛与太阳连成直线，另一种是眼睛与太阳所在的方向构成直角。

据玛丽安娜·盖斯勒（Marianne Geisler）博士[3]说：在瞄准太阳的方式上，下一阶段的改进可以以屎壳郎为代表，它是一种动物学家在许多方面都对之感兴趣的昆虫。屎壳郎能从三种不同的角度看太阳：0°、45° 和 90°。尽管它不能自由地选择使用这三个角度中的哪一个，但它可以根据一天之中的不同时段由自己内在的生物钟来选择其中的一个角度。

在清晨，它会本能地"喜欢"正对着太阳看，所以它向东转。到上午 9 点钟左右，它的心情就突然转换了：这时，它会转而用右眼以朝前右偏 45° 看太阳。近中午时，它看太阳的角度又突然增加到了 90°，因此，屎壳郎会以使太阳位于其正右方的方式行走。

但是，突然之间，左眼（而非右眼）又变成了这种偏好的来源。屎壳郎突然转向了一个逆向过程。下午 3 点，屎壳郎的心情又有了变化。现在，对屎壳郎来说，太阳光就不能再直射到其左边了，而是以 45° 角从其左前方斜射过来了。傍晚时，又发生了一天中最后一次的突然变化。就像清晨时一样，屎壳郎以头朝西的方式直对着太阳。

如果有人像海船船长一样把所有这些过程都画在一张图表上，

那么，人们就会发现：早上时，屎壳郎几乎是正对着东方的，下午时，则又几乎是正对着西方的。但那只是"几乎"！更仔细的研究揭示了屎壳郎一天中体位朝向的曲线和拐角，曲线是由太阳的运动引起的，拐角则是由方向的剧烈变化引起的。

我们再次碰上了我们所不了解的东西——我们不知道这一使得运动中的屎壳郎成为太阳和时间的奴隶的强制性方向轨迹线背后的目的。无论如何，我们都可在此看到动物的定向能力有了相当大的提高：考虑到太阳在一天中的位置是随着时间的流逝而变动的，因而，它们已经会根据太阳位置的变动而转向。这是角度定向和罗盘定向之间的关键性转折阶段。

现在，我们可以想象演化史上发生的定向方法的进一步改良。在一天中，其他昆虫会越来越频繁地做越来越小的突然转向。最终出现了这样的昆虫：它们大约每 10 分钟纠正 1 次方向，每次只改变 $2° \sim 5°$，即相当于一只复眼的两只相邻小眼之间的间隔角度。而这实际上确保了昆虫可以沿着一条不会被太阳运行轨迹所扭曲的全然笔直的路线行进。

大致上，我们可以这样来设想这种现象：昆虫有这样一个内在的时钟[4]，它的时针每隔 24 小时在表盘上转动一圈，也即其转动速度只有我们的 12 个钟点刻度的机械钟表的一半。现在，这只昆虫（比如说一只正在飞回巢的蜜蜂）选择一条直线形式的路线。这时，直射的阳光只落在其复眼中的 5 000 只小眼中的一只上。起初，蜜蜂只需持续飞行，让阳光停留在那只小眼上。10 分钟后，直射的阳光相对于蜜蜂的角度转动了 $2° \sim 5°$，蜜蜂内在时钟的"针"也转动了同样的度数。因此，这时，它用了一只相邻的小眼来看太阳。这种改变每 10 分钟重复 1 次，这样，蜜蜂就能一直保持直线飞行状态。

对蜜蜂、黄蜂、蚂蚁和蜻蜓等昆虫来说，太阳罗盘是至关重要的，这些昆虫必须在去了远方陌生的地区后能找到回家的路。水蜘蛛、狼蛛、沙蚤和甲虫也用太阳罗盘来导航，而对某些此类案例，我们还无法做出解释。

例如，如果有水蜘蛛[5]被放在干燥的土壤中并受到惊吓，那么它们总是会朝南方飞行。无论它们来自哪里，无论它们生活在大湖还是小池中，它们都只知道一个逃生方向——南方，即使那救命的水可能根本就不在那个方向。

沙蚤的罗盘导航中似乎有更多的方位点。意大利佛罗伦萨大学 L. 帕尔迪（L. Pardi）教授[6]曾对沙蚤做过深入研究。沙蚤是一种在意大利海滩上广为人知的甲壳类小动物。若被暴风雨带到干燥的沙滩上或被海浪冲进海里，那么，沙蚤就会处于一种尴尬的境地。从其在地面上的位置，沙蚤一般是无法看到自己在海岸上的栖息地的。因此，这时，它不得不根据太阳来确定自己的方位。

例如，如果环境对它们来说太干燥，那么比萨附近的意大利西海岸的沙蚤就总是会往西逃跑；如果环境太潮湿，那么它们就会向东逃跑。在它们通常所处的地理环境中，这样做是非常实用的，它们总是会找到回到适度潮湿的海岸上的路。但是，如果有一位意大利动物学家将它们带到亚得里亚海的岸边，那么通常会救它们命的逃跑路线就会将它们带向死亡，因为这时，海岸在西边，而海则在东边。当被海浪卷入水中时，它们越跑就会离海岸越远，而那些被留在干燥沙地上的沙蚤则会向内陆方向越走越远，直到灭亡。

如果来自亚得里亚海的沙蚤被带到比萨西面的利古里亚海岸，

动物们的神奇感官

那么，它们也会表现出同样致命的错误反应。因此，我们可以相当有把握地判定：在地方性的动物种群中，逃跑的方向是天生的。

对在大多数情况下有利于生存但在变化了的环境条件下会带来灾难的刚性本能反应，我们可将其看作自然所提供的可供缺乏足够智力的动物在任何场合使用的一种智力替代品。有一些动物可能会纯粹凭借本能并只利用少数天生的神经回路而行动，但另一些动物则必须调动其需要以上千倍"灰质"为基础的所有的学习与适应能力。

因此，在较低等动物中，如果能找到一种能使太阳罗盘和其逃跑方向与变化了的环境相适应的动物，那将是很令人感兴趣的。狼蛛就是这样的一种节肢动物。狼蛛并不筑巢，而是像狼一样用特大跨度的跳跃猛地扑向猎物。狼蛛在湖岸上生活，能像水蜘蛛一样在水面上行走并捕捉水面上的昆虫。如果在水上碰上危险，狼蛛会以最短的路线箭一般地奔回到岸上，躲在石头或草丛下。

意大利动物学家、比萨大学教授 F. 帕皮（F. Papi）博士和 P. 汤吉奥吉（P. Tongiorgi）博士将一些狼蛛从湖岸的一边转移到相反的另一边。[7] 不同于沙蚤的是，狼蛛并不需要很长时间来确定自己的方位，而且，如果它们想要逃跑的话，它们会记得向与以前相反的方向逃跑。

那两位意大利动物学家曾经设法在另一方面欺骗狼蛛。他们用大块的纸板遮住了太阳，然后用反光镜将狼蛛能看到的太阳的方向从南边"转到"了北边。在逃跑时，狼蛛迅速跑进了湖里并跑到了湖中离岸很远的地方，直到它们从纸板和镜子后面再次见到太阳的真实位置。这时，它们立即转身冲回湖岸，但一上岸，它们的方向感就再次受骗；于是，它们不断地来回奔波，直到精疲力竭跑不动为止。

这一实验所发现的另一件奇怪的事情是：虽然狼蛛肯定能看到湖岸上高大的树木，但它们仍然被完全迷惑了。当天空阴云密布的时候，狼蛛就没有机会根据太阳的位置来确定方位了。这时，它们就会毫不犹豫地奔向其巢穴所在的湖岸轮廓线。显然，太阳罗盘的使用使得狼蛛无法依靠其他地标来确定方位。在这里，本能的力量暂时没有留下将无意义的行为变成有意义的行为的余地。

在昆虫中，蜜蜂和蚂蚁对太阳罗盘的运用技能可谓尽善尽美。在长时间的侦察旅行中，蜜蜂们得不断地绕来弯去地飞行，它们要将其航程中所涉及的所有角度和距离整合成一个综合结果。这样，它们才能在任何时候都知道蜂巢所在的方向，并直奔目标。对这种惊人的能力，我已在第一章第八节"复眼"中做过详细的描述。

但是，有一个事实迄今一直都被忽视了。昆虫用复眼看太阳的方式必然会使它们的日常事务出现相当大的波动。让我们来仔细地看看这一点。

冯·弗里希教授[8]在实验中发现了这一点。他给蜜蜂看方向与真实的太阳一致但高度与真实的太阳不同的人造太阳，然后核查在这种情况下蜜蜂是否偏离了航线方向和"舞蹈"的轨迹。结果证明：对蜜蜂来说，太阳在地平线上的高度是否与其在一天或一年中的实际时间应有的高度相一致，或者太阳与地平线之间的夹角是高于 25° 还是低于 40°，结果并没有丝毫差别。

弗里希教授写道："因为蜜蜂根据太阳位置做出了正确定向，所以，太阳的图像不需要落入同样的小眼中，但它必须落入那些在正确的方位角中的小眼中。在神经回路中，沿着同一个方向往外看的那些小眼似乎是彼此相连的。"

因此，蜜蜂会做在许多学习立体几何的学生看来不自然的事：将太阳在空中的（弧形）行程投影到水平面上。这样，对蜜蜂来说，太阳的高度就完全无关紧要了。蜜蜂感兴趣的是太阳相对于水平线的角度，即方位角。

在欧洲的夏季，在早晨，当太阳以陡坡式升起时，其相对于地平线的方位角的变化很小。但是，到中午时，太阳的运动轨迹几乎与地平线平行，这样，其相对于地平线的方位角的变化率就达到了最高（见图89）。近傍晚时，太阳方位角的变化率又逐渐减小。

因此，太阳的方位角的变化并不是像时针那样从东经南到西按

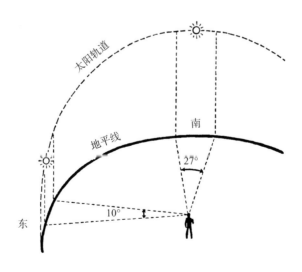

图89　在欧洲夏季的早晨或傍晚，当太阳以陡坡式上升或下沉时，在同样的时间间隔中，其相对于地平线的方位角变化较小；在中午时，当太阳的运动轨迹较为扁平时，其在同样时间间隔中的方位角变化就较大了

部就班地进行的。此外，每天的角速度差也是随蜜蜂当时所处的季节和地理纬度而变化的。在南半球，太阳甚至是沿着与时针摆动相反的方向转动的，即从东经北到西逆时针转动。

考虑到这种复杂性，一个人不会指望在确定方位时蜜蜂的脑能考虑与太阳位置有关的方位角的持续不断的变化。当然，我们可以想象得到：蜜蜂忽略了这些细微的变化，表现得就像太阳方位角是跟钟表里的指针同样有规律地变化的一样。但在一段持续几小时的旅程中，这种改进会不断积累错误，以至于使得蜜蜂回不了家。

在如此至关重要的事情中，大自然会创造出更多的奇迹。德国弗赖堡的动物学家 J. 赖曼（J. Reimann）博士[9]的实验表明：蚂蚁和蜜蜂都能以惊人的准确性将太阳水平角速度的变化纳入它们的计算中。

1964 年 6 月的一个早晨，一个蚂蚁群（包括幼蚁在内总共 58 只）正在往它们的蚁丘走去，它们用太阳罗盘来导航，保持着与太阳正好成 90° 的位置。上午 11 点整时，赖曼博士将那群蚂蚁全都封闭在一个容器中；3 小时后，在一个其中有一盏灯作为太阳替代物的实验室中把它们从容器中放出来。

那些蚂蚁不再保持原先相对于太阳的角度。它们的内部时钟和关于方位角变化的"知识"告诉它们：在前 3 小时中，太阳肯定已经走过了 84°。从那时开始，它们只保持与太阳成 6° 的位置。事实上，太阳在这 3 小时中已经走过了 86°。由此，蚂蚁的计算误差只是无关紧要的 2°。

两天后，同一座蚁丘中的另一群蚂蚁（47 只）也被封闭了 3 小时——从下午 4 点到 7 点。依据图 90 中的方位角曲线我们可以看出，在此期间，太阳的位置只改变了34°，与中午那3小时的86°相差很大。那47只被关禁闭的蚂蚁在得到释放时将其路线相对于太阳右边的角度减小到了39°。通过这一完全适当的调整，它们证实了先前的实验结果，同时也表明：蚂蚁们知道太阳方位角的改变在中午时要比在傍晚时快得多。

后来，赖曼博士开始为他所研究的蚂蚁建造一个符合常规的"天象仪"。这一"天象仪"中有可供一个500瓦灯泡在其上移动的一些不同的圆形轨道，可以一会儿模拟秋天或北方高纬度地区的情景，一会儿又模拟仲夏或热带的环境。实验结果表明：那些蚂蚁很快就掌握了"天象仪"中"太阳"的任何可能的运行路线，并在决定自己的路线时将其考虑在内。即使赖曼博士使那个人造太阳按照

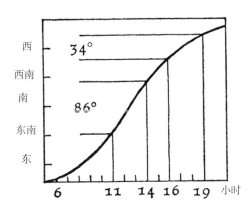

图90 依据方位角曲线可看出太阳在一天中的每个时刻的方向。这个草图中所给出的例子适用于6月底的德国布赖斯高地区弗赖堡市。在从上午11点到下午2点的3小时中，太阳的方位角改变了86°；在从下午4点到7点的3小时的傍晚时间中，太阳方位角只改变了34°。值得注意的是，某些动物能在太阳罗盘导航系统中考虑到这种差异

与真正太阳相反的方向运行——令"太阳"以最不自然的方式西升东落，蚂蚁还是能很快就学会用它来作为定向手段。

为了充分了解蚂蚁的杰出定向技能，我们只需要想一想：如果太阳突然从西方升起又朝东方落下，因而所有的航海图表和手册都没用了的话，那么，在公海上的人类航行者会如何慌乱。但蚂蚁们在几小时内就适应了这种变化。由此看来，蚂蚁的定向能力似乎是经由真正的学习过程而习得的，而不是完全基于本能的自动化反应。

1964 年，一位电子计算机制造商展示了一种小到可挂在蚂蚁触须上的做在铁氧体磁环上的微型磁性记忆体。这当然是大师级的技术产品，但是，与蚂蚁用比这还要小得多的脑所取得的计算成就相比，这又算得了什么呢！

第二节　偏振光感

用蜜蜂的复眼来看，一片清澈无云的天空并不是单一的蓝色，而是到处都明暗交替的。这绝不是视幻觉，而是我们人类看不到的现实：蜜蜂的 2 000 多只独立的小眼都能感知天空中的偏振光模式。

什么是偏振光？光线是像海浪一样的振动波。只是，光线通常不像水一样在一个平面上上下振动，而是在所有与光线成直角的方向上振动。当光线被光亮的表面反射或被地球大气漫射时，这种情况就会发生变化。这时，光线就会像海浪一样几乎只向一个方向振动。这种光就是极化的偏振光。

因此，直接射向我们的阳光不是极化的偏振光。但是，蓝天的漫射光则是偏振光。从图 91 中我们可以看出：来自天空每个点的光线都是沿不同方向振动的，太阳光的振动方向会随着太阳位置的变动而不断变化。

在看图 91 的人可能会这样猜测：这种明暗模式像明暗交替的条纹一样覆盖在天空上，就如同地图上的山脉轮廓标记，峰顶是非极化的阳光。这种假说很有诱惑力，也貌似合理，但无论蜜蜂是否真的将这种明暗交替合成了"太阳的轮廓"，这当然都只是纯粹的推测。因此，为了保险起见，让我们来继续讨论明暗模式。我们还不知道：这种明暗交替模式在蜜蜂看来是怎样的。

对蜜蜂来说，对天空中（的光）的这种极化模式的感知就像太阳

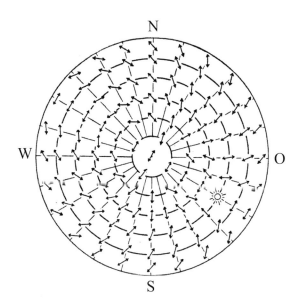

图 91　上午 10 点左右天空光线的极化情形。双箭头表示偏振平面。这种模式会随着太阳运行的进程而改变。昆虫们知道这种联系，并能根据这种联系找出太阳的位置，即使太阳被云遮住也照样能被找到

罗盘一样至关重要。在像英国这样的国家中，太阳经常藏在云层的背后；如果一小块云遮住了太阳，而"觅食者"就立刻会完全迷失方向的话，那么对它们来说，这将是致命的。因此，除了太阳罗盘外，蜜蜂还使用另外两种辅助性定向方法。

其中之一是可穿透很厚的云层的太阳紫外线。在人已分辨不出太阳在哪里很长时间后，蜜蜂仍然能看到我们白天时的天空，就像我们通过薄雾或高空云的一层"薄纱"感知到太阳：那种情况下的太阳就像一团有着更明亮斑点的雾。关于这一点，我们已经在本书第一章第十四节"看见紫外光"的末尾有过详细描述。

不过，即使是紫外线也不能穿透体量巨大的浓云，所以蜜蜂还需要其他的辅助性定向方法。早在 1948 年，冯·弗里希教授[10] 就已经确定：任何一片直径只有满月的 20~30 倍大的蓝天都足以让蜜蜂找到路。

这是一个初听起来相当神秘的现象，因为我们人类无法在一小片蓝天中抓住路标元素。其他研究人员认为：昆虫有能力在白天识别星星，并根据星星来确定方位。但从一开始，对物理学的深刻理解就使得冯·弗里希做出这样的推测：能作为路标和太阳的替代物的东西只能是天空中的偏振光，蜜蜂显然能感知到偏振光的偏振平面。

第二次世界大战后，当美国工业界生产出可使驾驶者免受眩光之苦的偏振滤光器时，科学家们进行一系列激动人心的实验的时代就到来了。冯·弗里希教授向侧面翻转了一个用来做实验的蜂巢，这样，蜜蜂就不得不在水平方向的蜂窝上跳舞。这样做可使它们通过一个像望远镜的"烟囱"看到蓝天。于是，那些回到蜂巢的成功的觅食者就会跳摇尾舞，而其身体的直线部分正好指向其刚访问过的花场的方向。

这时，冯·弗里希将一个偏振滤光器放在"烟囱"顶部开口上，使它只能让光在偏振平面上通过，而蜂巢中的蜜蜂即使在没有那个偏振滤光器的情况下也能通过"烟囱"看到天空中的偏振光。因此，对蜜蜂来说，是否用了偏振滤光器实际上没有任何变化，因而，它们继续在舞蹈中将用来传递信号的那部分身体直接指向蜜源所在的地方。

然后，冯·弗里希掉转了"烟囱"前面的偏振滤光器的方向，从而也改变了落入蜂巢的光的偏振平面。于是，跳舞的蜜蜂在发信号时就像一个木偶一样，在同一个方向上以几乎一样的角度转动着身体。因此，它们指向了一个依据偏振光本该是正确的错误方向。

研究者通过偏振滤光器和"烟囱"可向蜂巢中的蜜蜂显示光的任何一个极化方向，而那些蜜蜂也总是根据极化方向相应地调整其摇尾舞的路标部分。根据光的极化方向，蜜蜂可以推断出当时看不见的太阳实际上在何处，然后根据这一"理论上"确定的参考点操控自己的飞行方向。如果不是因为许多实验已经对此做出确定无疑的证明，那么，没有人会真正相信这一点！

如果向蜜蜂显示白天中的某个时刻自然的天空中不存在的某个极化平面，那么蜜蜂就会完全不知所措并迷失方向。不过，几小时后，当那个极化平面在天空中出现时，蜜蜂们马上就能够据之搞清楚太阳的正确位置，它们的"舞蹈"又变得有方向性了。由此可见，在白天中的任何特定的时刻，蜜蜂肯定是以某种方式知道太阳表现出了什么样的光线极化模式的。

当面对一个同时出现在天空中的两个不同部分的极化平面时，那些卷入实验的蜜蜂就会出现"人格"分裂现象。因为两个不同的太阳位置都与这一极化平面相对应，所以蜜蜂的不断交替出现的舞蹈就会指向两个不同的方向。

当只有唯一的一片天空可见时，这种模棱两可的情况也会出现在蜜蜂的正常生活中。不过，那些经验丰富的外出觅食的蜜蜂并不会因此感到困惑，因为树木、房屋和道路等日常熟知的地标也会使之能在两种可能的航向之间立即做出正确的选择。

总而言之，这一切意味着：从清晨到深夜，蜜蜂都知道与太阳所在的每一个位置相对应的偏振模式。无论如何，两种相互依存的现象在蜜蜂意识中的联系使得太阳仍然是所有蜜蜂的定向参照点——不管当时太阳是能被直接看到，还是可由其他线索推断出它的位置。

偏振光感是一项我们人类无从获得的感官成就，但蜜蜂及许多其他昆虫——黄蜂、蚂蚁、苍蝇、毛毛虫、甲虫、水蜘蛛、水蚤、漏斗形蜘蛛等——却早就演化出了这种感觉能力。鱿鱼和章鱼也已演化出了这种感觉能力。章鱼的偏振光感尤其敏锐，因为这种软体动物没有复眼或眼点，而只有与我们人类的眼睛相像的相机式眼睛。

是什么分析仪器给了它们这种非凡的能力呢？第一种可能性是透镜。蜜蜂复眼中的 2 500 只小眼中的每一只都有一片透镜。是不是这种透镜像前述"烟囱"前的过滤片一样使光线发生了偏振呢？如果是这样的话，那么它就可以作为一种滤光器，在入射的天空中的光的偏振平面与透镜相吻合时让最多的光通过，并随着两者偏离程度的增加而减少光的通过（见图92）。

　　　　　　　　　　　　　动物们的神奇感官

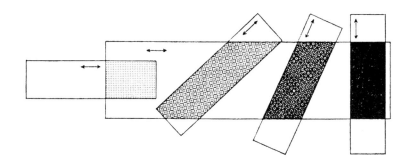

图 92 光 "阀门"。如果两块偏振滤光片叠加在一起,并且(双箭头所示的)两个偏振平面相吻合的话,那么它们会让最多的光通过;两个偏振平面彼此偏离得越严重,能从这两块偏振滤光片通过的光就越少

　　如果你有一副偏光太阳眼镜,那么你就可说服自己相信这一点。你通过这副眼镜看着一片蓝天时,就将其分解了。当天空显得最黑暗之时,来自天空的光的偏振方向和镜片的偏振方向总是彼此垂直的。我们可以用这种方法来粗略地复制图91的图形。

　　蜜蜂可能也是这样做的。只有冯·弗里希教授做的实验毫无疑问地证明了:复眼中的透镜(及其下方的透明晶锥)没有表现出丝毫的偏振痕迹。

　　因此,我们必须在蜜蜂眼中追寻光的更进一步的行程。在穿过透镜后,光落入深而窄的视轴内。在这里,大自然已预先考虑到了玻璃纤维光学器件的发明:光被传导到8根互相平行的叫作视轴的玻璃状感杆束的底部。这些导光体被8个与之等长但要厚得多的感光细胞组成的 "花环" 所包围,互相联结,因而,每一根感杆束上都有一个感光细胞(见图93)。

　　这就是科学家们寻觅已久的偏振光的检测设备吗?这一关键性发

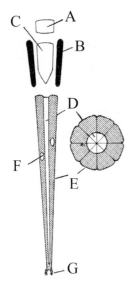

图93　昆虫复眼中的一只小眼的纵切面（左）和横切面（右）。光通过透镜（A）和有着色素覆盖层（B）——这种覆盖层可使每只小眼挡开来自下一只小眼的光——的晶锥（C），进入由含有细胞核（F）的感光细胞（E）包围着的视轴（或感杆束）（D）。神经纤维（G）从底部的尖端通往各种中继站

现是由美国科学家 T.H. 戈德史密斯（T. H. Goldsmith）博士和 D. E. 菲尔波特（D. E. Philpott）博士[11]于 1957 年在电子显微镜的帮助下获得的。

如果对着放大了 2.5 万~5 万倍的微小的玻璃状感杆束细看，那么，我们就可以看到它的奇特结构。它的横切面看起来就像一个葡萄酒瓶架（见图 94）。数量众多的直径只有 0.06 微米的玻璃状管沿水平方向堆叠在一起，每根管的一端开口直接通向相关的感光细胞。

在这些多得数不清的平行堆叠的微管中有一种对光敏感的视觉物质，或许就是它在将光转换为神经兴奋。显然，最强的效应可由沿微管方向振动的光波造成。

如果我们通过有着 8 条感杆束的单只眼睛看那个横截面（见图

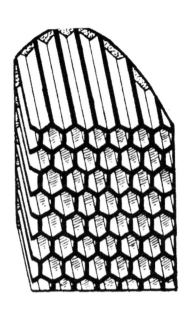

图 94 感杆束的小片段。只有在电子显微镜下才可见的微管与光通过的方向相垂直

95），我们会看到：这些感杆束中的微管是沿着不同的方向堆叠起来的。[12]

两个相邻的感杆束中的微管是互相平行的，紧接在后面的两个感杆束中的微管则与它们成直角，以此类推。由此，我们可以做出如下推断：如果入射的天空中的偏振光沿着一堆微管的方向振动，那么，4 个相关的感光细胞被引发的兴奋最强，另外 4 个则最弱。因此，这些细胞的一部分看起来较"亮"，另一部分看起来则比较"暗"。这或许足以让我们对偏振方向有一个粗略的了解。很显然，许多相邻小眼通过合作可使视觉达到更微妙的清晰度。在复眼的放大照片中，如此明显的、数学上精确的顺序的更深层意义或许就在于此。

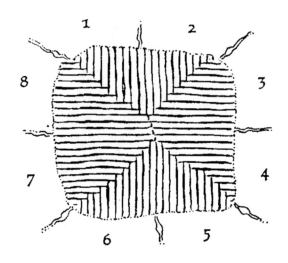

图 95　蜜蜂小眼中的感杆束横截面图。其中的微管来自它们周围的 8 个带编号的感光细胞。在每两个相邻感杆束中，微管的伸展方向相同；在两个彼此相对的感杆束中，微管的伸展方向也相同

　　实际上，这就是对这种"超感觉"感官的一种非常自然的解释。

第三节　鸟的以天体为参照物的导航能力

　　每年秋天，来自芬兰南部、瑞典南部、波罗的海和丹麦的大批椋鸟经荷兰飞到法国北部、英格兰南部和爱尔兰南部过冬。A. C. 珀德克（A. C. Perdeck）博士[13]就这些候鸟中的部分鸟开展了令人印象深刻的大规模实验（见图 96）。

　　在荷兰海牙市周围的乡村地区，珀德克等研究人员抓住了不下1.1 万只过境的候鸟；他给那些鸟戴上了标记环，然后用车将它们运

　　　　　　　　　　　　　　　　　动物们的神奇感官

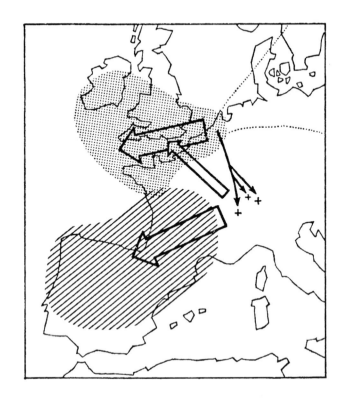

图 96 旅途中发生的事件。珀德克等研究人员在荷兰境内捕获了 1.1 万
只椋鸟，并将它们带到了瑞士；那些椋鸟是从波罗的海地区到其冬季栖
息地（用点表示的地区）的秋季迁徙中，因中途休息而降落在荷兰的。在
运输途中被释放后，那些没有经验的"少年"椋鸟会继续按"原先"的
迁徙方向向前飞行，并在斜线所示的阴影区域中安顿下来。只有以前已
飞过一次或几次迁徙路线的经验丰富的椋鸟才会觉察到被人欺骗的情况，
并以令人惊叹的导航技术改变了迁徙方向，从而到达它们传统的冬季栖
息地

送到位于海牙东南方向、距离海牙约 600 千米的瑞士境内。在日内瓦、苏黎世和巴塞尔之间的途中，那些鸟被相继释放。这时，它们会怎么飞呢？是按习惯朝西南方向飞，还是能理解自己被强迫运输了，并能采取对策？

对许多先前被套了标记环的椋鸟的重新捕捉，带来了令人惊讶的答案。所有前几个月在波罗的海地区孵化出来，并在其尚短的生命中从未迁徙过因而不"知道"目的地的"少年"椋鸟都飞向了西南方，也即与它们从荷兰的鸟网中被释放出来的同种成员的飞行路线是平行的。显然，关于飞行方向的信息是内在固有的，尽管它们到达的是迄今不为波罗的海的椋鸟所知的西班牙和葡萄牙。

那些在前些年有过迁徙经历的年长椋鸟的行为就与年少椋鸟的大不相同了。在瑞士境内被释放后，它们中的大多数朝西北方向飞，最终到达了法国北部和英格兰南部的世袭性冬季栖息地，尽管当时它们所走的是一条它们完全陌生的路线。

德国动物学家克劳斯·施密特-凯尼格（Klaus Schmidt- Koenig）博士 [14] 对这些实验做了如下评论："因此，在这里，我们所面对的是两种不同的定向方法。显然，在平生第一次的秋季迁徙中，年少的椋鸟所拥有的就是关于它所朝着飞的那个方向的知识以及通过某种定向机制保持这个方向的能力。我们将这种能力称为罗盘定向能力，而成年鸟则拥有导航能力。"

导航是这样一种技能：首先，行者得搞清楚自身现在所在的位置；而后，从那个位置出发，开始一段通往所想到达的目的地的行程。当目的地本身不可被看见、听到、闻到或以任何其他方式直接感知到时，导航就总是行者不得不使用的技能。

动物们的神奇感官

动物和人类可用几种不同的方法来导航：在陆地上，可用灯塔、航标、教堂、树木、道路、海岸、河道、山脉等已知的参考点来导航；在天空中，可用太阳、月亮和星星的位置来导航；另外，也可用磁场和惯性力来导航。

　　然而，在科学发现得到应用之前，在导航能力方面，与动物们相比，人类所显露出来的却是一副大不如其他动物的可怜相。直到13世纪，几乎没有海员敢冒险去比能看得到海岸之处距离更远的地方。磁罗盘的发现是使哥伦布能在公海上保持直线航行的原因之一。但是，如果有人问他当时在大西洋中部的确切位置，那么，哥伦布就回答不出来了。就像那些没有经验的年少的椋鸟一样，他只使用了罗盘定向技术。这就是在他之后的探险者会受风向和洋流的影响，而在新世界（美洲）的不同地方登陆的原因。

　　直到18世纪30年代，当镜像六分仪被引入导航技术并用以确定太阳的确切位置时，人类才开发出了一种精确的船用钟——航海钟（又称航海天文钟），因而，才能像经验丰富的成年椋鸟一样不会迷失方向。我们知道：那些椋鸟即使被"不良科学家"劫走从而被迫偏离航线，也仍然能成功地找到它们的目的地。从那时起，人类中的航海家也可以随时在晴朗的天空下找到自己当前所在的位置，并在纽约、古巴或里约热内卢靠岸进港，而无须反复地来回搜索海岸线。

　　从那以后，就像迁徙的鸟和昆虫一样，人类也能根据自己当时所处的位置兼用天空中和陆地上的参照物来给自己导航。在公海上航行时，客轮通常是以星体为参照物来导航的；在能看到海岸线的地方、在将要进入港口时，客轮就会用地标（地上的标志性物体）来导航了。鸟类和蜜蜂也是这样做的。

在漫长的飞行过程中，候鸟会以天体为参照物找到自己的路，但当靠近某个熟悉的目的地时，它们又会依据地标来导航。不过，我们不应高估它们对家园的空中俯视式识别方法在其整个导航系统中的地位。许多旅行区域广阔的鸟（如欧洲知更鸟）是在夜间飞行的，但是，突然之间，它们就会出现在去年在其中筑巢的同一个花园里。因此，肯定是以天体为参照物的定向方法在令人惊讶地将它们引向接近于目的地的地方。

此外，对这种满世界飞行的动物来说，在飞行过程中，借助地标来修正其参照的天体位置，调整出直线航线是相当普遍的。例如，根据汉斯·F. G. 冯·施韦朋堡（Hans F. G. von Schweppenburg）教授[15]的说法，这一点看来是确定的：因受朝东北方向弯曲的海岸线的误导，那些在春天向北飞过西非的昼行迁徙者远远地偏离了本该向北的路线；直到直布罗陀巨岩出现在它们视野中，这种情况才得到改变。只有到那时，它们才从一个大陆跨越到了另一个大陆。

每年两次越过巴拿马地峡的许多美洲鹰也偏离了直线航线，而沿着马德雷山系的西部边缘飞行。它们这样做可能是为了利用这一地区上升的暖气流来进行舒适的帆船式航行和滑翔，从而节约自身能量。用专业术语来说，这种影响着鸟类的选择路线，也起着引路作用的独特地表结构叫作"主导航线"。

河流也是鸟类的一种"主导航线"。例如，在7月初，人们可以在德国汉诺威-明登（威拉河与富尔达河交汇形成威悉河之地）附近看到海鸥沿着威拉河飞行，然后再沿着威悉河往北飞，这样，它们就肯定能找到自己的目的地——北海南部。灰雁看来甚至采用的

动物们的神奇感官

是"传统的"飞行路线。一流的鸟类学家丝毫都不会怀疑灰雁准确地知道整个行程中的每个休息点。灰雁显然将这些知识传给了后代，因而，经过经验证明危险性最小的路线就成了其世代相传的传统路线。

在蜜蜂中，我们也可以观察到同样的现象。一旦有蜜蜂发现一块优质花田，不久，就会出现一座从蜂巢通往这块有价值的蜜源地的小型空中"桥梁"。起初，蜜蜂是以太阳为罗盘来引导自己的直线航程的。但在几次重复飞行同一条路线后，它们很快就偏离了那条路线，转向了航线左右一些特征明显的地方：一棵孤树，一道栅栏，一个农场，等等。这时，它们会倾向于用已知的地标而非太阳的位置来导航。

让我们回到比简单的罗盘定向要困难得多的以天体为参照物的导航方法。要用天体来导航，动物（如经验丰富的椋鸟或信鸽）必须知道三种不同的信息：它当时所在的位置、目的地所在的位置以及这两地之间的地理关系。这意味着：除了罗盘定向外，动物还必须有确定地图参数（指地形图像中的点、线、面及其相互关系）的能力。这就是已故的德国动物学家古斯塔夫·克莱默（Gustav Kramer）[16]所提出的著名的"地图罗盘"概念。

一个人只有借助精确的六分仪、准确的钟表和球面三角学，才能用这种方式找到自己的位置。即便如此，一个老练的航海家用他的印制图表也要花上 20 分钟才能找到他的船当时所在的位置。然而，信鸽在被释放几秒钟后就知道自己在哪里。一只鸟是怎样找到自己所在的位置的呢？

关于这个问题，我们还没有答案。我们知道许多这方面的惊人的事实，但还不能将它们综合起来以形成相关的知识。

　　几乎每个孩子都知道：经验丰富的信鸽若是被带到陌生的地方，那它很有可能会找到返回鸽舍的路。难道信鸽在被运输的过程中记住了那条路？为了搞清楚事情是否真的是这么回事，科学家们把信鸽放在黑暗的笼子里，驾车在迷宫般的街道里兜圈圈，甚至把它们放在一个旋转的转盘上，以便完全搞乱它们的方向感。但结果证明：上述种种方法都没有奏效，几乎所有的鸽子都还是找到了回家的路。而且，它们实际上肯定是在刚被释放时就开始了它们的定位导航工作。

　　由于克莱默博士进行了一系列实验，事情变得更加神秘。德国博登湖畔拉多尔夫采尔鸟类观察站的汉斯·洛尔（Hans Lohrl）博士[17]给出了这样一种解释：德国威廉港建有一些鸟舍，一些没有飞行经验的幼鸽只能在大鸟笼里飞来飞去。它们没有机会通过在鸟笼外绕圈知道自己当前所处的环境，因此，除了在笼子里所能看到的之外，它们看不到这个世界的更多景象，它们甚至没有机会从鸟笼外看到自己所在的笼子。

　　然后，克莱默博士把所有的鸽子带到威廉港以南约150千米的奥斯纳布吕克，让它们在那里开始第一次笼外飞行。被放飞之后，这些新手中的许多鸽子不仅发现了老巢的大致方向，实际上，它们返巢飞行的最后结果是正好降落在了原来的鸽舍的顶棚上。由此可见，只是在笼内，它们就明确地获取了对那个家的印象。

　　现在的问题是，要搞清楚鸽舍的地理位置，鸽子要在多大程度上看到过鸽舍及其周围的景物呢？

　　在第二个实验中，克莱默博士对同样没有笼外飞行经验的其他鸽子的视域做了进一步限制。他用高高的栅栏包围着鸽舍，使那些鸽子看不到周围的地形或地平线，而只能看到没有被遮蔽的天空。后来，这些鸽子也被带到了奥斯纳布吕克，结果：没有一只鸽子能找到回家的路。被放飞之后，它们完全迷失了方向。后来，那些鸽子被发现散落在放飞点周围的四面八方。

如果鸽子是被人养大的，而在此过程中它们看不到周围的环境或地平线，那么，它们就无法获得从外地找到回家的路的能力。这一点看来是相当确定的。但是，鸽子以天体为参照物来导航为何需要看到地平线——这仍然是一个谜。

目前，我们只能提出以下假设：当水手想用六分仪来确定太阳高度时，他也需要用地平线来作为参考线。鸟也测量太阳的仰角吗？如果答案是肯定的，那么，这相对于蜜蜂的以天体为参照物的测量技术来说是一个巨大的进步，因为如前所述，它们只能测量太阳的方位角，而不能测量太阳的高度。

但在这里，我们又碰上了另一块绊脚石。我们较容易想象昆虫如何通过特殊的复眼结构来测量角度。但鸟类的眼睛跟人类的眼睛一样是相机式的，在确定太阳方位角和仰角时，人类的视觉根本就不足以将之精确到 1 度，更不用说精确到 1 角分或几角秒了（1 度 =60 角分 -3 600 角秒），但精确到角分或角秒正是以天体为参照物来导航所必需的。

设想鸟的眼睛能做到这一点是否完全荒谬？让我们来仔细看看信鸽的眼睛的横截面图。

鸽子的眼睛与人类的眼睛显然有着根本的区别。其中，有一个梳状结构从视网膜上伸展出来、进入眼球内部（见图 97）。它位于

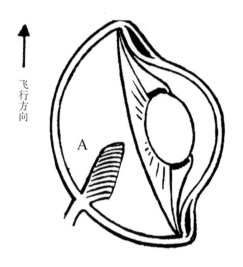

飞
行
方
向

A

图 97　梳状膜（A）就是鸟眼中的神秘的六分仪吗？

视觉神经进入视网膜的地方，事实上，人类眼睛的"盲点"正是在这个地方。这一奇怪的结构被称为梳状膜。

在很长的时间内，梳状膜的作用是完全不为人知的。科学家们甚至认为这是大自然出的一个错误，因为这个"棕榈叶"状的东西肯定会阻碍图像投射到视网膜上。截至本书撰写时，我们仍然不知道该器官的确切用途。或许，我们可以这样推测：这一血液循环强烈的结构是鸟类的"六分仪"的一个部件，也许，它投射到视网膜上的阴影会被感光细胞探测到，并被与感光细胞相连的神经回路用作测量太阳位置的量角器。但也许它所起的作用完全与此不同。无论答案如何，不可否认的是，鸟测量角度所达到的精确度要比未使用测量工具的人所能达到的高得多。

在确信信鸽的确能用梳状膜或以某种其他方式做出如此精确的角度测量的基础上，英国剑桥大学的 G. V. T. 马修斯（G. V. T. Matthews）

博士 [18] 和布里斯托尔大学的 J. J. 彭尼奎克（J. J. Pennycuick）博士 [19] 按同样的思路提出了一些假说。

彭尼奎克博士的设想是这样的：当一只鸟被带到外地而后开始返家之旅时，它会在几秒钟内测量太阳相对于地平线的仰角。与此同时，它会"回想起"在其"家乡"在同一时间太阳有多高。如果当时太阳升高了，那就意味着它被带到了南方。因此，它得向北飞才能回到家。同样，它也能注意到它是被带到东方还是西方。至少在理论上，鸟可以通过对不同地区太阳高度的变化速度的比较来做到这一点。

这里有一个简单的例子。让我们假设：在正午12点的时候，从鸽舍往外看，太阳在南边。那时，在一分钟内，太阳几乎不会改变其高度，因为那时，太阳正处于一天中的最高点。如果鸽子被带到西边，那么，在正午12点（鸽子"家乡"时间），太阳就不会已达到最高点，而仍然在升高，太阳升高得越快，就表明鸽子被往西边带得越远（参见本章图89）。鸽子可由此决定：要回家就得往东飞。

为了找到回家的直线性路线，它还得对南北向和东西向的情况进行综合考虑。这对那只鸟来说是不是要求太高了？也许是太高了，但若不这样，它又该如何为自己导航呢？

尤论如何，若要给自己导航，鸽子就必须拥有下述能力：时间感，或者说，一个总是能始终如一精确显示其"家乡"时间的内在的精密（天文）计时器；对已过的时间的测量精确到秒的能力，以及感知角分数量级的太阳位置变化的能力。就像我们通过固定式望远镜来看太阳一样，鸽子实际上也需要把太阳的行程看成是运动的。

不幸的是，通过实验来验证该理论是极为困难的。迄今，我们还无法证明或驳斥这一理论。有些奇怪现象是无法用该理论来解释的。例如，这个理论会导致人们以为：鸽子被带离其"家乡"越远，它返巢时飞的路线就越准确，因为它对自己被带出的长距离的识别要好于对短距离的识别。但事实并非如此。

根据克劳斯·施密特-凯尼格希博士[20]的说法：在离巢最多25千米的距离内，鸽子通常能非常准确地飞往目的地。但在25千米~120千米之间，有一个"死亡地带"；在这个距离范围内，鸽子不是找不到就是难以找到回家的路。在超过120千米后的距离内，它们又重新能准确地朝"家乡"所在的方向飞了（见图98）。

这是否意味着我们得考虑鸽子是否有以不同的天体为参照物的两种不同的导航方法——其中一种是用于短途导航的，而另一种是用于长途导航的？但是，为什么鸽子的导航器官在"死亡地带"内

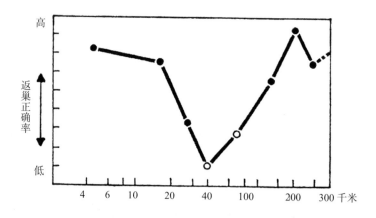

图98　在离巢要么足够近要么足够远的距离内，鸽子都能很好地找到返巢的路。在离巢 25 千米 ~120 千米的范围内，存在着一个（鸽子找不到回家的路的）"死亡地带"，对这一现象，迄今无人能够解释

接收不到信息或不能接收到足够的信息呢？问题一个接一个，但都没有答案。

在其他令人困惑的事情中，我将只提一个：夏威夷群岛的信鸽饲养人只在夜间安排它们的归巢比赛，在没有太阳的情况下，那些信鸽也能准确地找到回家的路！如果在飞行过程中太阳被厚厚的云层遮住，欧洲鸽子也不会完全迷路。在这种情况下，它们的归巢表现会比晴天时糟一点儿，但其中许多鸽子的确回到了家。在看不到太阳的情况下，鸽子是怎么操控飞行方向的？是不是依据地磁场呢？在本书的最后一部分，我将更仔细地探讨这个问题。

在候鸟中，如果我们想到像信天翁和剪嘴鸥这样的长距离飞行纪录保持者，那么，信鸽（顺便说一下，信鸽是由一种定居的鸟——岩鸽——演变而来的）的导航问题看起来就相对简单了。但是，要全面解决动物的导航问题，显然还有很长的路要走，还有很多的研究要做。

第四节　动物在夜间如何以天体为参照物来导航

1963 年 10 月 24 日，德国北莱茵-威斯特法伦州明斯特的居民们经历了一个可怕的夜晚。那天晚上，传统的秋季交易会刚刚开始，由数千盏灯构成的明亮的圆顶形光团照射到了明斯特多云的天空中。

晚上 7 点刚过不久，突然间，空气中充满了激动的呱呱的喧哗声。那种声音听起来就像是数百个个体发出的求救声。3 位当地的动物学家[21]认出了头顶上方有一支由三四百只鹤组成的巨大的楔形队伍。高空云层变得越来越厚，从而使昼夜都飞行的鹤丧失了正常的定向能力。那一大群正处于困境中的鹤显然在守着这片来自地面的灯光的海洋。

夜行的鹤本来依据极其遥远的众多星体的位置来操控自己的飞行方向，但在那个特定时空中，城市的灯光取代了星空，成了那些鹤的定向依据；由此，那片灯光制造出了一种前所未有的效果。那群鹤被交易会场的灯光困住了，它们在市中心区上方沿着顺时针方向连续盘旋了 5.5 小时，每盘旋一次要花上 15~25 分钟。

在深夜 12 点 30 分时，交易会场的灯及城市其他地方的霓虹灯大部分都熄灭了，与此同时，高空云层也变得稍稍明亮了一点儿，鹤群终于朝西南方向飞走了。

鹤在白天和夜晚很可能是分别依据太阳和星星的位置来导航的。当天空笼罩在云雾中时，这种气象肯定会对鹤的导航构成强烈的干扰；而与此同时，在它们下方又出现了陌生的"星座"。要不是出现了城市照明，它们大概已降落到地面上，让自己休息一会儿，直到以天体为参照物的航行再次成为可能。然而，本能的冲突显然使它们完全迷失了方向，并一直犹豫不决地停留在空中。

若有人在 1955 年时宣称：夜间飞行的鸟是依据星星来导航的，他肯定会被人们看作疯子。但今天，科学家们对此已经毫无疑问：动物们确实拥有这种惊人的能力。

直到那时，关于小型歌鸟的夜间飞行的研究似乎还有一个不可逾越的障碍：一个人怎么才能跟随一只只歌鸟在黑暗中的方向（它们通常并不以编队的形式飞行）？它们在路途中表现又如何呢？

1948 年，在发现椋鸟会使用太阳罗盘（在同一年，冯·弗里希确认了蜜蜂使用太阳罗盘的事实)时,古斯塔夫·克莱默博士已进行了一项关键性的观察。令他惊讶的是:候鸟在刚刚起飞后就是精确地沿着正确的方向飞行的。它们不像飞机那样顶风起飞,也不像信鸽有时所做的那样先朝任意方向飞起来,然后绕上几次圈圈。在还在地面上时,它们就知道自己的正确的飞行方向。

对研究人员来说,这是一个很大的优势。他不需要通过雷达或绑在其肚子下的微型发射器来跟踪候鸟。他只需要把候鸟放在一个特殊的笼子里,看着它在一个环形栖息处上方拍动翅膀,直到它决定了起飞的正确位置,并通过一阵翅膀扇动表明:如果从那个笼子中被放出来,那它当即就会起飞。

在那个时候,如果轻微转动一下笼子,那么,那只鸟就会立即调整自己的位置,首先,它会向应采取的方向移动得过远一点儿,而后又急忙退回到正确的位置。实际上,这种行为就像指南针中的磁针的摆动动作一样。在实际的迁徙过程中,鸟类的行为方式与此基本相同。它们会不断地偏离正确的路线5°左右,然后做出纠正。

因为候鸟在笼子里时已给出了关于其飞行方向的完全可靠的信息,所以,研究人员们没有理由不在天文馆进行相关实验。

两位德国动物学家——弗朗兹·索尔(Franz Sauer)博士[22]和他的妻子——在天文馆里做了一系列后来举世闻名的实验(见图99)。1956年,索尔博士注意到,当天空乌云密布时,黑顶林莺和其他欧洲莺只有在有几颗明亮的星星可见的情况下才会去确定自己迁徙的方向。这一现象为他提供了一个寻觅已久的线索:夜行的候鸟肯定是依据星星来导航的。

实验是在不来梅海事学院的奥伯斯天文馆中进行的。但他们碰

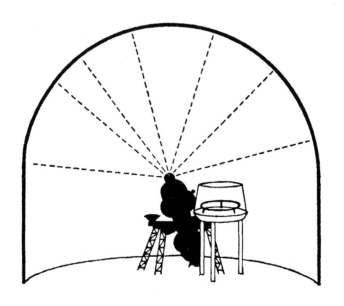

图 99　天文馆的内部。投影机（黑色部分）以精细的光线（虚线）将星
图投射在穹顶上。投影机旁是带有环形栖息台的黑顶林莺笼子

上了一些小问题。索尔博士和他的妻子轮流躺在圆顶形大厅中有人造星光闪烁着的昏暗的实验用笼子的下面，观察着那些鸟儿是怎样确定方向的，并将这些情况记下来。有人可能会以为：这样做上几天大概还是可以忍受的。但实际上，在鸟儿每年两次的迁徙季节中，索尔夫妇连续坚持这样做了好几年。

　　当他们将黑顶林莺从其舒适的笼子里取出来做实验时，它们会变得十分生气。在做实验时，索尔博士还得设法让那些自己驯养过的鸟认不出他，否则，它们会变得对他有敌意，并连续几个星期都回避着他。甚至，在把它们送回巢中并用刚剥了皮的幼粉虫来引诱它们的情况下，索尔仍然没有能够恢复与它们的原有关系。那些受

动物们的神奇感官

到"冒犯"的鸟儿拒绝接受他的这些美味，尽管在由他的妻子来提供这些美食时，它们是会急切地去啄食的。因此，为了做实验，他总是不得不戴上面具，将自己伪装成一副银行劫匪的模样。

在秋季迁徙季节，他开始向那些黑顶林莺展示一种人工仿制的星光闪烁的天空，那片仿制的天空看上去与不来梅上方真正的天空毫无二致。那片人造的天空完全骗过了那些黑顶林莺，结果，它们毫不犹豫地向土耳其方向飞去，飞向了东南方。

当然，那根本不能证明什么。那些鸟可能不是根据天文馆中的人造星体来定向的，而是根据某种与此大不相同的东西——例如，地磁场或来自太空的电磁射线——来定向的。

为了应对这些反对意见，索尔博士将天空的投影图像转到各个方向。但无论他怎么做，那些鸟儿总是朝着依据（投影图中的）星星的位置应该是东南的方向起飞，即使那个方向实际上是北方或西方。

此外，如果在夜间天文馆里的星星不像真正的星星那样在天空中穿行，而是连续几小时保持静止状态，那么，那些鸟就会相应地调整它们的飞行方向。就像蚂蚁一样，它们似乎知道9月份的晚上11点这个或那个星座应该在东南方向（它们的飞行方向），但那个星座是在移动的，因而，凌晨2点时应该在南方。它们似乎也知道：在那段时间，它们的飞行路线一定不能是正对着星座的，而应该是在其左边45°的方向上。

这些实验已经清楚地表明：即使在云层密布的夜空中，在云团之间的缝隙中只有少数孤立的星星可见，黑顶林莺还是凭本能就能认出个别星座。但如果整个天空都阴云密布或天文馆的整个圆顶都笼罩在黑暗中，那么，它们就只能无奈地在笼子周围拍动翅膀一段时间，然后判定在这种情况下已无望找到它们的方向，并降落下来去睡觉了。在自然条件下，在这种情况下，黑顶林莺只能中断它们的迁徙旅程。

黑顶林莺是怎样获得非凡的天文学知识及相关导航能力的呢？是从其父母那里学来的吗？为了测试这种可能性，索尔博士将一只黑顶林莺从刚孵化起就饲养在一个封闭的房间里。连续几个月来，无论白天或晚上，它都从未看到过另一只黑顶林莺或天空。

这里插述一个相关的小故事：19 世纪前期，德国纽伦堡曾经出现过一个从小在一间上了锁的黑屋子里孤独地长大的人。1828 年，这个神秘弃儿在街头现身时已 16 岁了；在此之前，他从未见过任何人、植物或其他动物，不知道昼夜的差别，不会说话，也不知道直立行走或用四肢爬行。这个在德国家喻户晓的人名叫卡斯帕·豪泽（Kaspar Hauser）。由于他代表了一种独特的成长环境，因而，德国科学家们将在与自然环境相隔绝的完全孤独的状态中长大的动物称为"卡斯帕·豪泽"。那些被叫作"卡斯帕·豪泽"的动物是为便于科学家们区分习得和遗传的行为模式而特意被饲养起来的。

到了 9 月份，当那只"卡斯帕·豪泽"黑顶林莺表现出了躁动不安的迁徙冲动时，索尔博士将它放进了不来梅的奥伯斯天文馆，并打开了人工星空灯光系统的开关。刚开始时，它完全被惊呆了，但后来，它朝着东南方向起飞了！

由此可见：黑顶林莺肯定有着对天体分布与星辰移动的遗传性知识。虽然对大自然如何能产生如此神奇的东西我们一无所知，但对上述事实，我们几乎不可能有任何其他的解释。在深海世界中，似乎也有着类似的现象——在深海之中，一种鱼或者说章鱼的成员

　　　　　　　　　　　　　动物们的神奇感官

是通过它们的发光器官所构成的"星座"来相互识别的。

现在，索尔博士把事情又往前推进了一个阶段。他设法让他的黑顶林莺以为它们真的在朝东南方向飞行。在林莺们已经熟悉了的那些星座下沉到北方的地平线之下后，他又使一些新的星座出现在南方的天幕中。在向黑顶林莺展现了与不来梅上方一样的夜空后，他又连续向它们展现了布拉格、布达佩斯、索非亚和土耳其西部的夜空景象。在这种情况下，它们仍然朝着正东南方前进。

后来发生了一件不同寻常的事情。当他向那些黑顶林莺展示地中海东部的夜空（那里的夜空景象就像在塞浦路斯和以色列周围海域所能看到的一样）时，就像轮船改道一样，它们突然转向了南方。这一基于天象的转折点使它们不会进入阿拉伯沙漠，从而避免死在沙漠中的悲剧发生。实际上，它们的天文导航系统将它们安全地引向了尼罗河沿线，并使其从那里顺利到达了它们的冬季栖息地（见图 100）。

一看到塞浦路斯上方那种满天星斗的天空景象，黑顶林莺就会绝无例外地立刻转身向南飞，无论它是否因被骗而误以为自己已经从不来梅出发向着塞浦路斯方向飞行了 3 个星期，还是只飞了"破纪录的"3 小时。这一举动是非常惊人的。它表明：黑顶林莺们不仅能保持星象罗盘所指的航向，还能识别自己的地理位置，也即有着给自己导航的能力。

黑顶林莺的目的地被"写在"星象上。如果它在天文馆里被骗因而相信自己已到达尼罗河大环套以南地区，那么，它也就觉得自己已到达目的地了。这时，它的夜间迁徙冲动就消失了，因而也就去睡了。

图100 黑顶林莺从德国到非洲的航线上的两个飞行方向。其中，
转折点在塞浦路斯–以色列地区

其他候鸟则不可抗拒地被星星引向其他目的地。这种不寻常的
神秘冲动远比食欲强，其重要性也盖过了候鸟一路经过的任何地区
所具有的能让其舒适生活的吸引力，无论这些地区气候多么有利或
食物多么丰富。

动物们的神奇感官

经直布罗陀和西非迁徙到南非去的西欧白喉林莺和园莺会找到理想的生活环境，例如安哥拉的奥卡万戈河上。但在经过短暂的休息之后，它们却放弃了这一肥沃的地区；而后，它们跨越 250 多千米的卡拉哈迪沙漠北部部分地区，飞到埃托沙盐沼地区，进入纳米布沙漠干旱的边界地区，在那里为了生存而艰苦奋斗。

对这种行为，唯一的解释就是，这类莺鸟到达由特定的星星位置所指示的目的地的内驱力甚至比饮食欲望更强烈。在还待在莺蛋之中（未正式孵化出来）时，年幼的黑顶林莺就已经被赋予了一张终生通用的"旅行机票"，因而，它们无法逃避随之而来的义务。

索尔博士在美国佛罗里达大学工作，他希望能找出那些夜间迁徙的鸟到底是用众多星星中的哪颗或哪些星体来为自己引路的。最简单的假设是，这些候鸟要么用不动的北极星，要么用银河系的明亮光带来引路，但这两种假设都已被证明是错误的。在天文馆里，让一颗"星"变暗或让"银河系"的光带不再闪亮都是很容易做到的事情，但这样做对鸟儿并没有任何影响。

明亮的月光、流星和夏天的闪电都会让候鸟迷惑不解。夜间，当这些"自然现象"在被置于室外的特制笼子里显现出来时，它们会被吓一跳，因而中断它们朝向东南方的飞行，并在短时间内朝着那让它们吃惊的现象所在的方向飞去。

当然，必须指出的是，它们只在索尔博士用来关它们的笼子里才这样做，这个笼子的结构使得它们只能看见天空，而看不到地平线或地面上的地标性物体。在夜间飞行时，如果气象条件使得地面能见度达到这种鸟能看得见地平线或地标物的程度，那么，在出现"星象障碍"的情况下，它们立即就会转换到使用地标物来定位并用地标物来导航一段时间。若碰上满月，它们就会中断自己的旅程。但若碰上来自大城市的灯光的海洋，那么，那些在明斯特上空的鹤身上发生过的事情也会发生在其他候鸟身上。

奇怪的是，那些夜间迁徙的候鸟并没有被金星、火星、木星和土星等明亮的行星的外观所困扰。因此，留给研究者的是这样一个艰巨而烦琐的任务：在天文馆里通过反复测试找出到底是哪个星座在引导着这些候鸟在夜间穿越陌生的地带。

在星光灿烂的晴朗夜空中，哪个星座才是鸟类真正的路标？关于这个问题，直到1967年，美国康奈尔大学的斯蒂芬·T.埃姆伦（Stephen T. Emlen）教授[23]才找到答案。埃姆伦教授用来做实验的是一种名叫"靛蓝彩鹀"的小型歌鸟，这种鸟每年（秋天）从美国南部迁徙到3 000千米~4 000千米外的南美冬季栖息地，并在次年春天返回。

起初，埃姆伦教授的做法与索尔博士的一样。在密歇根大学的天文馆，他试图向实验鸟展现被他当作路标的银河系或北斗七星，但这一尝试失败了。他又向实验鸟单独展现仙后座或北极星，实验仍然不成功。但是，当埃姆伦教授在人造天空中"熄灭"了与北极星的夹角在35°以内的那片天空中的所有星星时，实验鸟立刻迷失了方向，并停止扇动翅膀。

由此，埃姆伦教授相信：他已经在由北斗七星、小熊座（小北斗）、仙后座和天龙座构成的这一片星空中找到了鸟类的路标。看来，不同的鸟类是由各自有所不同的星象图案来引路的。处于星象图案边缘部分的少数星星可能不存在或不显现，但由此而造成的缺损是由对鸟伙伴们无意义的其他星星补齐的。无论如何，在秋季往南迁徙时，靛蓝彩鹀们必须不时地转过头去朝北看（位于北方天空的导航星座）才能确保航线的正确性。

让我们暂时放下鸟类，来谈谈昆虫中的相关问题。我们已经知道一些关于蚂蚁的有趣的事情。蚂蚁是不间断的工作者，每天三班倒；在冬天，它们可以睡个够。在蚁群中，时不时地会有一只蚂蚁打上一会儿瞌睡。但如果它这样做挡住了其他工蚁的路，那么，它们就会推挤它，让它在惊醒后继续工作。

因此，在树林里的蚂蚁小径上，蚂蚁们的交通总是日夜都充满活力的。那些带领着蚂蚁队伍的侦察蚁在白天和夜晚分别依据太阳和月亮的位置来确定方向。它们能很好地区分太阳和月亮，因为太阳和月亮穿越天空的弧形轨迹线的陡度彼此差异很大。蚂蚁在确定路线时会充分考虑这种差异。显然，蚂蚁有两种独立的方向定位系统，即太阳罗盘和月亮罗盘。

那么，星星呢？昆虫能像夜间迁徙的候鸟一样认识星星而且或许也能依据星体来确定方向吗？科学家们尚不同意这个观点，但是，从德国柏林昆虫学家卡尔·克莱韦（Karl Cleve）博士[24]的实验来看，蛾似乎也能感知到星光。

正如在科学史上屡见不鲜的那样，这里再次出现了一个偶然的发现。克莱韦博士是一个充满激情的鳞翅目昆虫学家，曾用灯诱捕过数以千计的蛾。在这个过程中，他尝试过用很多光谱频段各不相同的不同类型的灯具，只是为了找出哪种灯的诱捕效率最高，即趋光而来的昆虫数量与电能消耗之间的比值最大。试验结果表明：蛾眼最敏感的光的波长比人眼最敏感的光的波长短，具体地说，是波长为 400~425 纳米的紫光（不是紫外线）。

克莱韦博士判定：这种"紫光（对紫外光的）替换"一定是有其原因的。因此，他产生了这样的想法：将蛾的复眼对其所能感知的那部分频段的光的敏感性曲线与星星所发出的各种频段的光的强度曲线进行比较。各种类型的星体所发出的光在其所占的频段上是有很大的差异的。但是，如果我们对在我们所在的维度上用肉眼所能看到的约 3 000 颗星星（所发出的光的频率）取一下平均值，那么，该平均值与蛾的复眼对光的敏感性之间就有着惊人的对应关系。因此，从性质上说，蛾的眼睛从理论上来讲是适应星光的，而人的眼睛则更适应日光。

但星光是否明亮到足以被蛾识别出来？为了解决这个问题，克莱韦博士用不同亮度的灯进行了一系列实验，并将结果与星光的亮度进行了比较。他的发现是，蛾能感知到的星星的数量几乎与人类能感知到的一样多。

我们还不能确定它们为何会关注星光。也许，在黑夜中，它们可以直接根据月光或星光来操控自身的飞行方向，因为那时它们肯定有把握不会与障碍物相撞。这一假设得到了相关的观察结果的支持：灯具在能见度有限的乡野上比在空旷的乡野上对蛾有着更多的影响。

不过，也有可能出现下面这些情况：星光能给蛾在气味引导下的飞行路线带来一定稳定性，这种飞行的目的可以是雄蛾飞向雌蛾或食物，也可以是雌蛾飞向产卵之地，甚至可以是飞向远方（的迁徙之旅）。但目前，关于这些事情，我们仍然处于纯粹推测的阶段。

动物们的神奇感官

第五节　磁感

磁感不能再被我们当作虚构的东西或神秘主义者的幻想而加以排斥。它是一种现实存在的动物能力。1965 年，关于磁感的存在，德国法兰克福大学的弗里德里希·威廉·默克尔（Friedrich Wilhelm Merkel）教授 [25—26] 提供了最令人印象深刻的证据。

这一相当轰动的出于偶然的发现始于 1957 年。在动物学研究所实验室，默克尔教授的同事汉斯·格奥尔格·弗洛姆（Hans Georg Fromme）博士 [27] 养了几只知更鸟。在秋季迁徙期夜间，那些知更鸟在笼子里不安地扇动着翅膀。动物爱好者们都熟悉动物的这种旅行冲动的本能性爆发。但是，法兰克福大学的动物学家们所观察到的东西则要比这更多：（夜间迁徙的）知更鸟都只试图朝一个相当确定的方向——西南方向——飞去。这正是它们从德国到西班牙的遥远行程所必须遵循的路线。与索尔博士所研究的黑顶林莺不同的是，这些知更鸟从笼子里既看不到自然的天空也看不到天文馆中的人造天空。它们处在研究所的围墙内，百叶窗紧闭着。显然，它们肯定是从建筑物的墙壁上感受到了某种东西，而这种东西向它们指示着飞行的正确方向。

当时，实验者把那些知更鸟放进了一个钢制的房间。在这里，它们的表现与此前完全不同。它们表现出了十分强烈的因迁徙冲动而带来的烦躁不安，它们仍然会飞到那个（隔音效果与录音棚类似的）录音笼的栏杆上，却未表现出丝毫的要朝某个特定方向飞的倾向。当钢制房间的装甲门打开时，它们又立即显示出了轻微的向西班牙方向飞的倾向。由此可见，钢制房间肯定能将知更鸟与它们神秘的路标相隔绝。就像磁力线会被钢制容器所削弱一样，这些发现迫使那些科学家去考虑这个问题：长期以来一直被忽视的磁感到底存在不存在呢？

它仍然需要证明。为简便起见，我将只描述那些最终获得了成功结论的实验。事实上，这一证明过程经历了数年的挫折和质疑。

其他研究人员也用其他鸟类（如信鸽）一再地进行了实验。在实验中，实验者将小磁棒悬挂在鸟的颈部或将磁棒固定在鸟的翅膀上。如果那些鸟确实有磁感，那么，它们就肯定会因这些磁棒而困扰。但由于磁棒丝毫没有干扰到鸟的定向能力，因而，实验结果被看成鸟类没有磁感的证据。

类似的事也发生在用大型均匀磁场进行的实验中，这种磁场的方向与地磁场的方向正好相反。例如，实验者将两个直径约为 2 米的磁性线圈安装在钢制房间内，并将鸟儿直接放在这些线圈之间。但是，它们没有采取任何根据人造磁场来定向的行动。磁感的存在似乎再一次被驳倒了。

这些实验失败的深层原因在于实验者所使用的磁感概念是错误的。我们不应该设想一种在几秒钟内就能使自身适应于任何磁场的磁针。

事情远比这更加微妙。最重要的是，鸟类得先花上较长的一段时间让自己变得习惯于改变了的磁力关系，然后才能对之做出反应。影响它们的人造磁场的强度必须恰好与自然的地磁场的完全一致。即使人造磁场只是比地磁场略微强一点或弱一点，鸟儿也显然不再能感知它，或者，对鸟来说，磁场就会失去意义，除非它有机会用好几天时间来适应新的磁场强度。

在法兰克福，地磁场的总强度是 0.41 高斯。在前面描述过的钢制房间内，地磁场强度被削弱到了 0.14 高斯。因此，起初，那些知更鸟完全迷失了方向。但当默克尔教授将它们连续留在那个钢制房间里好几天后，它们又渐渐地重新恢复了向西南方向飞的倾向。

在考虑到适应新环境需要时间这一点后，用大型电磁线圈产生的磁场来做的实验也带来了实验者所期望的结果。当实验者将人工磁场转换成与（在钢制房间里受到强烈抑制的）自然磁场方向相反的磁场时，就像索尔博士做实验用的那些处在天文馆中扭曲的人造天空下的黑顶林莺一样，那些知更鸟的起飞方向被转移了。

"根据我们的判断，"默克尔教授写道，"我们手上已经有的实验结果明确证明：在鸟类因迁徙冲动而躁动不安时，它们是借助地磁场来找到飞行方向的。迄今为止的近期实验的结果都证明了我们的看法是对的。"

因此，我们可以看到这样的情景：一个秋天的夜晚，一只知更鸟陷入因迁徙冲动而带来的躁动不安之中。它看着星星，根据星星的位置辨认出会将它引向西班牙（那里就是它遥远的目的地）的西南方向；它独自飞行，没有配偶、幼崽或其他任何的伙伴——当然，其他知更鸟也是完全独自做着同样的事的。但是，一旦夜空阴云密布，知更鸟便不再能识别任何作为路标的星星；在这种情况下，它不会像黑顶林莺一样需要降落到地上并等待天气重新变得晴朗。这时，就像公海上的水手一样，知更鸟会将定向模式（由用星星罗盘定向）切换到依据地磁罗盘来操控方向，它毫无差错地飞过江河和山脉，直到到达那个遥远国度中的目的地。

磁感的发现是否也会对我们揭开许多动物所具有的"回家"能

力的奥秘有所启发呢？

已经有人提到：信鸽甚至可以在完全阴暗的夜空中找到回家的路。（生活在南极洲近旁的威德尔海中的）韦德尔海豹[28]能潜入南极洲内厚厚的巨大浮冰之下约 350 米深的地方，且一口气游上 30 多千米而无须中途浮出水面换气。虽然冰层下面十分黑暗，但它们却能沿着一条直线到达南极洲海岸边通常无冰的常去海域。

当无视觉、听觉和嗅觉（或化学）地标可用时，野鼠[29]可将自己训练得能按特殊罗盘所指引的方向前进。许多其他的实验也表明：笑鸥和某些其他鸟类及蜗牛也能在看不到、听不到或闻不到巢穴的方向的情况下找到回家的路。

由此可见：在动物界，那些超出我们人类的理解力、听起来相当不可思议的感觉肯定要比我们曾经以为的更为广泛地存在着。这甚至并不意味着所有刚被提到过的动物都要以磁感来找到自己的路，它们是否能这样做尚未得到证明。但是，除了知更鸟外，以下动物也已被证明是拥有磁感的，它们是：白蚁、金甲虫、田螺、象鼻虫、蟋蟀、蝗虫、黄蜂和苍蝇。[30]

在此，机遇也起到了至关重要的作用。1963 年年底，设在柏林的德国联邦材料研究与测试研究所的金特·贝克尔（Günther Becker）教授[31-32]收到了一种津巴布韦白蚁的年轻蚁后的样本。到了晚上，他迅速地将它们撒到了繁殖箱底部，它们向四面八方躺下了。第二天早上，他惊奇地发现：它们已全部安顿好，全都以正东西向的位置躺着。

他小心翼翼地将繁殖箱翻转了 90°，但过了几小时后，那些白蚁已经纠正了自己的位置，使得它们的头部直接朝东或朝西，或与

动物们的神奇感官

东西向的直线成直角。就像有惰性的磁针一样，它们终于找到了正确的位置。

然而，就像知更鸟一样，当那些白蚁被放进厚厚的铁盒子里时，它们就再也不能找到自己所躺的正确方向了。但是，当贝克尔教授在铁盒子里面、在白蚁的上方固定了一块条形磁铁时，那堆白蚁中又出现了缓慢移动的现象，在过了 15 分钟到几小时后，它们又全都以恰好横穿磁铁轴线的方式躺着了。

我们还不知道为什么它们有时反应迅速，有时反应又慢得多，我们也不知道它们如何根据磁场来定向。诚然，现在我们已经了解这种现象：在蚁丘被打开时，许多种类的白蚁蚁后在被发现时总是朝东西向或南北向躺着的，但我们完全不知道为什么它们必须朝这些方向排成一线。

在方向问题上，唯一的例外是澳大利亚指南针白蚁（也称罗盘白蚁）。这种白蚁能建造高达 4 米、长达 1.6 米但宽不到 1 米的堡垒。这些从地面上升起来的"高墙"都是坐北朝南的。这种建筑方式对白蚁有很大的好处，因为整个白天阳光都会以几乎一样的温暖程度照耀着堡垒：在早晨和傍晚，阳光在长度方向（东边或西边）上照耀着整个堡垒，而在中午，阳光则只在较窄的宽度方向（北边）上照耀着堡垒。

瓦登斯维尔有一家瑞士联邦研究所，该所的 F. 施奈德（F. Schneider）博士 [33] 在金甲虫身上发现了一个磁场与电场函数。他挖出了仍然躺在地下休息的金甲虫，在冰点使它们保持僵硬状态一段时间，然后在 20℃ 的温度下让它们慢慢解冻。在被解冻后，它们立即就开始四处游荡，但过了一段时间后，它们又会安静下来再次休息。然而，它们休息时的躺姿绝不是任意的，而是由某些无形的力量决定的，这些无形的力量甚至可以穿透厚厚的石墙。

在艰难的实验中，施奈德博士发现：金甲虫的躺姿是由电磁场控制的。由任何躺姿角度引起的磁力线和电场线的相对运动，都会导致金甲虫进入一段很有特色的不安定期并最终使其采取一种同样有特色的躺姿方向。躺姿的方向往往是磁力线与电场线方向之间的中间方向。

但有时会出现很大又很奇特的变化。实际上，在某些日子里，对施奈德博士来说，什么都不管用。不管人造的磁力线和电场线的方向如何，金甲虫都会朝西北或东南方向或与之垂直的方向躺着。

许多人声称：只有当床朝着特定的地理方向摆放时人才能睡得好。这种感觉是与地磁场有关还是只是想象——这一点尚未被研究过。现在，我们也不能说是不是类似的感觉导致金甲虫产生了它引人注目的躺姿调整行为。但可以确定的是：地磁罗盘对金甲虫确定方向是非常有用的。

关于金甲虫的定向问题，弗赖堡大学的动物学家奥托·克勒（Otto Koehler）[34] 曾引用过法国研究者罗伯茨的相关报告。罗伯茨的报告中提到了一些不同寻常的事情。金甲虫一被孵化出来就会离开孵化之地，开始一场觅食旅行。在转了几圈并进行了几次曲折线飞行之后，雌金甲虫就会径直飞向附近的一片树林，通常是飞向它们所看到的地平线上最高的那片树林。在兜了几圈后，雄金甲虫也循着雌金甲虫的路线飞了过去。当那片树林前出现一团横在飞行方向前的烟雾时，大多数金甲虫会沿着烟雾边缘飞行，并绕过烟雾末端直接飞向树林。其他金甲虫则从烟雾上方飞了过去。

当正在进食的雌金甲虫已准备好产卵时，它们马上就会在没有盘旋的情况下确定方向，朝着与来时相反的方向往回飞，直接飞到自己被孵化出来的地方，把卵产在那里。

在出去觅食的飞行途中被抓的雌金甲虫被运送到了很遥远的地方，它们的卵子在笼中成熟。在未经任何搜索的情况下，在不熟悉的乡野中，它们也为返回可能正确的出生地而选择了与未被捕获的同种成员同样的方向。在产卵后，雌金甲虫沿着与 20 天或 30 天前第一次飞行同样的方向飞向同一片树林。

这一方向显然在金甲虫的第一次飞行中被铭刻在了它的深层记忆中；为使自己的飞行能保持这一方向，它们必须能看到天空。天空可能会被云雾笼罩，即使在黄昏时分，它们仍然能找得到路。关于金甲虫是怎样确定飞行方向的，我们现在仍然缺乏相关证据。不过，根据施奈德博士的研究结果可知，至少金甲虫根据磁场来定向的可能性是存在的。

位于伊利诺伊州埃文斯顿的美国西北大学中有一些动物学家——弗兰克·A. 布朗（Frank A. Brown）、小班尼特（M. F. Bennett Jr）和 H. M. 韦布（H. M. Webb）[35]——在生活于内陆湖和池塘底部的田螺身上发现了更多的奇特性质。这种软体动物总是将自己的移动方向控制在朝着地磁北极的方向，但在白天时，跟屎壳郎依据太阳位置确定方向的情况一样，田螺的移动路线相对于地磁北极的角度也会发生变化。

但对蜗牛来说，这一切都要复杂得多。我们也许可以通过一个假想实验到达与事实最接近的地方。让我们假设蜗牛体内有一根系在一只钟表的时针上的指南针，它每天随着时针转动。蜗牛感觉到有一种内迫力在促使它朝着某个能让体内钟表指针上的磁针总是指向北方的方向行进。如果这是蜗牛唯一的定向机制，那么，它就会以兜圈圈的形式慢慢地爬行。

蜗牛还有第二种定向机制。除了根据太阳的移动轨迹转动的指南针外，蜗牛体内还有另一根根据月亮的移动轨迹转动的指南针。在两根指南针所指示的两个方向之间，它会选择一个折中方案。

信鸽的定向机制更加复杂，目前，关于这个问题，能说的还都是假设和猜测。不过，简单地看一下相关说法不会有什么坏处。正如朱利安·赫胥黎（Julian Huxley）爵士所说的：太少的想象与太多的投机冒险一样会使得科学研究徒劳无功。

1933 年，德国科学家对信鸽磁感的研究突然停了下来。1965 年，一个在这一领域比较外行的数学家在德国科学家已取得的成果的基础上进行了进一步研究。这位数学家就是当时在纽约 IBM 应用数学研究所任职的莱斯特·托金顿（Lester Talkington）。他声称：鸽子的眼睛里有一根微小的磁性指南针，正是这根指南针在天空阴云密布时给鸽子指明了家乡所在的方向，因而，它无须再根据太阳的位置来确定方向。[36]

1933 年，德国柏林的地磁学家赫尔曼·赖希（Hermann Reich）教授[37] 对属于德军的鸽子进行了信息充实、让人长见识的实验。他把信鸽从柏林带到图林根州北部的基夫豪泽山脉附近。在那个地方，因为地下有铁矿石，所以地磁场的磁力线是不正常的。

按理说，情况会是这样的：如果我们还考虑到了磁力线的垂直倾斜情况，那么我们就会注意到，在地磁的北极和南极，磁力线是恰好垂直于地球表面的；而在赤道上，磁力线则是与地球表面相平行的。因此，我们可以说：在磁赤道与磁北极之间，地球表面的某

动物们的神奇感官

个点越靠北，那里的磁力线相对于地球表面的倾斜角度就越大。但在基夫豪泽山脉一带，情况却出现了逆转。赖希教授带来的鸽子在被放飞之后立即飞向了南方这个错误的方向，而不是飞向北方。

莱斯特·托金顿基于理论反思得出了与此相似的结果：地球上每个点的地理纬度都可根据磁力线倾斜度来确定（除了某些不合常规之处外）。一只被带到了陌生之地但能辨认出这一倾斜度的鸽子肯定知道它在鸽舍的北方还是南方。

这给出了地磁场不仅可用来定向也可用来导航的最早线索。但是，判断一个动物能否根据地磁场认识到它已被从东边运到西边——这就要困难得多了。毫无疑问，这个问题目前不能得到明确的回答。但对这个问题，托金顿也已提出一个假说。为此，他使用了倾斜角概念，所谓倾斜角是指磁场上的北方与地理上的北方之间的偏差角。

托金顿将借助磁场的定向与在"阳光场"中（依据太阳位置）的定向进行了比较。他认为：那些有磁感的动物似乎在北方感知到了一种"磁太阳"，只不过它总是停留在同一个地方；因此，在确定路线方向的角度时，它们不需要考虑一天中的时间因素。由此，若要论使用的简便性，那么，地磁罗盘要比太阳罗盘更胜一筹。

就觅食的蜜蜂和蚂蚁而言，在本书第一章的"复眼"这一节中，我们已经知道：它们甚至会犹如用上了矢量代数一般地综合考虑自身在迷宫般的曲折路线上所经历过的所有角度和距离，因而，能从任何地方再次找到回家的路。或许，信鸽也能依据磁场意义上的北方来操控路线角度，成功地实现同样的壮举？

为了证明自己的假说，托金顿重新分析了由哈罗德·B.希契科克（Harold B. Hitchcock）教授获得的一些较老的数据。希契科克的鸽舍位于美国新泽西州的蒙茅斯堡。带着特殊而隐秘的动机，他把一些鸽子从蒙茅斯堡带到了西边约 140 千米的新汉诺威。长期的地磁测量结果表明：从新汉诺威到蒙茅斯堡有两条在地理上大不相同但却具有几乎相同的磁场特性的路线。因此，如果鸽子确有磁感的话，那么在那两条路线上，这种磁感就都能将它们引上回家的路。它们将会怎样飞行呢？

在将鸽子放飞后，希契科克在一架私人飞机上跟随着它们，并通过双筒望远镜连续观察着它们。那些信鸽的确采用了那两条路线，尽管其中的一条路线绕了一个大弯，几乎绕到了费城。

在第二次测试中，希契科克把同一群鸽子朝着北方带了约 160 千米，带到了纽约州的沃茨伯勒。借助于高度灵敏的测试仪器，他在沃茨伯勒境内发现了一个地方，虽然那里有着与这些鸽子的家乡同样的磁场特性，但从那里开始到某个与蒙茅斯堡大不相同的地方之间有一条地磁"死胡同"。在这个"死胡同"里，托金顿的理论再一次得到了证实：那些信鸽飞进了那个地磁"死胡同"，结果，在那个按磁场特性是正确的但按地理位置是错误的地方，它们整天漫无目的地盘旋着（见图 101）。

关于鸽子的磁性指南针会在什么地方，托金顿也有一个想法：在鸽眼的梳状膜中（参见本章稍前的图 97）。然而，要获得关于磁感如何工作的更精确的细节，还需要做进一步的研究。

因此，在感觉研究这一广阔领域中，每一个新的发现都提出了新的问题和新的假说，这些问题和假说即使在科学界之外也是令人深感兴趣的。今天，对大自然借以在生物与其环境之间建立联系的

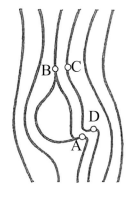

图 101　信鸽能根据地磁场来确定方向吗？
图中有两条连接着不同地方但有着同样的
磁场特性的路线。根据托金顿的说法，如
果信鸽从 A 地被带到 B 地，它们可通过两
条不同的路线回家，因为有两条有着同样
的磁场特性的路线。但若鸽子从 A 地被带
到 C 地，那么，它们就找不到回家的路，
并且会在 D 地漫无目标地徘徊上多天

几乎科幻小说般的技术，我们已经获得了深入的洞察。然而，人类
的发现精神仍然像一个面对无穷无尽的神秘奇观的天文学家所具有
的那样旺盛。显然，我们认识世界的过程是极其困难的。

　　一方面，对许多人来说，这听起来可能很可悲：我们对自然的
理解现在越来越多地被转变成了一个广阔的工业领域，满含技术上
可描述的各种机制。另一方面，这一发展带来了一种无法估量的优
势：生物学可从局限于自然事物的科学走向应用技术。生物学家们
可以向工程师们报告自然界迄今被看作空想的技术发明。这将使越
来越多的生物学家进入工业实验室，而在美国，这一点已经是现实。
在那些工业实验室里，生物学家们可为我们人类文明的进步提供至
关重要的推动力。

参考文献

第一章 视 觉

1 Anton Hajos, "Die optischen Fehler des Auges", *Umschau,* 64 (1964), pp.491-496.

2 Ivo Kohler, "Experiments with Goggles", *Scientific American,* Vol.206, No.6 (May 1962), pp.63-72.

3 Derek H.Fender, "Control Mechanisms of the Eye", *Scientific American,* Vol.211, No.I (July 1964), pp.24-33.

4 Norman Carr, *Return to the Wilderness.* E.P.Dutton & Co., Inc., New York, 1962; William Collins Sons & Co.Ltd., London, 1962, pp.110-111.

5 Lorus and Margery Milne, *The Senses of Animals and Men.* Atheneum, New York, p.226.

6 Roy M.Pritchard, "Stabilized Images on the Retina", *Scientific American,* Vol.204, No.6 (June 1961), pp.72-78.

7 Jerome Y.Lettvin, "Two Remarks on the Visual System of the Frog", *Sensory Communications,* Cambridge, Mass., M.I.T.Press, 1961.

8 R．W.斯佩里在他的文章中报告了与此有关的初步证据，见R．W.S p e r r y，"The Growth of Nerve Circuits", *Scientific American,* Vol.201, No.5 (Nov.1959), pp.68-75。

9 更多详情请见：Sir John Eccles, "The Synapse", *Scientific American,* Vol.212, No.x (Jan.1965), pp.56-66。

10 Stephen W.Kuffler, "Discharge Patterns and Functional Organisation of Mammalian Retina", *Journal of Neurophysiology,* Vol.16, No.1 (Jan.1953), pp.37-68.

11 David H.Hubel, "The Visual Cortex of the Brain", *Scientific American,* Vol.209, No.5 (Nov.1963), pp.54-62.

12 Lettvin, Maturana, McCulloch, and Pitts, "What the Frog's Eye Tells the Frog's Brain", *Proceedings of the Institute of Radio Engineers,* No.47 (1959), pp.1940-1951.

13 Lettvin, Maturana, McCulloch, and Pitts, "Anatomy and Physiology of Vision in the Frog", *Journal of General Physiology,* 1960, 43 Suppl., pp.129-175.

14 Heinz von Foerster, "Biological Ideas for the Engineer", *New Scientist,* Vol.15, No.299

(9 Aug.1962), pp.306-309.

15 M.B.Herscher and T.P.Kelley, "Functional Electronic Model of the Frog Retina", *Bionics Symposium 1963,* Contributed Paper Pre-Prints, Wright-Patterson Air Force Base, Ohio.

16 William Beebe, *Half Mile Down.*Duell, Sloan, and Pearce, New York, 1951, pp.124,127, 168-170, 207, 212, 222-224.

17 Earl S.Herald and Dieter Vogt, *Living Fishes of the World.*Doubleday & Co., Inc., Garden City, N.Y., 1961, p.106.

18 N.B.Marshall, *Tiefseebiologie.*Verlag Gustav Fischer, Jena, 1957, p.239.

19 同上，p.263。

20 Lorus J.Milne and Fritz Bolle, *Knaurs Tierreich in Farben—Niedere Tiere.*Droemersche Verlagsanstalt, Munich, 1960, p.281.

21 Hans-Eckhard Gruner, *Leuchtende Tiere.*Neue Brehm-Biicherei, A.Ziemsen-Verlag, Wittenberg, 1954, p.71.

22 同上，p.77。

23 Siegfried H.Jaeckel, *Kopffiifier—Tintenjische.*Neue Brehm-Buecherei, A.Ziemsen-Verlag, Wittenberg, 1957, p.13.

24 Lorus J.Milne and Fritz Boixe, *op.cit.,* p.281.

25 W.Rutherford, "Phosphorescent Wheel", *The Marine Observer,* 30 (1960), No.189, p.128.

26 Martin Rodewald, "Leuchtrader des Meeres", *Umschau,* 61 (1961), pp.177-179.

27 Kurt Kalle, "Die ratselhafte und unheimliche Naturerscheinung des explodierenden und des rotierenden Meeresleuchtens", *Deutsche Hydrographische Zeitschrift,* 13 (1960), p.49.

28 Gruner, *op.cit.,*p.41.

29 同上，p.26。

30 Friedrich Schaller, "Das Licht der Tiere", *Umschau,* 63 (1963), pp.663-665.

31 Taschenberg, *Brehms Tierleben.*

32 Vitus B.DroEscher, *The Mysterious Senses of Animals.*E.P.Dutton & Co., Inc., New York, 1965; Hodder & Stoughton Ltd., London, 1965, p.46.

33 Friedrich Schaller, "Weshalb leuchten die Gluhwiirmchen?", *Umschau,* 61 (1961), pp.4-6.

34 Friedrich Schaller and H.Schwalb, "Attrappenversuche mit Larven und Imagines einheimischer Leuchtkafer", *Verhandlungen Deutsche Zoologische Gesellschaft,* Bonn, 1960, pp.154-166.

35 William D.McElroy and Howard H.Seliger, "Biological Luminescence", *Scientific American,* Vol.207, No.6 (Dec.1962), pp.76-89.

36 William D.McElroy and Bentley Glass, *A Symposium on Light and Life*, Johns

Hopkins University Press, Baltimore, 1961.

37 White, McCapra, Field, and McElroy, "The Structure and Synthesis of Firefly Luciferin", *Journal of the American Chemical Society,* Vol.83 (1961), p.2402.

38 Karl von Frisch, *The Dancing Bees: An Account of the Life and Senses of the Honey Bee.*Translated by Dora Ilse.Harcourt, Bruce and World, New York, 1955; Methuen & Co.Ltd., London, 1954.

39 更详细的讨论请见：Dietrich Burkhardt, "Untersuchungen an einzelnen Sehzellen", *Umschau,* 64 (1964), pp.312-313。

40 昆虫的视觉比人们从其眼睛的生理结构所能想象的更敏锐。关于这一点请见：Rudolf Jander and Christiane Voss, "Die Bedeutung von Streifenmustem fur das Formensehen der Roten Waldamcise", *Zeitschrift Fuer Tier- psychologie,* 20 (1963), pp.1-9。

41 Herbert Heran, "Wie ueberwacht die Biene ihren Flug?", *Umschau,* 64 (1964), pp.299-303.

42 Bernhard Hassenstein and Werner Riechardt, "Wie sehen Insekten Bewegungen?", *Umschau,* 59 (1959), pp.302-305.

43 Herbert Heran, *op cit.*

44 Von Frisch, *op cit.*

45 Rudolf Jander and Christiane Voss,*op cit, 38, p80.*

46 Rudolf Jander, "Die Detektortheorie optischer Auslosemechanismen von Insekten", *Zeitschrift fur Tierpsychologie,* 21 (1964), pp.302-307.

47 Martin Lindauer, "Ocellen registrieren den Dammerungsgrad", *Biologisches Zentralblatt,* 82 (1963), p.721.

48 Eberhard Dodt, *Mitteilungen der Max-Planck-Gesellschaft,* 1964.

49 J.de la Motte, "Uber die augenunabhangige Lichtwahrnehimmg bei Fischen", review in *Naturwissenschaftliche Rundschau,* 16 (1963), p.487.Original in *Die Naturwissenschaften,* 50 (1963) , p.363.

50 Petei, "Sehende Finger", *Naturwissenschaftliche Rundschau,*16(1963), pp.407-408.

51 W.Report, "Eyeless Vision Unmasked", *Scientific American,* Vol.212, No.3 (March 1965), p.57.

52 L.Goettert, "Orientierungsmoglichkeiten beim augenlosen Hohlenfisch", *Naturwissenschaftliche Rundschau,* 15 (1962), pp.56-58.

53 Rudolf Braun, "Zum Lichtsinn augenloser Muscheln", *Zoologisches Jahrbuch, Abteilung Physiologie,* 65 (1954).p.194.

54 Rudolf Braun, "Der Lichtsinn augenloser Tiere", *Umschau,* 58 (1958), pp.306-309. 另见：Wolfgang von Buddenbrock, *Vergleichende Physiologie,*Vol.I: *Sinnesphysiologie.*Basel, 1952。

55 Vincent G.Dethier and Eliot Stellar, *Das Verhalten der Tiere.*Kosmos-Studienbiicher,

Stuttgart, 1964, p.15.

56 Rudolf Braun, *op cit.*

57 Gerti Dücker, "Farbensehen bei Saugetieren", *Umschau,* 61(1961), pp.231-232.

58 Report, "Discriminating Cats", *Scientific American,* Vol.210, No.6 (June 1964), p.59.

59 E.Nickel, "Vom Farbensinn der Alligatoren", *Zeitschrift fur Vergleichende Physiologie,* 43 (1960), p.37.

60 W.R.A.Muntz, "What the Frog's Eye Tells the Frog's Brain", *Journal of Neurophysiology,* November 1962.

61 Martin Lindauer, "Fortschritte der Zoologie", *Allgemeine Sinnesphysiologie,* Vol.16 (1963), Part 1, pp.59-140.

62 Gerti Dücker, *op cit.*

63 Hansjochem Autrum, "Wie nimmt das Auge Farben wahr?", *Umschau,*63 (1963), pp.332-336.

64 Edward F.MacNichol, jr., "Three-Pigment Colour Vision", *Scientific American,*Vol.211, No.6 (Dec.1964), pp.48-56.

65 Gunnar Svaetichin and Edwards F.MacNichol, "Retinal Mechanisms for Chromatic and Achromatic Vision", *Annual of the New York Academy of Science,* 74 (1958), pp.385- 404.

66 Von Frisch, *op.cit,* 38, p65.

67 Lorus and Margery Milne, *op.cit,* 5, p241.

68 Wijlf Enno Ankel, "Begegnung mit Limulus", *Natur und Volk,* 88 (1958), pp.101-110.

69 Vitus B.DroEscher, *op.cit.,* p.240.

第二章　温度觉

1 *Op.cit.,* pp.29-32, and T.H.Bullock and R.B.Cowles, "Physiology of an Infrared Receptor.The Facial Pit of Vipers", *Science,* Vol.115 (1952), pp.541-543.

2 Lorus and Margery Milne, *op.cit.,* pp.90-94.

3 Phillip S.Callahan, "Insects Tuned in to Infrared Rays", *New Scientist,* Vol.23, No.400 (16 July 1964), pp.137-138.

4 Konrad Herter, *Der Temperatursinn der Tiere.*Neue Brehm-Biicherei, A.Ziemsen-Verlag, Wittenberg 1962, p.37.

5 Manfred Zahn, "Tliermotaktische Orientierung dcr Schollen", *Umschau,* 63 (1963), p.7x1.

6 Herbert Heran, "Untersuchungen iiber den Temperatursinn der Honigbiene", *Zeitschrift fur Vergleichende Physiologie,* 34 (1952), pp.179-206.

7 S.Dijkgraaf, "Untersuchungen fiber den Temperatursinn der Fische", *Zeitschrift fuer Vergleichende Physiologie,* 27 (1940), pp.587-605; *Zeitschrift fur Vergleichende*

Physiologie, 30 (1943).P.252.

8　H.J.Frith, "Incubator Birds", *Scientific American,* Vol.201, No.2 (Aug.1959), pp.52-58.

9　Precht, Christophersen, and Hensel, *Temperatur und Leben,* Springer Verlag, Berlin, 1955.

10　Y.Zotterman, "Special Senses: Thermal Receptors", *Annual Review of Physiology,* 15 (1953).pp.357-372.

11　Ralph Buchsbaum and Lorus Milne, *Knaurs Tierreich in Farben—Niedere Tiere.* Droemer- Knaur, Munich, 1960, p.183.

12　Herter, *op., cit.,*pp.43-70.

13　T.H.Benzinger, "The Human Thermostat", *Scientific American,* Vol.204, No.1 (Jan.1961), pp.134-147.

14　Report, "Cells in the Brain Sensitive to Temperature", *New Scientist,* Vol.25, No.428 (28 Jan.1965), p.227.

15　Rudolf Thauer, "Kaltesensible Sinneszellen auch im Korpergewebe", *Die Naturwissenschaften,* No.4 (1964).

16　Lorus and Margery Milne, *op.cit,.*p.103.

17　Remy Chauvin, *Tiere unter Tieren.*Scherz-Verlag, Bern, 1964, pp.120-121.

18　Karl von Frisch, *op.cit.,* p.24.

19　Martin Lüscher, "Air-Conditioned Termite Nests", *Scientific American,* Vol.205, No.1 (July 1961), pp.138-145.

20　Vitus B.Dröscher, *op.cit.,* pp.74-78.

21　另一种介于变温与恒温动物之间的中间型动物是蝙蝠。关于这一主题的更详细的讨论请见: Erwin Kulzer, "Der Thermostat der Fledermause", *Natur und Museum,* Vol.95, No.8 (Aug.1965), pp.331-345; "Sind die Grossfledermause wechselwarme Tiere oder Warmblfiter?", in *Umschau,* 63 (1963), pp.689-692。

22　Herbert Precht, "Anpassungen wechselwarmer Tiere", *Naturwissenschaftliche Rundschau,*17(1964),pp.438-442.

第三章　痛　觉

1　Henry K.Beecher, *Measurement of Subjective Responses.*Oxford University Press, 1959.

2　William R.Thompson and Ronald Melzack, "Early Environment", *Scientific American,* Vol.194, No.1 (Jan.1956).

3　Patrick D.Wall, "Cord Cells Responding to Touch, Damage and Temperature of Skin", *Journal of Neurophysiology,* Vol.23, No.2 (March 1960), pp.197-210.

4　Ronald Melzack, "The Perception of Pain", *Scientific American,* Vol.204, No.2 (Feb.1961), pp.41-49.

5　Report, "Ultrasound Exorcises a Phantom Limb", *New Scientist,* Vol.23, No.409 (17 Sept.1964), p.682.

6　William F.Hall, "Sensing Partial Failures—A Step Toward Self-Healing", *Bionics Symposium,* 1963, Contributed Paper Pre-Prints, Wright Patterson Air Force Base, Ohio, p.259.

第四章　嗅觉与味觉

1　Walter Neuhaus, "Wieviel Riechsinneszellen besitzen Hunde?", *Umschau,* 55 (1955), p.421.

2　Walter Neuhaus, "Die Fahrtenreinheit des Hundes", *Umschau,* 58 (1958), pp.161-163.

3　Walter Neuhaus, "1st die Riechfahigkeit des Hundes veranderlich?", *Umschau,* 61 (1961), pp.36-37.

4　Karl P.Schmidt and Robert F.Inger, *Living Reptiles of the World.*Doubleday, New York, 1957; Hamish Hamilton Ltd., London, 1957, pp.14-15.

5　Report, "Do Fish Taste Through Their Skin?", *New Scientist,* Vol.28, No.470 (18 Nov.1965), p.511.

6　Irenaus Eibl-Eibesfeldt, *Land of a Thousand Atolls: A Study of Marine Life in the Maldive and Nicobar Islands.*Translated by Gwynne Vevers.International Publications, New York, 1966; McGibbon & Kee, London, 1965.

7　S.L.Smith, "Clam-digging Behaviour in the Starfish", *Behaviour,* Vol.18 (1961), pp.148-151

8　Niko Laas Tinbergen, "Von den Vorratskammem des Rotfuchses", *Zeitschrift fur Tierpsychologie,* 22 (1965), pp.119-149.

9　J.Klingler, "Anziehungsversuche mit C02", *Nematologia* (Leiden), 6 (1961), pp.69-84.

10　Howard I.Maibach, "Insect Attractants", University of California Information Release, 1965.

11　R.H.Wright, "Tunes to Which Mosquitoes Dance", *New Scientist,* Vol.37, No.590 (28 March 1968), pp.694-697.

12　Harold Heatwole, Donald M.Davis, and Adrian M.Wenner, "The Behaviour of Megarhyssa", *Zeitschrift fur Tierpsychologie,* 19 (1962), pp.652-664.

13　Report, "Crunching Sounds Rouse These Males", *New Scientist,* Vol.23, No.402 (30 July 1964), p.282.

14　R.C.Fischer, "A Study in Insect Multiparasitism", *Journal of Experimental Biology,* 38 (1961), pp.267-275.

15　R.L.Doutt, "The Biology of Parasitic Hymenoptera", *Annual Review of Entomology,* 4 (1959), pp.161-182.

16　A.H.Kaschef, "Sur le comportement de Lariophagus distinguendus", *Behaviour,* 14

(1959), pp.108-122.

17 Friedrich Dorbeck, "Die Lachswanderung im nordlichen Femosten", *Natur und Volk,* 85 (1955).pp.391-399.

18 J.R.Brett, "The Swimming Energetics of Salmon", *Scientific American,* Vol.213, No.2 (Aug.1965), pp.80-85.

19 W.A.Clemens, R.E.Foerster, and A.L.Pitchard, "Migration and Conservation of Salmon", *Publications of the American Association for the Advancement of Science,* 8 (1939), pp.51-59.

20 L.R.Donaldson and G.H.Allen, *Transactions of the American Fisheries Society,* 87 (1957), p.13.

21 Arthur D.Hasler, "Wegweiser für Zugfische", *Naturwissenschaftliche Rundschau,* 15 (1962), pp.302-10.

22 Harald Teichmann, "Das Riechvermogen des Aales", *Naturwissenschaften,* 44 (1957), p.242.

23 Adolf Butenandt: "Uber Wirkstoffe des Insektenreiches", *Naturwissenshafliche Rundschau,* 8 (1955), pp. 457-464.

24 Erich Hecker, "Sexuallockstoffe—hochwirksame Parfums der Schmetterlinge", *Umschau,* 59 (1959),pp.465-467, 499-502.

25 Vitus B.Dröscher, *The Mysterious Senses of Animals.*E.P.Dutton & Co., Inc., New York, 1965; Hodder & Stoughton, London, 1965, pp.136-137.

26 Gunther Stein, "Der Sexuallockstoff von Hummelmannchen", *Umschau,* 64 (1964), p.54.

27 Martin Lindauer, *Fortschritte der Zoologie,* Vol.16 (1963), Part 1, *Orientierung im Raum,* p.100.

28 B.Kullenberg, "Field Experiments with Chemical Sexual Attractants", *J.Zool.Bidr. fran.(Uppsala),* 31 (1956), pp.253-254.

29 A.Butenandt, R.Beckmann, D.Stamm, and E.Hecker, "Der Sexuallockstoff des Seidenspinners", *Zeitschrift für Naturforschungen* 14b (1959), p.283.

30 Martin Jacobson and Morton Beroza, "Insect Attractants", *Scientific American,* Vol.211, No.2 (Aug.1964), pp.20-27.

31 Report, "Versagen eines Sexuallockstoffes durch geringe Verunreinigungen", *Umschau,* 65 (1965), p.720.

32 Karl v.Frisch, "Uber einen Schreckstoff der Fischhaut und seine biologische Bedeutung", *Zeitschrift für Vergleichende Physiologie,* 29 (1941), pp.46-145.

33 Wolfgang Pfeiffer, "Die Schreckreaktion der Fische", *Umschau,* 65 (1965), pp.401-405.

34 Erwin Kulzer, "Neuere Untersuchungen iiber Schreck- und Wamstoffe im Tierreich", *Naturwissenschaftliche Rundschau,* 12 (1959), pp.296-302.

35 F.Schutz, "Vergleichende Untersuchungen uber die Schreckreaktion bei Fischen", *Zeitschrift fiir Vergleichende Physiologie,* 38 (1956), pp.84-135.

36 Rolf Hennig, "Uber einige Verhaltensweisen des Rehwildes in freier Wildbahn", *Zeitschrift fiir Tierpsychologie,* 19 (1962), pp.223-229.

37 Rolf Hennig, "Uber das Revierverhalten der Rehbocke", *Zeitschrift fiir Jagdwissenschaft,* 8 (1962), pp.61-81.

38 Ikenaus Eibl-Eibesfeldt, "Angeborenes und Erworbenes im Verhalten einiger Sauger", *Zeitschrift fiir Tierpsychologie,* 20 (1963), p.733.

39 Report, "Why Rabbits Rub Their Chins", *New Scientist,* Vol.26, No.438 (8 April 1965), p.78.

40 Bernhard Grzimek, *Wir lebten mit den Baule.* Verlag Ullstein, Berlin, 1963, p.38.

41 Gunter Tembrock, *Grundlagen der Tierpsychologie.* Akademie-Verlag, Berlin, 1963, p.164.

42 Lindover, *op.cit.,* p.no.

43 Konrad Lorenz, *On Aggression.* Methuen, London, 1966.

44 Peter Karlson and Adolf Butenandt, "Pheromones (Ectohormones) in Insects", *Annual Review of Entomology,* Vol.4 (1959), pp.39-58.

45 P.Karlson and M.Lüscher, "Pheromone", *Die Naturwissenschaften,* 1959, pp.63-64.

46 Edward O.Wilson, "Pheromones", *Scientific American,* Vol.208, No.5 (May 1963), pp.100-114.

47 G.H.Schmidt, "Pheromone als Spurstoffe bei Ameisen", *Naturwissenschaftliche Rundschau,* 17 (1965), pp.197-198.

48 D.Botsch, "Mathematische Analyse der Pheromonwirkung bei Insekten", *Naturwissenschaftliche Rundschau,* 17 (1964), p.149.

49 Report: "Termiten geben Klopfzeichen", *Umschau,* 64 (1964), p.155.

50 Peter Kaiser, "Hormonalorgane steuern die Kastentwicklung der Termiten", *Umschau,* 56 (1956), p.651-653.

51 H.Scherf, "Sozialwirkstoffe bei Termiten", *Naturwissenschaftliche Rundschau,* 15 (1962), p.322.

52 J.Pain, "Sur la pheromone des reines d'abeilles et ses effets physiologiques", *Ann. Abeille,* 4 (1961) ,pp.73-152.

53 Report, "Mosquitoes Succumb to Queen Substance", *New Scientist,* Vol.27, No.453 (July 1965), p.219.

54 C.B.Williams, *Insect Migration.* William Collins Sons & Co.Ltd., London, 1958, p.78.

55 Adolf Remane, "Das soziale Leben der Tiere", *Rowohlts deutsche Enzyklopadie,* Nr.97, pp.9-11.

56 Remy Chauvin, *op.cit.,* pp.150-157.

57 T.T.Macan, "Self-controls on Population Size", *New Scientist,* Vol.28, No.474 (Dec.1965),

pp.801-803.

58 V.C.Wynne-Edwards, *Animal Dispersion in Relation to Social Behaviour.*Oliver and Boyd, Edinburgh, 1962.

59 Helen M.Bruce and A.S.Parses, "Olfactory Stimuli in Mammalian Reproduction", *Science,* Vol.134, No.3485 (Oct.1961), pp.1049-1054.

60 Report, "Identifying People by their Smell", *New Scientist,* Vol.28, No.472 (Dec.1965), p.650.

61 Dietrich Schneider, "Neue Experimente zum Geruchsproblem", *Sandorama,* June 1965, pp.22-23.

62 John E.Amoore, James W.Johnston, and Martin Rubin, "The Stereochemical Theory of Odor", *Scientific American,* Vol.210, No.2 (Feb.1964), pp.42-49.

63 Dietrich Schneider, "Vergleichende Rezeptorphysiologie am Beispiel der Riechorgane von Insekten", *Jahrbuch 1963 der Max-Planck-Gesellschaft,* pp.149-177.

64 Dietrich Schneider, Veit Lacher, and Kari-Ernst Kaissling, "Die Reaktionsweise und das Reaktionsspektrum von Riechzellen bei Antheraea pemyi", *Zeitschrift fur Vergleichende Physiologie,* 48 (1964), pp.632-662.

65 Veit Lacher, "Elektrophysiologische Untersuchungen an enizelnen Rezeptoren fur Geruch, Kohlendioxyd, Luftfeuchtigkeit und Temperatur auf den Antennen der Arbeits- biene und der Drohne", *Zeitschrift fur Vergleichende Physiologie,* 48 (1964), pp.587-623.

66 C.V.Euler and U.Soderberg, "Medullary Chemosensitive Receptors", *Journal of Physiology,* London 118, (1952), pp.545-554.

第五章 听 觉

1 Ivan T.Sanderson, *Knaurs Tierreich in Farben—Sdugetiere.*Droemersche Verlagsanstalt, Miinchen 1956, p.54.

2 Franz Peter Möhres and E.Kulzer, *Zeitschr fur Vergleichende Physiologie,* 38 (1956), p.1.

3 Donald R.Griffin, "Echo-Ortung der Fledermause", *Naturwissenschaffliche Rundschau,* 15 (1961) , pp.169-73.

4 Donald R.Griffin, *Listening in the Dark.*Yale University Press, New Haven, 1958, p.413.

5 Anton Kolb, "Wie orientieren sich Fledermause wahrend des Fressens?", *Umschau,* 65 (1965), pp.334-335.

6 Franz Peter Möhres, "Bildhoren—eine neuentdeckte Sinnesleistung der Tiere", *Umschau,* 60 (1960),pp.673-378.

7 Anton Kolb, "Jagen Fledermause nur im Fluge?", *Umschau,* 59 (1959), pp.334-335.

8　Heinrich Hertel, *Struktur—Form—Bewegung,* in the series *Biologie und Technik,* KrauB- kopf Verlag, Mainz, 1963, pp.23-24.

9　Kenneth D.Roeder, "Moths and Ultrasound", *Scientific American,* Vol.212, No.4 (April 1964) , pp.94-102.

10　Kenneth D.Roeder and Asher E.Treat, "The Detection and Evasion of Bats by Moths", *American Scientist,* Vol.49, No.2 (June 1961), pp.135-148.

11　汉斯·基茨与作者的私人通信。

12　Dorothy C.Dunning and Kenneth D.Roeder, "Moth Sounds and the Insect-catching Behaviour of Bats", *Science,* Vol.147, No.3654 (Jan.1965), pp.173-174.

13　Dorothy C.Dunning, "Moths Are Warning Bats", *Zeitschriftfur Tierpsychologie,* Vol.25, No.2, pp.129-138.

14　Hubert Frings and Mable Frings, "Sound Against Insects", *New Scientist,* Vol.26, No.446 (June 1965), pp.634-637.

15　汉斯·哈斯与作者的私人通信。

16　更多详情详见: S.Rauch, "Die Ionenverteilung im Innenohr", *Umschau,* 65 (1965), pp.171-172。

17　Hans Schneider, "Auch Fische haben eine Sprache", *Umschau,* 64 (1964), pp.166-170.

18　Irenaus Eibl-Eibesfeldt, *Land of a Thousand Atolls: A Study of Marine Life in the Maldive and Nicobar Islands.*Translated by Gwynne Vevers.International Publishers, New York, 1966; McGibbon & Key, London, 1965.

19　V.C.Wynne-Edwards, *op.cit.,* pp.71, 196, 201-202, 337-338.

20　Hans Schneider, *op.cit.*

21　Sven Dijkgraaf, "The Functioning and Significance of the Lateral-line Organs", *Biological Review,* 38 (1963), pp.51-105.

22　J.Schwartzkopff, "Die Stufenleiter des Horens", *Umschau,* 60 (1960), pp.4-7.

23　Claus Timm, "Ultraschallhoren", *Experientia,* 1950, p.3571.

24　E.Zwicker, "Funktionsmodelle bei der Erforschung des Gehors", *Umschau,* 63 (1963), pp.698-701.

25　Make R.Rosenzweig, "Auditory Localization", *Scientific American,* Vol.205, No.4 (Oct.1961), pp.132-142.

第六章　触觉与振动觉

1　Ernst Kilian, "Wie verhalten sich Tiere bei Erdbeben?", *Naturwissenschaftliche Rundschau,* 17 (1964), pp.135-139.

2　Wolfdietrich Kühme, "Verhaltensstudien am maulbriitenden und am nestbauenden Kampffisch", *Zeitschrift fuer Tierpsychologie,*18 (1961), pp.33-55.

3　Lorus and Margery Milne, *The Senses of Animals and Men.*Atheneum, New York,

1962, p.33.

4　Erwin Tretzel, "Die Sprache bei Spinnen", *Umschau,*63 (1963), pp.372-376, 403-407.

5　Report, "Buzzing the Queen", *Scientific American,* Vol.207, No.6 (Dec.1962), pp.70-71.

6　Harald Esch, "Uber die Schallerzeugung beim Werbetanz der Honigbiene", *Zeitschrift fuer Vergleichende Physiologie,* 45 (1961), pp.1-11.

7　Harald Esch, "Auch Lautausserungen gehoren zur Sprache der Bienen", *Umschau,* 62 (1962), pp.293-296.

8　Report, "Device Helps the Blind to See Print", *New Scientist,* Vol.24, No.411 (Oct.1964), p.10.

9　R.Darchen, "La construction sociale chez Apis mellifica", *Insectes sociaux,* 3 (1956).

10　Remy Chauvin, *op.cit.,*p.84.

11　D.Merrill, "Why Caddis-Worms Stop Building", *New Scientist,* Vol.26, No.445 (May 1965), p.589.

12　W.Rathmayer, "Das Paralysierungsproblem beim Bienenwolf ", *Zeitschriftfür Vergleichende Physiologie,* 45 (1962), pp.413-462.

13　Lorus and Margery, Milne, *op.cit.,* p.16.

14　Otto Koenig, *Kif-Kif.Menschliches und Tierisches zwischen Sahara und Wilhelminenherg.* Wollzeilenverlag, Wien, 1962, p.201.

15　D.Burkhardt and G.Schneider, *Zeitschrift für Naturforschung,*12 b (1957), p.139.

16　Vitus B.Dröscher, *op.cit.,*pp.40-41.

17　Georg Birukow, "Die Windorientierung des Mistkafers", *Zeitschriftfür Tierpsychologie,* 15 (1958), p.265.

18　Herbert Heran, "Wie iiberwacht die Biene ihren Flug?", *Umschau,* 64 (1964), pp.299-303.

19　Volker Neese, "Zur Funktion der Augenborsten bei der Honigbiene", *Zeitschrift für Vergleichende Physiologie,* 49 (1965), pp.543-585.

第七章　重力感、饥饿感与电感

1　Detlef Bückmann, "Nehmen Insekten die Schwerkraft wahr?", *Umschau,* 56 (1956), pp.309-311.

2　U.Bassler, "Versuche zur Orientierung der Stechmiicken", *Zeitschrift für Vergleichende Physiologie,* 41 (1958), p.300.

3　Martin Lindauer and J.O.Nedel, *Zeitschrift für Vergleichende Physiologie,* 42 (1959), p.334.

4　Hubert Markl, "Wie orientieren sich Ameisen nach der Schwerkraft?", *Umschau,* 65 (1965), pp.185-8.

5　Hellmuth Decher, "Neue Erkenntnisse fiber den menschlichen Gleichgewichtsapparat",

Umschau, 65 (1965), pp.738-740.

6 Herman A.Witkin, "The Perception of the Upright", *Scientific American,* Vol.200, No.2 (Feb.1959).pp.50-56.

7 Herman A.Witkin, *Personality Through Perception.An Experimental and Clinical Study.* Harper and Brothers, New York, 1954.

8 W.B.Cannon and A.L.Washburn, *American Journal of Physiology,* Vol.29 (1912), pp.441-454.

9 C.H.Kayser, "Wie entsteht Hunger?", *Umschau,* 65 (1965), pp.129-132.

10 J.Mayer, *Annual of the New York Academy of Science,* 63 (1955), pp.15-43.

11 Arthur Jores, "1st Fettsucht eine Krankheit?", *Wiesbadener Symposium der Deutschen Gesellschaftfur Innere Medizin,* 1965.

12 M.Hertz, "Eine Bienendressur auf Wasser", *Zeitschrift fur Vergleichende Physiologie,* 21 (1935), pp.463-467.

13 Report, "A Pressure Gauge in the Kidney?", *New Scientist,* Vol.28, No.471 (Nov.1965), pp.561-562.

14 Benjamin W.Zweifach, "The Microcirculation of the Blood", *Scientific American,* Vol.200, No.1 (Jan.1959), pp.54-60.

15 Clement A.Smith, "The First Breath", *Scientific American,* Vol.209, No.4 (October 1963), pp.27-35.

16 Hans Wintbrstein, "50 Jahre Reaktionstheorie der Atmung", *Naturwissenschaftliche Rundschau,* 14 (1961), pp.413-415.

17 Keith R.Porter and Clara Franzini-Armstrong, "The Sarcoplasmic Reticulum", *Scientific American.*Vol.212, No.3 (March 1965), pp.73-80.

18 G.J.V.Nossal, "How Cells Make Antibodies", *Scientific American,* Vol.211, No.6 (Dec.1964), pp.106-114.

19 H.W.Lissmann, "On the Function and Evolution of Electric Organs in Fish", *The Journal of Experimental Biology,* 35 (1958), pp.156-191.

20 H.W.Lissmann, "Electric Location by Fishes", *Scientific American,* Vol.208, No.3 (March 1963).pp.50-59.

21 对该领域现有知识的总结, 见 Harry Grundfest, "Electric Fishes", *Scientific American,* Vol.203, No.4 (Oct.1960), pp.115-124。

22 Franz Peter Möhres, "Die elektrischen Fische", *Natur und Volk,* 91 (1961), pp.1-13.

23 Wilhelm Harder, "Elektrische Fische", *Umschau,* 65 (1965), pp.467-473, 492-496.

第八章 迁 徙

1 E.Thomas Gilliard, *Living Birds of the World.*Doubleday and Company, Garden City, New York; Hamish Hamilton Ltd., London, 1958, p.207.

2　Report, "The Remarkable Time-Table of the Mutton-birds", *New Scientist,* Vol.23, No.401 (July 1964), p.203.

3　Ernst Schüz, *Vom Vogelzug.*Verlag Dr.Paul Schops, Frankfurt an Main, 1952, p.39.

4　H.Rittinghaus, "Flughohen von Zugvogeln", *Die Vogelwarte,* 19 (1957), Part 2, p.90.

5　Erich Dautert, *Auf Walfang und Robbenjagd im Siidatlantik.*

6　汉诺·西利埃克斯与作者的私人通信。

7　E.J.Slijper, W.L.van Utrecht, and C.Naaktgeboren, "Ergebnisse der Walforschung an Hand von Schiffsbeobachtungen", *Umschau,* 65 (1965), pp.774-749.

8　E.J.Slijper, *Riesen des Meeres, eine Biologie der Wale und Delphine.*Verstandliche Wissenschaft, Springer-Verlag.Berlin, 1962.

9　Report, "Isotopes for Tracing Whalc Movements?", *New Scientist,* Vol.24, No.422 (Dec. 1964) , p.770.

10　Report, "Transatlantische Reise eines markierten Kabeljaus", *Umschau,* 63 (1963).p.320.

11　Wolfgang Pfeiffer, "Die geruchliche und optische Orientierung der Fische", *Dragoco Report,* 1965, pp.231-241.

12　Report, "Thune iiberqueren die Ozeane", *Umschau,* 60 (1960), p.306.

13　G.Hempel, "Schwankungen in den skandinavischen Heringsbestanden", *Umschau,* 61 (1961) , pp.758-759.

14　Erna Pinner, "Die lange Reise des Domhais", *Naturwissenschaftliche Rundschau,*18 (1965), pp.205-206.

15　D.W.Tucker, *Nature,*Vol.183 (1959), p.495.

16　Report, "Wandem unsere Aale ins Sargasso-Meer?", *Umschau,* 60 (1960), p.594.

17　Carrington B.Williams, *Insect Migration.*William Collins Sons & Co.Ltd., London, 1958, pp.111-112.

18　C.G.Johnson, "The Aerial Migration of Insects", *Scientific American,* Vol.209, No.6 (Dec.1963), pp.132-138.

19　K.Burmann, "Massenflvige des grauen Larchenwicklers", *Anzeiger fur Schadlingskunde,*38 (1965), pp.4-7.

第九章　动物们怎样给自己导航

1　E.R.Baylor and F.E.Smith, "The Orientation of Cladocera to Polarized Light", *American Naturalist,*87 (1953), p.97.

2　R.Bainbridge and T.H.Waterman, "Polarized Light and the Orientation of Two Marine Crustacea", *Journal of Experimental Biology,*34 (1957), p.342.

3　Marianne Geisler, "Untersuchungen zur Tagesperiodik des Mistkafers", *Zeitschrift fiir Tierpsychologie,* 18 (1961), pp.389-420.

4　更多详情请见：Erwin Bunning, *Die physiologische Uhr,* Springer Verlag, Berlin, 2nd edition, 1963。

5   Georg Birukow, "Lichtkompassorientierung beim Wasserlaufer", *Zeitschrift für Tierpsychologie,* 13 (1956), pp.463-484.

6   L.Pardi, "Modificazione sperimentale della direzione di fuga negli anfipodi ad orientamento solare", *Zeitschrift für Tierpsychologie,* 14 (1957), pp.261-275.

7   F.Papi and P.Tongiorgi, "Innate and Learned Components in the Astronomical Orientation of Wolf Spiders", *Ergebnisse der Biologie,* 26 (1963), pp.259-280.

8   Karl v.Frisch, *Tanzsprache und Orientierung der Bienen,* Springer-Verlag, Berlin 1965, pp.134-136, 367.

9   J.Reimann, "Die Sonnenorientierung der Waldameise", unpublished thesis, Freiburg in Breisgau, 1964, cited by Rudolf Jander, "Die Hauptentwicklungsstufen der Lichtorientierung bei den tierischen Organismen", *Naturwissenschaftliche Rundschau,* 18 (1965), pp.318-324.

10   Karl von Frisch, *op.cit.,* pp.384-476.

11   T.H.Goldsmith and D.E.Philpott, "The Microstructure of the Compound Eyes of Insects", *Journal of Biophysical and Biochemical Cytology,* 3 (1957), pp.429-438.

12   T.H.Goldsmith, "Fine Structure of the Retinulae in the Compound Eye of the Honeybee", *Journal of Cell Biology,* 14 (1962), pp.489-494.

13   A.C.Perdeck, "Two Types of Orientation in Migrating Starlings", *Ardea* (Leiden), 46 (1958), p.1-37.

14   Klaus Schmidt-Koenig, "Uber die Orientierung der Vogel", *Die Naturwissenschaften,* 51 (1963) , pp.423-431.

15   Hans Freiherr Geyr von Schweppenburg, "Zur Terminologie und Theorie der Leitlinie", *Journal für Ornithologie,* 104 (1963), pp.191-204.

16   Gustav Kramer, "Die Sonnenorientierung der Vogel", *Verhandlungen der Deutschen Zoologischen Gesellschaft in Freiburg,* 1952, Leipzig 1953, pp.72-84.

17   Hans Lohrl, "Vom Orientierungssinn der Tiere", *Sandosz-Panorama,* Nov.1964.

18   G.V.T.Matthews, *Bird Navigation.*Cambridge University Press, Cambridge 1955.

19   C.J.Pennycuick, *Journal of Experimental Biology,* 37 (1960), p.573.

20   Klaus Schmidt-Koenig, "Neue Versuche zum Orientierungsvermogen von Brieftauben", *Umschau,* 65 (1965), pp.502-507.

21   Wolf Engels, Mathilde Esser, and Hinrich Rahmann, "Anlockung nachtlich ziehender Kraniche durch Grobstadtlichter", *Die Vogelwarte,* 22 (1964), pp.177-178.

22   Franz and Eleonore Sauer, "Zugvogel als Navigatoren", *Naturwissenschaftliche Rundschau,* 13 (1960), pp.88-95.See also Vitus B.Dröscher, *op.cit.,* pp.172-180.

23   Stephen T.Emlen, "Migratory Orientation in the Indigo Bunting, Passerina cyanea", *Auk,* Vol.84, pp.309-342, 463-489.

24   Karl Cleve, "Der Anflug der Schmetterlinge an kiinstliche Lichtquellen", *Mitteilungen*

der Deutschen Entomologischen Gesellschaft, 23 (1964), pp.66-76.

25 Friedrich Wilhelm Merkel and Wolfgang Wiltschko, "Magnetismus und Richtungs-finden zugunruhiger Rotkehlchen", *Die Vogelwarte,* 23 (1965), pp.71-77.

26 Friedrich Wilhelm Merkel, Hans Georg Fromme and Wolfgang Wiltschko, "Nicht-visuelles Orientierungsvermogen bei nachtlich zugunruhigen Rotkehlchen", *Die Vogel- warte,* 22 (1964).pp.168-173.

27 Hans Georg Fromme, "Untersuchungen fiber das Orientierungsvermogen nachtlich ziehender Kleinvogel", *Zeitschrift fur Tierpsychologie,* 18 (1961), pp.205-220.

28 A.L.DeVries and D.E.Wohlschlag, *Science,* 145 (1964), p.292.

29 Jacques Bovet, "Ein Versuch, wilde Mause unter Ausschluss optischer, akustischer und osmischer Merkmale auf Himmelsrichtungen zu drcssieren", *Zeitschtift fur Tierpsy-chologie,* 22 (1965), pp.839-859.

30 J.O.Husing, F.Struss, and W.Weide, *Die Naturwissenschaften,* 47 (1960), pp.22-23.

31 Günther Becker, "Wirkung magnetischer Felder auf Insekten", *Zeitschrift fur angewandte Entomologie,* 54 (1964), pp.75-88.

32 Günther Becker, "Eine Magnetfeldorientierung bei Termiten", *Die Naturwissen-schaften,* 50, (1963), p.455.

33 F.Schneider, "Beeinflussung der Aktivitat des Maikafers durch Veranderung der gegen-seitigen Lage magnetischer und elektrischer Felder", *Mitteilungen der Schweizerischen Entomologischen Gesellschaft,* 33 (1961), pp.232-237.

34 Otto Koehler, review of H.J.Autrum, "Ergebnisse der Biologie—Orientierung der Tiere", 26 (1963), Springer-Verlag, Berlin, pp.135-146, in *Zeitschrift fuer Tierpsychologie,* 20 (1963), p.762.

35 F.A.Brown, M.F.Bennett, and H.M.Webb, "A Magnetic Compass Response of an Organism", *Biological Bulletin,* 119 (1960), pp.65-74.

36 Lester Talkington, "Magnetic-Force Theory on Migration Supported", *Medical Tribune,* Feb.1965.

37 赫尔曼·赖希与作者的私人通信。

动物们是怎样感知事物的?
——《动物们的神奇感官》导读 *

赵芊里

（浙江大学　社会学系　人类学研究所，浙江杭州 310058）

　　这本享誉世界的动物感知心理学著作展示了动物的多种感觉能力，除了人类也有因而人们较熟悉的视觉、听觉、嗅觉、味觉、触觉、痛觉、振动觉、冷暖感、饥饱感、方向感外，还有人类没有或很微弱的电感、磁感、偏振光感等。通过对这些感觉能力与相应感官及其工作机制和应用前景等的展示，作者展现出了一个神奇而令人惊叹的动物感觉世界。下面，就让我们来看看书中的主要内容。

一、动物们的视觉器官及其感知模式

　　视觉是对光波的（振动强度与振动频率的）感知能力。从最原始的明暗感到对事物的照相式反映，动物们的视觉经历了一个漫长而复杂的演化过程。

---

*　本文为浙江大学文科教师教学科研发展专项项目（126000-541903/016）成果。

1. 单细胞动物的光敏感性

　　动物对光的敏感性的演化之路可从作为专门视觉器官的眼睛回溯到单细胞动物，如变形虫。一旦感觉到阴影，变形虫就会用伪足以比先前快的速度向前运动。如果突然暴露在明亮光线下，变形虫细胞质中的粒子流就会立即停止流动，因而，变形虫就会一动不动地待在原地。这种长度在 0.5~2 毫米之间的动物甚至还能分辨红色和蓝绿色……它们一见到红光就会加速，一见到绿色则会减速。"许多细胞过程都会受到光的影响，那就表明：**某种形式的光'感'是细胞质的基本能力之一，从而也是生命的基本能力之一**。"[1]pp52-53 尽管没有专门的视觉器官，甚至没有专门的感光细胞，但像变形虫这样简单而原始的单细胞动物还是基于细胞质对光的反应而具有（类似于植物向光性的）某种形式的光"感"。

　　作为既无眼睛也无感光细胞的多细胞原始刺胞动物，细小的淡水珊瑚虫有着明显的向光性，会尽可能努力到达所在水域中被阳光照射着的地方。[1]p52

　　变形虫和珊瑚虫之类的原始动物对光的反应就是动物界最原始的光敏感性。

2. 某些动物的光敏表皮细胞的感光性

　　某些动物（如鱼、蛤、蠕虫）的皮肤上也存在感光细胞，只是这些皮肤上的感光细胞未形成晶状体、虹膜之类的结构，也没有方向性而已。它们只是亮度感受器。肺鱼尾部就有许多这样的光敏细胞，它们的尾巴有时会稍稍突出于洞穴之外，尾部皮肤的光敏感性使之能告诫自己：不要游到光线充足的洞穴入口处去。蛤蜊的软肉部分表面具有高度的感光能力，这使得它们能感知运动和识别危险，于是，它们就可以快速合上外壳或将自己埋入泥沙中，从而保护自己。[1]p51

现在，科学界已确认："皮肤有感光性即不用眼也能感知光的事例在动物界中是相当多的。"[1]p51 这表明：只是感知到光其实无须相对独立的视觉器官，而只需有光敏细胞。至于感光细胞所提供的光信号会使动物产生什么样的光感觉，那就要看动物的视觉神经系统具有什么样的光信号处理能力了。

作者认为：如果皮肤上光敏细胞足够多，那么，在视觉神经系统能将光信号加工成图像的情况下，动物或人靠其有光敏细胞的皮肤（如指头皮肤）看图识字之类的特异功能也会是现实存在的。

3. 某些动物体表上的眼点的感光性

眼点是能同时感受光的方向和强度的构造简单的含色素的微型光感受器。"眼点是由其上有光敏细胞的皮肤皱褶产生的。皱褶处的微小空腔中的凝胶块已经是一种原始透镜。"[1]p49

对跳虫、毛毛虫、蜘蛛和蠕虫之类的昆虫来说，眼点就是唯一的光感受器官，它们唯一可"看到"的东西就是明暗不同的亮度。眼点也有一定的方向指导功能。[1]p48 这些只有眼点的原始昆虫是看不到形状和色彩的，在这些动物的"眼"里，世界只是一块随着光源和眼点的移动而变化着的明暗相间的屏幕。对它们来说，事物的形状和色彩是根本无从知道也无法想象的东西。

4. 蛙眼和深海鱼眼的感知模式

蛙眼中的静物图像就像一块被擦干净了的黑板（蛙眼是看不到

静物的），只有移动的物体才会出现在这块黑板上，那就是青蛙所害怕或所想要的东西。即使对移动的物体蛙眼所见的也不是它们的自然形状，蛙脑只接收以下四种事物的信息：直边、移动的凸形、对比的变化、快速变暗的过程。青蛙看不到任何与自身不直接相关的东西，蛙眼中的图像只是蛙眼对移动物体的有选择的部分反映。[1]p23蛙眼只反映对蛙的捕捉或逃避行为有意义的物体的部分空间信息，除此之外，蛙眼看不到任何东西。

从尽可能全面地了解事物状态的角度来看，蛙眼的感知模式是有很大缺陷的。但从行为效率的角度来看，这种感知模式却给蛙带来了求生存行为效率的最大化。蛙眼的感知模式可给人类的驾驶技术带来一次革命：根据蛙眼的感知原理，人类可以开发出一种能在大量车流中安全驾驶汽车的全自动电子驾驶仪。我们可以用类似的方法抽象出交通拥挤的街道图像，将其分解为表示我们必须避开的死路或事物的各种特征并将交通信号纳入自动驾驶方案内。自动驾驶系统会把一路上所发生的任何其他活动都看作与交通不相干的，从而极大地提高驾驶活动的效率和自动化水平。[1]p23

与蛙眼有所类似的是，那些生活在永恒黑暗中的深海鱼的视力，仅限于感知并解释抽象但特征鲜明的光点组合模式。深海鱼类的视野几乎完全是由抽象的闪光和色彩绚丽的"霓虹灯"组成的。自带天然发光器的深海鱼发出的闪烁灯光是一种通信手段。[1]p28深海鱼眼中的世界只是一块巨大黑幕上的闪烁光点及其组合。

5. 人眼的照相式感知模式

人眼近似球形，眼球包括眼球壁、眼内容物、神经和血管等组织。眼球壁有三层：外层的角膜与巩膜，中层的虹膜，睫状体和脉络膜，内层的视网膜。眼内容物有：角膜与虹膜之间的房水、虹膜后（双凸透镜状）的晶状体、虹膜边上的睫状体、晶状体后的玻璃体。整个眼球的结构和功能大致相当于一台小型照相机。人眼的感知模式是照相机式的。

"从眼视光学的角度来看，人眼的成像技术并不好。"[1]p3 在人的眼球这部"相机"投射到视网膜上的图像的边缘部分，直线看起来是弯曲的，轮廓线消融在彩虹色的晕圈下。但人们却完全没有注意到自己的眼睛的缺点，因为人的神经系统完美地修正了这些错误，以至于让我们产生了关于周围事物的技术上堪称完美的图像。[1]p3 此外，人眼中的视觉敏锐中心只有拇指指甲那么大，一个人想要看清楚更大的图像得通过快如闪电的眼球震颤运动才能做到。人眼中存在着一台能预测事物运动方向的"微电脑"。这台"微电脑"就在视网膜中除视杆细胞和视锥细胞之外的数以百万计的神经细胞中。[1]p6 这就是说：人所感知到的事物图像实际上是视觉神经系统将眼球通过震颤运动四处转向而获得的多幅小图像拼贴而成的。由此，"我们自以为'自然的'感觉竟然并不是那么的自然，而是具有某种'魔法'的性质的"，只有凭借想象力人才能"正确地"看到东西。[1]p3 换言之，人所感知到的事物图像并非直接是眼球对事物作机械性照相的结果，而是视觉神经系统对眼球的照相成果进行修改与拼贴的结果。

由上述事实可见：人所看到的景象在一定程度上是由人的神经系统自主构造出来的，尽管这一构造物有一定的客观基础。与"相机的视觉"相比，即使是人的视觉，也仍然可能是充满错误的。跟其他动物一样，人类也只是看到了世界的一部分。人的视觉离照相式的完美还相距甚远。[1]p47 由此，那种将人的视觉看作对事物客观状貌全面准确的镜像式反映的朴素唯物主义观点其实是错误的。

6. 节肢动物的复眼及其感知模式

节肢动物的眼睛通常是由多个（从几个到几十万个）小眼构成的复眼。例如：在昆虫中，蜜蜂的复眼是由约5 000只小眼组成的，其中的每只小眼都只观察它所分管的那部分视野（2°~3°）。[1]p43 如果将昆虫（如蜜蜂）的复眼设想成许多小型照相式小眼的复合体，那么，我们会以为：昆虫复眼中的事物景象就像是许多各自监控一定视野的摄像头所摄得的多个小景象在同一个大平面上镶嵌而成的一个大画面。但实际上，节肢动物复眼中的小眼并非照相式眼睛。复眼中的小眼所感知到的并不是照相式眼睛中的画面，而只是"或明或暗的点、直线、平直边缘以及一定的运动方向的信息"。[1]p47 "在昆虫们的小脑袋中，只有专门用来看清（比如说）垂直线的神经链得以容身的空间。而对存在于其他方向上的线条中的大多数线条，昆虫们的脑根本就无法处理。"[1]p47 由此，无论是单只小眼还是整只复眼其实都是无法形成照相式眼睛（如人眼）中的完整画面的。实际上，节肢动物的复眼，主要是用来感知光线的强弱和方向的，其主要功能是帮助节肢动物确定自身或目标物的方位及飞行或行走路线。关于节肢动物如何用复眼确定路线，作者提出，我们可设想昆虫有个内在的时钟。现在，直射的阳光只落在其复眼中的5 000只小眼中的一只上。起初，蜜蜂只需持续飞行，让阳光停留在那只小眼上。10分钟后，直射的阳光相对于蜜蜂转动了2°~5° 它用了一只相邻的小眼来看太阳。这种改变每10分钟重复1次，这样，蜜蜂就能一直保持直线飞行状态。[1]pp235-236

动物们的神奇感官

除了感知光线的强弱与方向外，有些节肢动物的复眼也能感知光的频率从而产生色彩感。实际上，有些昆虫能感知的色谱的范围比人眼所能感知的大得多。例如，用能感知紫外线的蜜蜂的眼睛来看，这个世界上的花的种类其实比用看不到紫外线的人眼看到的多出两倍多。[1]p64 经研究确认，蜜蜂眼里的基本色是绿色、蓝色和紫外光（色）。人眼里的红色对蜜蜂来说并不是色彩，在蜜蜂眼里，红色与黑色无异。受紫外光（色）影响，在人眼看来是白色的雏菊花朵在蜜蜂看来是浅蓝绿色的；在蜜蜂眼里，白玫瑰、苹果花、牵牛花、蓝铃花也闪耀着与人眼中的不同的色彩。[1]p60 由此，蜜蜂眼里的色彩与人眼中的是有相当大的差异的。这再次说明：事物在不同动物眼中的景象（形状和色彩）在一定程度上是由各不相同的视觉神经系统自主构造出来的。每一种有视觉的动物看到的事物景象都有所不同，它们所看到的都不是也不可能是纯然客观的事物本来状貌。

有些动物（如蜜蜂）的眼睛能同时看到可见光与紫外光，有些动物则演化出了分别感知可见光与紫外光的两种眼睛。马蹄蟹在两只常规的复眼之间的上方还有第三只眼，这第三只眼是一种紫外光感受器即专门的紫外眼。[1]pp61-62

7. 红外眼的感知模式

有些动物拥有专门感知红外光的器官。响尾蛇的头部除了两只感知红内光的常规眼睛外还有一对专门感知热辐射的小眼即红外眼。[1]p64 凭着这对红外眼，即使在常规眼睛被封住、嗅觉被阻断的情况下，响尾蛇也能在人眼看来黑暗的环境中准确无误地发现目标。响尾蛇头部的凹坑形器官红外眼中，每平方厘米聚集着不下 15 万个热敏神经细胞。靠着这种强大的热敏感性，响尾蛇能感知动物或物体在一定温度下所发出的热辐射，只要其温度比环境温度高出零点几摄氏度。如果响尾蛇上下左右转动自己的头，那么，它还能感知到东西的大致形状和大小。响尾蛇不能用常规眼睛分辨出能将体色调整到与环境色相一致的蜥蜴，但用能感知红外光的"第三只眼"则马上就能发现它们。[1]p64

当我们知道某些动物居然拥有人类根本就没有的能感知红外光或紫外光的眼睛时，我们对待其他动物的态度是不是会多一份尊敬呢？

二、动物们的听觉器官及其感知模式

1. 鱼耳的感知模式

鱼的体表上没有类似于人的外耳的器官，因而，缺乏相关知识的人通常都以为鱼是没有耳朵的，所以听不见声音。但实际上，鱼是有耳朵的，只是，鱼耳只有耳蜗（相当于人耳中的内耳），没有人耳中的外耳和中耳；鱼耳的位置通常在眼睛的内侧之内。为什么鱼耳没有外耳与中耳呢？因为这两个部件其实是用来听（更确切地说，是用来"转换"）空气中的声波的，生活在水中的鱼是用不着这两种部件的。

关于鱼耳，在本书中，作者说得不多，但作者指出了鱼耳与人耳的关系：人耳是由鱼耳演化而来的。[1]p160 为什么这么说呢？因为鱼耳其实就相当于人耳中的内耳。"从其起源来看，从根本上说，耳蜗是用来听液体中而非空气中的声音的器官。"[1]p160 而人耳中的外耳其实是个空气中的声波收集器，中耳则是一个气-液声波转换器，只有通过这一转换，人才能通过耳中最核心的部分即耳蜗真正听到空气中的声音。人在潜水时本来是能听到鱼发出的声音的，但如果没有中耳这一转换器的作用，那么，在陆地上，我们就会连其他人说的话也听不到了。[1]p160 这就是远古祖先本是水生动物的人的陆栖祖先会演化出中耳和外耳的原因。在已然演化出中耳和外耳后，人耳就只适合听空气中的声音了。鱼所发出的声音是通过水来传播的，但水中的声波无法传给听觉性能与这种波不相适应的耳膜。这是人类无法听到鱼发出的声音的唯一原因。[1]p161

鱼类不仅有耳朵，而且能通过多种方式发出具有信息交流作用的实即鱼类的语言的声音。例如，鲱鱼也有一种语言，"科学家们已经识别出鲱鱼的鸣叫时长在0.05~0.4秒之间的多种各不相同的信号。这些信号的意思如下：聚集起来形成队列；建立语音联系；警惕捕食者；注意，改变航向"[1]p163 有些通过鳔来发声的鱼的声音甚至可直接被人耳听到。例如，鲂鱼就是人类能听到其所发出的声音的鱼类之一。鲂鱼似乎也是卓越的天气预报者，它的鳔可起到晴雨表的作用；当听到它发出的咕噜声时，地中海的渔民们就会立即返回港口。[1]pp161-162 现在，科学家们已经发现，几乎没有任何一种鱼是完全默不作声的，但不同鱼种对发声的执衷程度则有很大不同。海洋鱼比淡水鱼更健谈。在词汇的丰富性上，热带水域中的鱼则要胜于北方水域中的鱼。[1]pp162-163

至此，我们已经知道：鱼其实既非"聋子"也非"哑巴"。

2. 超声耳的感知模式

夜晚飞行的动物（如蝙蝠与夜蛾）感知事物（尤其是猎物和天

敌）的方式通常不是视觉，而是超声听觉。超声波是一种频率高出人耳所能接收的范围的声波，它具有普通声波所不具有的特点："可以像探照灯光一样集束并发射，因此能产生比普通声波清晰得多的回声。"[1]p148 因而，夜间飞行的动物可凭超声回声来确定目标物的距离和方位。例如："棕色蝙蝠叫声的频率为每秒 5 万~10 万次，相当于波长为 3~6 毫米。这使得这种超声波即使在碰到小苍蝇和小蚊子时也能产生回声。"[1]p148 正是借助于对超声或超声回声的这种异常听觉，蝙蝠们把黑夜变成了"白天"。因此，它们几乎没有竞争地就占据着富裕的生存空间——充满着吱吱与嗡嗡作响的昆虫的夜晚。[1]p149

夜间飞行的动物用超声波定位的方式有两种：除了凭超声波发出与返回的方向与时间差来确定目标物的方向和距离的常见定位方式外，有些蝙蝠还能凭超声波回声的强度差来定位。例如，大马蹄蝙蝠就是用回声的强度差来定位的。大马蹄蝙蝠可移动的耳朵就像测向仪一样工作。由于超声波是直线传播的，只有在外耳开口处精确地朝向回声发出的位置时，外耳才能充分地捕捉到那个点所传回的回声。[1]p151 那个能使大马蹄蝙蝠听到最强的回声的外耳开口处正对着的方向就是目标物所在的方向。

至于夜行动物的超声波发射器和感受器所在的位置，让我们以夜蛾为例来进行说明：夜蛾的超声波发射器在第三对腿与躯干的交界处，在共鸣箱顶部两侧都有柔韧的角质槽板。当夜蛾交替着快速收缩腿部肌肉时，槽板就开始发出超声波。夜蛾的超声耳朵位于靠近腰部的胸部两侧，它由一片鼓膜及其后方的一个气囊以及一串含有两个神经细胞的精细组织构成。[1]p158

在此，我们看到：有了超声波发射器和感受器，动物在黑暗环境中的生活就可以像有视觉器官的动物在光亮环境中的生活一样方便。相比之下，发不出也听不到超声波的人类在感觉能力上的短处也就彰显出来了。

三、动物们的嗅觉器官和能力

1. 人的嗅觉

人类的鼻子首先是个空气预热器，只在很小程度上是个嗅觉器官。在人的鼻子中，只有鼻腔顶部黏膜中的一小部分才有嗅觉细胞。人的鼻子中的嗅觉区只有 5 平方厘米，而德国牧羊犬鼻子的嗅觉面积则为 150 平方厘米。[1]p98 从演化史上看，在从哺乳动物演化为主要在树上采食的灵长目动物的过程中，人类的非人灵长目祖先已演化成了主要靠视觉来获取信息的动物，而其嗅觉则因在生活中的重要性减弱而发生了退化。正因如此，人类才成了视觉优势而嗅觉弱势的动物。

2. 狗的嗅觉

人有 500 万个嗅觉细胞，达克斯猎犬有 1.25 亿个嗅觉细胞，猎狐狗有 1.47 亿个嗅觉细胞，德国牧羊犬有 2.2 亿个嗅觉细胞。[1]p98 嗅觉细胞数量上和敏感性程度上的优势使得狗的嗅觉比人的好百万倍。[1]p98

有了这样的鼻子，狗自然能做出非凡之举。无须打开箱子，狗就能嗅出咖啡、烟草和鸦片的味道。即使违禁品被装在密封罐头里，狗照样能嗅出来，因为气味会透过分子级的微孔渗透出来。圣

伯纳犬可以透过厚厚的雪层闻到人类的气味，从而确定受害者所在的位置。[1]p99

狗的上述嗅觉能力还只是日常状态下的正常水平，在饿了四五天因而不能再不进食的情况下，应激机制的启动还会使狗的嗅觉能力达到平常时的 3 倍。[1]p100 正是这种最佳嗅觉能力，才使狗得以识别并追踪差不多已经完全消失了的更早的猎物踪迹。[1]pp100-101

3. 鱼的嗅觉

先来看一个事例：鲑鱼是在内陆的山溪里出生的，小鲑鱼会随着溪流进入河流，并最终进入海洋。几年后，当鲑鱼成年时，它们就会会聚到河流入海口，而后以每天超过 100 千米的速度逆流而上，长途跋涉 1 000 多千米，回到自己的出生地。"没有一条鲑鱼会在寻找自己老家的过程中迷失方向。"[1]p111 那么，它们是怎么做到这一点的呢？有科学家发现，鲑鱼是根据自己所出生的溪流的气味来确定游动方向的。在逆流而上时，它们跟踪一条溪流所特有的气味踪迹。[1]p112

实验表明：鱼在水中的嗅觉能力与狗在陆上的不相上下，鱼不仅能用鼻子来嗅，也能用大面积的表皮来嗅。[1]p102 在鱼类中，鳗鱼的嗅觉能力"甚至超过了很出色的追踪犬的嗅觉能力"[1]p112。

4. 蜂的嗅觉

昆虫也有嗅觉。在昆虫中，有的蜂种的嗅觉甚至达到了惊人的程度。例如："在一个由 9.6 万粒完好的小麦构成的麦堆中……混进了 118 粒被谷物象鼻虫吃过的小麦。结果，米象金小蜂将其中的 114

粒都挑了出来，未被它挑出来的只有 4 粒；而除了气味和有一个小洞外，这些麦粒与完好的麦粒并无什么不同，而且，它们被埋在那个麦堆中 33 厘米深的地方。"[1]p109

5. 蛾的嗅觉

在动物界，嗅觉能力最强的恐怕要数蛾类。在离雌蛾 10 千米左右的距离内，只要有雌蛾的几个气味分子吹到它的触须上，雄蚕蛾就会不断地拍击自己的翅膀，直到飞抵雌蛾所在处。[1]p115 蚕蛾之所以具有如此强大的嗅觉能力，是因为其嗅觉器官即它们的"棕榈叶式触须上有不下 4 万个感觉神经细胞"，而且，这种嗅觉器官是专门用来嗅一种气味分子即同物种异性的"性引诱物质"分子的。[1]p114

6. 嗅觉与气味性信号物质

6.1 嗅觉与气味性领域标记

在动物界，个体或群体将某块区域标记为"私有的"是一种常见现象。这表明：地球上的许多动物都有领域私有观念，尽管也有领域观念不强乃至几乎没有的动物（如地广人稀条件下的非定居人类群体）。只是，非人动物大多是用气味来标记领域的。例如，在雄鹿两角之间的前额上有个气味腺。雄鹿用气味腺对着树枝摩擦，强烈的气味就会在树枝上停留好多个小时。"因为气味会逐渐挥发，所以雄鹿每天都要检查并重新标记边界线 3 次。"[1]p125

用气味来标记领地的动物还有用侧腹腺气味来标示的仓鼠，用肛门腺分泌物来标示的貂和獾，将分泌物喷射到脚底以便通过脚的踩踏将气味沾染到边界线上的田鼠，以及树鼩鼱、兔子、狐猴等。[1]p125

粪和尿也是有气味的，也会被动物们用来标示领域。例如：河马用粪便里加入尿液的方式来标示领域，斑点鬣狗会在猎物周围解下一些小块的粪，以表明那猎物的所有权归它。[1]pp126-127 狼、狗、狐狸等则用尿来标记自己的领地。[1]p127

在闻到标记领域边界的气味后，除非有意或不得不侵入，否则同物种的个体或群体便会避免侵入他者的领域，从而维持和平。

6.2 嗅觉与气味性信息素

社会性昆虫如蚂蚁、白蚁、蜜蜂和黄蜂等，会分泌类似于激素的气味，以便互相交换信息（包括彼此间等级序列方面的信息）。一旦这种气味被嗅到，它立即就会在群体成员中诱发气味发出者所要求的行为，甚至宿命般地改变它们的身体结构。这种气味能使多个个体组成更高级的单位。[1]p128 信息素是带有行为或发育指令的气味物质，它就像激素一样调节着群体内个体的发育、分工、地位、行为等，使整个昆虫群体就像由众多个体组合而成的超级个体一样存在和运作。例如，在蚂蚁中，警报性信息素会使蚁巢内的蚂蚁产生攻击行为，使蚁巢外的蚂蚁开始逃跑。"其他的信息素会刺激蚂蚁外出觅食、加大蚁巢的尺寸、给蚁后喂食、照顾雏蚁、清理同伴的身体、给某个乞讨者食物等。"[1]p132 再如，在白蚁中，兵蚁们会不断分泌一种被称为"小矮人"的信息素。只要该气味浓度超过一定值，幼虫的生长腺就会萎缩，它们就只会成为小巧而温和的工蚁，而非兵蚁。但若白蚁军队遭受严重损失，那么，兵蚁们分泌的"小矮人"气味的缺乏会使许多工蚁变成兵蚁，而这些工蚁变成的兵蚁的数量正好能填补当时蚁军兵员的缺口。[1]p134 又如："在蜜蜂王国中，蜂王单独成为一个'种姓'或等级。因此，'她'通过下颌腺分泌的蜂

　　　　　　　　　　　　　动物们的神奇感官

王物质来阻止任何对于朝蜂王的方向生长。这种气味物质抑制了所有工蜂的卵巢发育。"[1]pp134-135 总之，信息素就像一种气态的物质性的"法律"一样维持着通常个体数量巨大的昆虫社会的分工合作、和谐统一和有序运作。

除了上述功能的信息素外，气味性信息素还包括可促使雌雄个体互相寻觅的性引诱物质和调控性行为的性兴奋物质与性抑制物质等。

四、人的味觉器官和能力

在本书中，作者在关于嗅觉的论述后仅用了一页的篇幅简略地论述了一下人的味觉。他说："令人愉快的美味佳肴实际上只是非常粗略地被舌头所品尝。在进食时，我们所产生的愉快感主要来源于从口腔升腾而起并进入鼻子的食物气味，因而，美食所引起的愉快其实应该主要归功于鼻子对食物气味的嗅觉。在品尝美味时，味觉所起的作用其实是相当次要的。"[1]p144 尽管在人类及许多其他动物身上味觉所起的作用或许确实远不如嗅觉大，但作者在本书中对味觉的论述如此简略的原因或许还有作者当时未能获得这方面的足够资料。

五、动物们的触觉器官和能力

在本书中，作者论述触觉的篇幅也只有短短的几页。

"触觉的主要功能是感知碰撞和接触，但它也已演化成一种能识

别特定和一般形式的长度和形状的感官。"[1]p188

关于触觉的感知碰撞和接触功能，作者指出，深海鱼类的巨大触须可用来定位正在游动的猎物，螃蟹和虾及鲇鱼的触须使它们能够通过触摸来确定方位，夜行的沙漠跳鼠的超长胡须起着盲目着陆仪的作用。在跳跃时，跳鼠将两条几乎与躯干等长的胡须朝向下方，因而，它总是能与地面保持触觉沟通。借助于这种方法，它就能为跳过任何坑洞、石头或灌木做好准备。[1]p188

关于触觉的形状感知和长度测量功能，作者提到，猫能在黑暗中识别出它们用胡须所触碰到的任何物体，就像人用指尖来感知东西一样。蜂王会用其有触觉的腹部刚毛来做测量，它对蜂房大小的测量能精确到 0.1 毫米。石蚕能建造一种类似于蜗牛壳的带在身上的精巧的盒子，它们用尾巴顶端有感觉能力的毛发来感知那个管状盒子的大小是否合适。[1]p187

六、动物们的冷暖感和温度觉

1. 人的冷暖感和温度觉

人能产生冷暖感是因为人的皮肤中有两种温度感受器——热感受器与冷感受器。[1]pp68-69 人是感到冷还是感到热取决于环境温度激发了哪一种温度感受器。"当空气温度为 16℃ ~ 22℃时，人的皮肤温度通常就会是 33℃。"这时，人的冷热感受器都不工作，因而我们觉得不冷也不热并觉得舒适。"当人的皮肤温度超过 35℃时，冷感受器就完全停止了信号发送，从而将整个'舞台'都留给了热感受器。"这时，人就会觉得热。"当皮肤温度高于 45℃时，就轮到热感受器'沉默'了。"此时冷感受器又开始发送信号，这就是在严重烧伤的情况下，人会感到冷而不是感到热的原因。[1]p70 体温降到一定程度会引起感觉和基本生命活动的重大变化：在体温为 34.5℃时，人就看不见东西或听不到声音了；在体温为 29.5℃时瞳孔就会大开，疼痛和任何其他感觉都会离我们而去；在体温为 27℃时，呼吸就会停止，人的状态就像冬眠一样。[1]p77

作为恒温动物，人类需要维持正常体温才能保证基本生命活动的正常进行。人的体温控制中心位于下丘脑前部，热敏感神经细胞在这里测量头部主动脉的温度。在人体恒温控制器里的温度计中，人的确是有关于温度具体度数的绝对温度感的，而且非常灵敏和准确。[1]p76 不过，人的这种绝对温度感只存在于神经生理层面，而非存在于自觉意识之中。下丘脑中的恒温控制器控制着代谢、呼吸、血液供应、肌肉运动、毛孔扩缩等，从而将体温调节到正常值。

2. 对冷热特别敏感的动物们的冷暖感和温度觉

有些动物对冷热的敏感性远比人类强。藏在卧室天花板上的臭虫用触须感知作为热源的睡眠者所在的位置。在睡眠者每转一次身后，吸食人血的臭虫最终都会像精确定位的炸弹一样落在人体的某个裸露部位上。蚊子能感受到空中距离其 1 厘米外的 0.002℃的温度差从而发现食物源之所在。[1]p65

许多动物都拥有远比人发达的绝对温度感。[1]p67 在动物中，温度感精确度最高的是灌丛火鸡。这种鸟能建造用树叶和草编成的孵化室，利用草叶腐烂分解时放热而形成的温室效应来孵蛋。孵化室必须始终保持 33℃的室温。灌丛火鸡能以误差不到 0.1 度的准确度测出温度，并通过"扒开或关闭通风口，移除或覆盖、加厚或减少作为隔热材料的沙子"，带入或带出被阴影冷却或被太阳加热的沙子等措施保持孵化室温度的稳定。[1]pp67-68

白蚁能建造几米高的烟囱状巢穴，白蚁巢内部是恒温的，白蚁的空调系统与人类的中央空调系统相似。白蚁精良的通风技术使之能适应多种气候环境。[1]p81 蜜蜂也能建造恒温的蜂巢：单个的蜜蜂是变温动物，但整个蜜蜂群则是恒温的"超级有机体"。蜜蜂们会使蜂巢维持在18℃的恒温状态，即便在室外是-40℃的严寒时也是这样。[1]p79 白蚁和蜜蜂有如此高效的"空调技术"的基础条件之一就是，它们具有对冷热和温度的高度敏感性。

七、动物们的振动觉及其敏感性

1. 人的振动觉

振动觉即感知振动的能力。人类也有振动觉，例如，几乎所有人都能感知到振动式按摩器的振动感；又如，大多数人对4级以上的地震会有振动感。只是，人类的振动觉的敏感性不强，例如：大多数人感觉不到3级以下的地震。不过，某些其他感觉能力欠缺的人在一定条件下会获得比大多数人敏感得多的振动觉。例如：美国斯坦福大学的约翰·林维尔教授曾"为他的盲人女儿开发一种工具，这种工具能将光转化为振动，从而使人可凭振动觉感知到普通的印刷品"[1]p185，即可让经过训练的盲人以类似用手指阅读盲文的形式阅读普通的印刷文字。

动物们的神奇感官

2. 对地震敏感的动物们的振动觉

在地震发生前，马会不停地颤抖，狗会以一种特殊的方式狂吠，鸡则会惊慌失措地跑来跑去。在每次震动前的 5 秒钟，马就会开始嘶鸣并颤抖起来。那些根本就不会让人担心的微震却会让狗狗们为之哀嚎上几分钟。[1]pp180-181 这些动物能做出对人来说是地震预测的事，因为它们的振动觉特别发达，所以能感知到人类几乎感觉不到的预震，而这种预震有时会在正式地震发生前好几天就出现。[1]p181

3. 以振动方式来传递信息的动物们

鱼类的振动觉已演化到非常精妙的程度，以至于它们可以用振动觉来代替眼的视觉。[1]p166 例如：为了将游散在四处的幼鱼们召唤到自己身旁，斗鱼父亲会"猛烈地抖动着自己的胸鳍。40 厘米之外的小斗鱼测定了振动中心所在的位置，并分批到达"[1]p182。

对视觉不发达的蜘蛛来说，"蜘蛛网也可用作接收各种消息的电报线"[1]p182。例如："雄园蛛会给自己选择的新娘'打电话'。'他'会把一根线连接到'她'的网上，而后以一定的节奏拉动那根线。"蜘蛛母子间的通信方式更有意思：轻微、柔和、低频的振动方式会被幼蛛理解为是母亲让其来参加盛宴的呼叫信号；警告则是指由母蜘蛛的一只后腿的快速移动给蛛网造成的短暂而猛烈的晃动，这是告诫幼蛛们赶紧回到安全的藏身之地去。[1]p183

蜜蜂也会借助振动来传递信息。返巢的工蜂能通过翅膀振动告诉待在蜂巢中的蜜蜂它们去过的花地上花蜜质量如何的信息。工蜂会通过翅膀的振动发出多种咔嗒声。花蜜或花粉的质量越好、数量越多、距离越近，工蜂所发出咔嗒声的速度就越快。[1]p185

八、动物们的痛觉

1. 人与其他哺乳动物的痛觉

许多人或许根本没想到"痛感在某种程度上是一种必须学习的东西"[1]p85，而非天生就会的纯粹本能的反应。实验证明，从一出生就从未受过伤因而从未感受过疼痛的狗不能对伤害产生疼痛反应。当它们在玩耍时、相互撕咬时，它们甚至没有退缩，也没有试图自卫，尽管被咬处逐渐形成了伤口并流了血。面对一根正在燃烧的蜡烛，它们会用鼻子去嗅火焰。"它们的鼻端因此而被严重烧伤了。即便如此，它们也没有吸取教训，而是继续冷静地嗅探它们所看到的其他明火。"[1]pp184-185 在人类中也存在类似的案例，只是少有人注意。在某些情况下，人的疼痛感还会因受到其他感受的影响而暂时消失。例如，在第二次世界大战期间，在因严重受伤而被送入军队医院的人中，2/3 的患者几乎感觉不到任何疼痛。许多受伤的士兵拒绝服用止痛药片，甚至声称没任何痛苦。对于能活着离开战场，他们感到很庆幸，并对自己所经历的事情心怀感激。他们会进入一种正面的晕眩状态，这种陶醉状态抑制住了他们的疼痛意识。[1]p83

科学界现已确定，疼痛在很大程度上依赖于主体对它的想法。疼痛不过是我们对有害刺激的一种预测性反应，疼痛程度根本不取决于损伤严重程度。我们对事物的感受已受到经验、期望等心理因素以及教育、文化等因素的强烈影响。[1]p84 更确切地说：面对损伤，个体是否感到痛取决于其是否有损伤给自己带来危害的意识及对危害的忧惧之情；或者说，对损伤所带来的负价值的意识和忧惧之情是疼痛感产生的心理前提。研究表明，吗啡的止痛效果一半是虚幻的。只有在患者恐惧水平高的情况下，吗啡才会有止痛的特效。[1]p86 吗啡等药物止痛效果的好坏取决于患者恐惧情绪的强弱这一事实也证明，疼痛的产生和消除是分别与恐惧的有无和强弱正相关的。

除了与危害意识和忧惧情绪相关外，疼痛的产生和消除还有一定的神经生理条件。疼痛感受器是遍布在皮肤表层下部的有着众多分枝的根系状系统。在紧靠脑的地方，来自身体各处的痛觉神经聚成的神经束到达脊髓—丘脑束。疼痛信号从这里发射到极为多样的不同脑区，产生情感、记忆、观念和偏见。切断神经束 A 会使痛感完全消失，切断神经束 C 会导致同样效果。切断神经束 B 会使感觉过于灵敏。身体上的每个疼痛敏感点在丘脑中都有其特定的投射点。超声波束每冲击一次，痛感就会减轻一些，最终完全消失。[1]pp90-91 因为疼痛具有神经生理基础，所以通过手术消除疼痛是可行的。[1]p93 某些技术先进的医院已经可以用电针刺激痛觉神经的办法来止痛乃至完全消除疼痛，从而造福于严重创伤或绝症等的病人。实验证明，若在针刺的同时用按摩振动器对针刺点周围进行按摩，那么，脊髓中的疼痛报告就会几乎减少一半。[1]p89 这一按摩止痛的神经生理机制可以解释，为什么对受伤部位（如针刺点和碰伤处）进行简单的按摩就能有效地减轻伤者的痛感。

2. 昆虫的痛觉

有人发现：在蜜蜂被拦腰截断后的一段时间内，"其前半部分却仍在继续吸蜜而没有停下来"[1]p94。在很长的时间里，昆虫被毁损的例子给人留下的印象是，节肢动物是绝对无痛感的。[1]p95 但美国心理学家文森特·G.德蒂尔教授认为："昆虫也会感觉到痛。从某种意义上来说，甚至连苍蝇都可能有爱、恨、痛、忧等感受。"[1]p95 他用微电极记录昆虫不同脑区的神经电活动，并绘制了它们受刺激时的脑电流图，结果发现，在受刺激时，昆虫会表现出无法从外表被观察到的强烈内在反应。[1]p95 生化调查也显示：在被囚禁时，昆虫（如蜜蜂）的身体立即将激素和其他化学物质释放到血液中，并进入一种恐慌状态。如果不将它们从笼中放出来，那么，在几小时内，它们就会死于神经紊乱。[1]p95 由此，这样的推断——在受伤或被囚禁等情况下，昆虫们也会经历与人类类似的情感——至少在神经生理及行为层面上是合理的。书中还说："当姬蜂冒着生命危险对抗其天敌以保卫自己的一窝雏蜂时，我们是否应称之为'爱'呢？当大黄蜂在一个被捣毁的蜂巢中发出激昂的嗡嗡声时，我们是否应称之为'恨'呢？当迷了路的蚂蚁一动不动地待在某个地方时，我们是否应称之为'悲'呢？"毫无疑问，在那些时候，那些昆虫体内在发生某种"心理性"事件。[1]p95 本书作者认为："也许，就像我们不会注意到自己内在的温度计一样，昆虫们对自己的疼痛反应也没有自觉意识。"[1]p96 但在遭受伤害等情况下，昆虫体内肯定有着与人类在同样情况下产生自觉情感时相类似的神经生理和生物化学现象。借用"潜意识"一词，或许我们可以说：至少在潜意识层面上，昆虫也是有情感的。这一结论应该也适用于很多缺乏情感的外在表达的其他动物。

3. 条件反射对痛觉的影响

俄罗斯科学家巴甫洛夫做过一个著名实验："在每次电击后立即

给狗提供某种美味的食物，经过多次重复后，狗对电击的反应慢慢地从愤怒转变成了快乐。最终，在受到电击后，它们会立即摆动起尾巴并冲向食物所在的桌子。"即使在将电击力度提升到狗能忍受的极限值的情况下，负面刺激引发狗的愉悦感的条件反射性行为仍能得以维持。[1]p85 这个实验证明：借助条件反射作用，情感可被人为地操控到一种反常与荒谬的状态。在巴甫洛夫之后，通过比他当时所用的巧妙得多的条件反射式训练方法，人类也可被诱导成以痛为乐、以错为对、以丑为美。例如，将军人训练成受虐狂。[1]pp85-86 自巴甫洛夫发现条件反射规律以来，利用这一规律将人训练成价值观念和情感反应背离自然状态的不会反思的施虐狂或受虐狂等的"洗脑"现象屡见不鲜，这是生活在人口过剩、传媒发达、暴力机器强大的社会中的人们亟须警惕的！

九、饥饿感与饱足感

饥饿感与饱足感是控制摄食行为的基本依据，了解这两种感觉对人保持适当体重和身体健康有着重要意义。

实验证明，饱足感与胃的扩张程度有关。此外，食物通过口腔、喉咙和食道的滑动也对饱感的形成起了作用。另外，身体还有对所摄入食物的营养价值进行衡量的另一种标准。[1]p200 这就是说：饱足感主要是由胃的充满感、食物的营养价值、食物对食道的挤压性刺激引起的。饱感中枢本质上是一种反过食机关。[1]p201 下丘脑中央的饱感中枢能测血糖，并将其与标准血糖值相比对，进而依据比对结果让动物产生是否已饱的感觉，从而控制动物的摄食行为。

饥感中枢也位于下丘脑，它离饱感中枢约 0.5 毫米远。如果这一饥饿报警器被破坏，动物就会拒绝任何食物，并在没有饥饿感的情况下饿死。[1]p201

在饥饿感与饱足感正常起作用的情况下，动物的摄食行为是能得到适当控制从而不会产生过度肥胖或过度消瘦的情况的。但如果有人（尤其是在童年期）形成了以饮食来消除负面情绪的习惯，那么，其食物吸收就会常常乃至大大超出身体吸收适当营养物质的需要，从而使其成为"心因性肥胖症"患者。[1]p203

十、动物们的方向感和定向方法

1. 太阳罗盘定向法和偏振光感

在地球上，动物确定方向的最原始也最基本的方式就是，根据自己与太阳的相对位置来定向。水蚤总是朝着光亮的地方游动："早晨，它们会向东游；然后，它们会稳稳地跟着太阳的运行路线，在中午时向南游，在傍晚时向西游。"这就是动物定向中最令人惊异的现象之一：以太阳为罗盘。[1]p234

屎壳郎能在一天中的不同时段中分别从 0°、45° 和 90° 角看太阳，它们在定向时"考虑到太阳在一天中的位置是随着时间的流逝而变动的，因而，它们已经会根据太阳位置的变动而转向"[1]p235。

在昆虫中，蜜蜂和蚂蚁以太阳罗盘来定向的技能可谓尽善尽美。实验表明："蚂蚁和蜜蜂都能以惊人的准确性将太阳水平角速度的变化纳入它们的计算中。"[1]p239 在长时间的侦察旅行中，蜜蜂们得不断绕来弯去地飞行，它们要将其航程中所涉及的所有角度和距离整合

成一个综合结果。这样，它们才能在任何时候都知道蜂巢所在的方向，并直奔目标。[1]p237

在太阳罗盘定向法中，还有一种以偏振光的极化方向为中介的定向法。在乌云蔽日的情况下，人眼是看不到太阳的，但蜜蜂复眼中的每一只小眼都能感知天空中的偏振光模式。根据光的极化方向，蜜蜂可推断出当时看不见的太阳实际上在何处，然后根据这一推定的参考点操控飞行方向。[1]p243

偏振光感是人类所没有的，"但蜜蜂及许多其他昆虫——黄蜂、蚂蚁、苍蝇、毛毛虫、甲虫、水蜘蛛、水蚤、漏斗形蜘蛛等——却早就演化出了这种感觉能力。鱿鱼和章鱼也已演化出了这种感觉能力"[1]p244。在此，我们又看到了一个人类不如其他动物之处。

2. 天体罗盘定向法

这里所说的天体是指太阳以外的其他天体。除了几乎所有动物都用的太阳罗盘定向法外，有些夜行动物还会用月亮和星星的位置来定向。例如，夜间飞行的鸟是依据星星来定向和导航的。[1]p255 只是，夜行的鸟据以定向的通常不是单颗的星体而是星座或几个星座构成的星象图案，不同的鸟类是由各自有所不同的星象图案来引路的。[1]p261 蚂蚁有两种独立的定向系统，即太阳罗盘和月亮罗盘。那些带领着蚂蚁队伍的侦察蚁在白天和夜晚是分别依据太阳和月亮的位置来确定方向的。[1]p261

3. 磁感与地磁罗盘定向法

有些动物拥有人类所没有或即使有也很微弱的磁感（磁力线方

向感）。现已证实有磁感的动物有知更鸟、白蚁、金甲虫、田螺、象鼻虫、蟋蟀、蝗虫、黄蜂和苍蝇等。[1]p265 有磁感的动物可依据地磁场的磁力线来定向。例如，一旦夜空阴云密布不再能识别任何作为路标的星星时，知更鸟就会将定向模式由星星罗盘切换到依据地磁罗盘来确定和操控方向。[1]p264 经研究，有科学家认为，鸽子眼中有一根微型磁性指南针，其具体位置就在鸽眼的梳状膜中。[1]p279 正是这根指南针在太阳、月亮或其他星体不可见的情况下给鸽子指明了方向。因为地磁方向是固定的，不会随天气、时间等因素而变化，所以若要论使用的简便性，那么，地磁罗盘要比太阳和其他天体罗盘更胜一筹。[1]p269

4. 电感与电场定向法

某些世世代代生活在浑浊水体中的鱼，演化出了产生电场并根据电场被扰动情况来定向和感知周围事物的能力。例如，裸臀鱼是少数视力与听力都很差，也不靠侧线器官的压力波接收器来感知环境的鱼种之一。它们用一种最奇特的方式——使所在环境通电——来定向：如果环境中有东西扭曲了它们所产生的电场线，并使之偏离了在不受干扰的情况下会采取的航线，那么，它们就能搞清楚周围发生了什么事情。[1]p205 作为活体电池的裸臀鱼能凭自身产生的电场线的变化，"识别出直径只有两毫米的玻璃棒，也能识别出两个形状相同但材料不同的物体"[1]p207。裸臀鱼能感知每厘米一亿分之三伏的微小电压下降，这种电感觉的灵敏度相当于可被单个光子激发的眼睛对光的灵敏度，或相当于能对单个分子做出嗅觉反应的蝴蝶触须的灵敏度。[1]p207

5. 地标定向法

许多动物拥有多种定向能力并可根据环境情况交替使用不同的定向方式：在陆地上，可用灯塔、航标、教堂、树木、道路、海岸、河道、山脉等已知的参考点来定向和导航；在天空中，可用太阳、月亮和星星的位置来定向和导航；也可利用磁场和惯性力来导航。[1]p248 例如："在漫长的飞行过程中，候鸟会以天体为参照物找到自己的路，但当靠近某个熟悉的目的地时，它们又会依据地标来导航。"[1]p249

以上就是译者梳理出来的本书的十个方面的主要内容。译者相信：只要读者拿起这本书，读下去，读完它，就不仅会大大拓展自己的感知心理学知识视野，也会大大增进自己对非人动物们的理解，强化自己对它们的尊重意识和友善态度，从而养成善待动物的习惯，自觉维护人与动物、人与自然和谐共生的地球家园。

赵芊里

参考文献

[1] Vitus B.Dröscher, *The Magic of the Senses: New Discoveries in Animal Perception.* New York: W.H.Allen & Co.Ltd., and F.P.Dutton & Co., Inc., 1969.